城市广场与环境设施
设计标书制作

主 编 刘 波
副主编 史 青 刘瑞洋 刘凯娜
　　　 许洪超 张 凌 李 璇

中国建材工业出版社

图书在版编目（CIP）数据

城市广场与环境设施设计标书制作/刘波主编．--
北京：中国建材工业出版社，2016.8
ISBN 978-7-5160-1500-1

Ⅰ．①城…　Ⅱ．①刘…　Ⅲ．①广场—城市规划—建筑
设计—招标—文件—编制 ②城市公用设施—环境设计—招
标—文件—编制　Ⅳ．①TU984.1

中国版本图书馆 CIP 数据核字（2016）第 123596 号

内 容 提 要

传统的城市广场设计、环境设施设计书籍中一般很少涉及标书制作，然而考虑到现今市场的需要，标书制作实为城市广场与环境设施设计中非常值得重视的一个问题。

全书分为两大部分、10 个章节。第一部分为城市广场设计标书制作，第 1～5 章详细讲述了城市广场的概述、类型、构成元素、设计原则、城市广场设计标书制作详解。第二部分为环境设施设计标书制作，第 6～10 章详细讲述了休闲设施设计、服务设施设计、道路设施设计、景观小品设计、环境设施设计标书制作详解。希望藉此使读者逐步掌握城市广场设计、城市环境设施设计的标书制作技能，同时拓展读者的视野，丰富读者的设计表现手法，增强对其设计标书制作业内行规的了解。最终通过全书的学习，使读者能够独立规范地完成城市广场设计、环境设施设计的标书制作。

本书的读者对象主要是准备从事城市广场、环境设施、园林景观、市政规划等行业的设计人员；城市广场与环境设施设计类工程概预算制作的从业人员；以及准备建设城市广场、改善城市环境设施的城市管理者；各大专院校的环艺专业、规划专业、工民建专业的本专科学生。

城市广场与环境设施设计标书制作

主　编　刘　波

副主编　史　青　刘瑞洋　刘凯娜　许洪超　张　凌　李　璇

出版发行：中国建材工业出版社
地　　址：北京市海淀区三里河路 1 号
邮　　编：100044
经　　销：全国各地新华书店
印　　刷：北京雁林吉兆印刷有限公司
开　　本：889mm×1194mm　　1/16
印　　张：14
字　　数：390 千字
版　　次：2016 年 8 月第 1 版
印　　次：2016 年 8 月第 1 次
定　　价：49.00 元

前　言

　　传统的城市广场设计、环境设施设计书籍中一般很少涉及标书制作，然而考虑到现今市场的需要，标书制作实为城市广场与环境设施设计中非常值得重视的一个问题。

　　本书主要针对的是准备从事城市广场、环境设施、园林景观、市政规划等行业的设计人员；城市广场与环境设施设计类工程概预算制作的从业人员；准备建设城市广场、改善城市环境设施的城市管理者；各大专院校的环艺专业、规划专业、工民建专业的本专科学生。这种读者定位决定了本书是一本实用技能参考书，尤重实用性。

　　全书分为城市广场设计标书制作与环境设施设计标书制作，共有两大部分和10个章节。第一部分为城市广场设计标书制作，第1~5章详细讲述了城市广场的概述、类型、构成元素、设计原则、城市广场设计标书制作详解。第二部分为环境设施设计标书制作，第6~10章详细讲述了休闲设施设计、服务设施设计、道路设施设计、景观小品设计、环境设施设计标书制作详解。希望藉此使读者逐步掌握城市广场设计、城市环境设施设计的标书制作技能，同时拓展读者的视野，丰富读者的设计表现手法，增强对其设计标书制作业内行规的了解。最终通过全书的学习，使读者能够独立规范地完成城市广场设计、环境设施设计的标书制作。

　　同时书籍里面对城市广场设计、环境设施设计的理论知识进行了全面系统的阐述，希望能给读者提供详实的理论参考。在第5章、第10章中，将投标承诺书、标书合同、工程预算表、标书设计图集、《房屋建筑与装饰工程工程量计算规范》（GB 50854—2013）、《园林绿化工程工程量计算规范》（GB 50858—2013）等依次贯穿其中，方便读者在工作中随时翻阅、借鉴。

　　本次书籍撰写工作主要由湖北商贸学院、湖北工业大学工程技术学院、湖北生物科技职业学院的骨干教师担任。全书由刘波统稿并撰写第1章、第5章、第10章；许洪超撰写第2章；史青撰写第3章、第6章；张凌撰写第4章；李璇撰写第7章；刘凯娜撰写第8章；刘瑞洋撰写第9章。同时还要感谢武汉山一世纪设计公司的王志鹏工程师、广东博意建筑设计院的方德福工程师对全书的实践技能章节提出指导建议。

　　由于各地区城市广场设计、环境设施设计行业规范存在一定的差异，所以书中撰写的内容难免有所疏忽，敬请专家与同行批评指正，笔者定当积极回应。

刘波

2016 年 5 月

中国建材工业出版社
China Building Materials Press

我们提供 ||||

图书出版、图书广告宣传、企业/个人定向出版、设计业务、企业内刊等外包、代选代购图书、团体用书、会议、培训，其他深度合作等优质高效服务。

编辑部 ||||	出版咨询 ||||	市场销售 ||||	门市销售 ||||
010-88386119	010-68343948	010-68001605	010-88386906

邮箱：jccbs-zbs@163.com　　网址：www.jccbs.com.cn

发展出版传媒　　服务经济建设

传播科技进步　　满足社会需求

目　　录

第1章　城市广场的概述

城市广场是根据城市或规划场地的功能要求而设置的，通常是人们活动的中心，可以提供交通集散、组织集会、居民休闲娱乐以及一定程度的商业贸易等用途。本章节依次阐述了城市广场的定义、历史、局部形式、社会需求以及发展前景等知识内容。

1.1　城市广场的定义

城市广场的起源甚至要早于城市本身，并伴随人类的发展成长逐步完善。广场是一个非常具体的概念，具有明确的形态特征和使用功能，作为人们的社会交流场所一直贯穿着人类发展的漫漫历史，并在今天依然是城市生活不可缺少的组成部分。

但真正意义上的城市广场并非由原始时期人类聚集活动的场地直接过渡而来，它与"城市"和"城市中的人"这两个要素密切共生，离开这两个元素，无论规模多么宏大，装饰多么华丽，视觉效果多么突出，都难以称作"城市广场"。这样的例子很多，例如古埃及的法老陵墓，为了在视觉效果上给尺度巨大的主体建筑和雕像提供适当的观赏距离，往往都配有规模相当的、类似于广场的广阔空间，但它们仅仅作为宇宙的附属空间，徒有壮观的外貌，毫无城市广场的功能。东方国家由于国家政体和城市理念的关系，在进入现代社会以前也没有发展出真正意义上的城市广场，日本著名建筑与城市设计理论家芦原义信在评价日本城市时就说过，在日本是没有真正的城市广场的。

中文"广场"一词是现代词语，古籍中少有这样的词汇出现，对城市空间的描述用语多是街巷、里坊、市井、市曹、城郭等，可以看出当时的中国城市并没有城市广场这一概念，"广场"的字面意义直接由欧洲语义翻译过来。所谓"广"，为广阔广袤的意思，表示宽阔空旷；"场"，为场地的意思，组词后表示面积广阔宏大的场地。

按照城市规划理论的普遍看法，城市广场是以古希腊为代表的地中海文明的产物，是欧洲城市自古希腊以来持续不断发展的城市文化现象。具有词源意义、最早描述"广场"的词语可追溯到古希腊词语"platia"，这是欧洲"城市广场"一词的源头，如拉丁语的"platea"、法语和英语的"place"、德语的"platz"、意大利语的"piazza"、西班牙语的"plaza"，它们都是在希腊词的基础上发展而来。早在公元前八世纪，古希腊就出现了广场，如雅典卫城脚下的雅典集市"Agora"，这个词表示"集中"的意思，并没有直接使用"platia"这一场地概念的词汇，它既表示人群的集中，也表示人群集中的地方，后来这个词就被普遍用以表示古希腊的集市广场。

基于城市广场的空间特性和人的活动特点，它的基本解释应该是：城市广场是由边界限定了内外的明确的三维空间，地面被赋予了建筑学意义，是城市公共空间的组成部分，它在所有时候对所有人开放，常常是历史重要事件给城市留下痕迹的地方，是保留集体记忆的场所，被纳入城市道路系统，是城市网络的静态节点，具有步行功能的特征。

针对城市广场的定义，近百年来许多学者从各种学术观点出发进行了大量的论证和阐述，主要观点或表述有：

（1）卡米诺·西特（Camillo Sitte）认为，城市广场应该是沿袭古希腊、古罗马、中世纪以来的城市公共空间特性，以完善、协调、统一的建筑立面围合，内部封闭而自成空间，尺度合理，便于人步行

1

活动的城市公共空间。与其观点相近的学者很多，对城市设计的影响很大，特别是当代城市设计理论研究者很注重西特关于艺术化城市设计的观点。

（2）汉斯·乔吉姆·阿明德（Hans Joachim Aminde）给出了城市广场非常细致的定义，即：城市广场由边界限定了内外的明确的三维空间，其基面和边围都被赋予了建筑学的定义，它是公共的城市空间的组成部分，在任何时候对所有人开放，并向天空敞开，是历史上留下痕迹的地方，或作为一种集体记忆的场所，它被容纳进城市道路的系统，作为城市网络的节点具有静态稳定的特征，成功的广场应该有超量的步行功能。

（3）凯文·林奇（Kevin Lynch）认为，城市广场是位于高度城市化区域的核心部位，被有意识地作为活动焦点，经过铺装，被高密度的建筑物围合，有街道环绕或联通的城市公共开发空间，具有可吸引人群和便于聚会的要素。

（4）克莱尔·库伯·马库斯（Clare Cooper Marcus）和卡罗琳·弗朗西斯（Carolyn Francis）认为，广场是一个主要以硬质铺装的、汽车不得驶入的户外公共空间。与人行道不同的是，它是具有自我领域的空间，而不是用于路过的空间，可以有绿化，但占主导地位的是硬质地面。如果草地或绿化区域超过硬质地面的面积，我们将这样的空间称为公园而不是广场。

（5）芦原义信与卡米诺·西特的观点一脉相承，他认为，城市广场是城市中各类建筑围合而成的城市空间，名副其实的广场应该具备四个条件：

① 广场的边界清晰、能够形成图形，边界最好是建筑物而不是墙壁。

② 具有良好的封闭空间的"阴角"，容易形成图形。

③ 铺装面直到边界，领域明确。

④ 周围的建筑具有协调的统一风格，D（宽）H（高）比例良好。

综合以上的研究成果和理论观点，城市广场的基本定义在考虑其空间特性的建筑学意义和使用者的社会学意义以及当代城市特性后，可以这样描述：城市广场是为了满足多种城市生活需要，以建筑、道路、山脉、水体、地形、绿化等围合，由多种软、硬质景观和设施构成，采用步行交通手段，具有一定主题思想和空间规模的节点型城市户外空间。

城市广场是一种物质与非物质要素的复合物，它既是城市设计元素，也是功能多样的社会机构，是融入城市实体的公共开发空间，从而满足人的需求，影响人的行为，是城市公共生活的核心。

1.2　城市广场的历史

1.2.1　西方城市广场的历史演变

1. 古希腊时期

早在公元前 3 世纪，古希腊就出现了中心广场，人们称作 Agora，这里既是法庭、议事厅等政府机构的所在地，又是一个自由贸易市场，也是思想、文化交流的集散点，社会生活在此层层展开，民主在此得以体现。据说众多的哲学家们如苏格拉底、柏拉图、亚里士多德常常在此信步闲游，西方世界的哲学思想也在此起源。这样看来，广场在当时的社会生活中扮演着重要的角色。古希腊的阿索斯广场（Agora Assos）是一座形式较为成熟的梯形广场，两边有敞廊（stoas），空间较封闭。这些敞廊沿着广场的一面和两面，开间一致，形象完整，主要用于商业活动。敞廊是希腊人的一项具有巨大影响力的创造，它成为丰富和统一广场面貌的主要因素。这种统一立面的手法形成了良好的典范作用，为今后的广场立面处理奠定了基础。

2. 古罗马时期

古罗马的城市里，一般都有中心广场（forum）。尤其到了罗马帝国时期，为了歌颂权力、炫耀财富、表彰功绩的需要，陆续建造了一些以皇帝名字命名的广场、神庙、纪功柱等建筑。奥古斯都皇帝首次用建筑物建造罗马广场，在一个巨大的长方形空间的两边建起给雄辩家用的拱廊，并以在端头为战神建的一座庙为底景（vista）。此时，建筑物的位置不再与自然环境相呼应，而恰到好处地与广场场地的外轮廓线相吻合。这种新的罗马广场不大注重单独的庙宇，而注重整体的设计。

罗马最宏大的图拉真广场从凯旋门开始，方形的广场两侧是半圆形的市场，在方形广场的纵轴线与半圆形市场的横轴线的交汇处，立着图拉真本人的镀金骑马青铜像，形成了广场的标志和中心。沿着广场的纵深方向又横放着古罗马最大的巴西利卡，之后是一个小院子，院子中央是图拉真的纪功柱。穿过这个小院子，又是一个围廊式的大院子，院子中央是体量高大、豪华的围廊式庙宇。这是崇奉图拉真本人的庙宇，也是整个广场的艺术高潮之所在。

3. 中世纪时期

中世纪时期的欧洲有统一而强大的教权，教堂常占据城市的中心位置，教堂庞大的体积和超出一切的高度，控制着城市的整体布局，教堂广场是城市的主要中心，是市民集会、狂欢和从事各种文娱活动的中心场所。有的城市也有市政厅广场（Marketplace），实际是商品交易的集市广场，只不过以市政厅为背景罢了，主要从事商业贸易与市民公众活动，与希腊的集市广场（Agore）非常相似，这里是城市中公众活动最活跃的地方。

中世纪广场大多因城市生活需要而逐渐自发形成，是一种高度密集的城市空间中局部拓展的公共区域，因而各种广场均采用封闭构图，广场平面不规则，多以建筑完全围合，在广场中布置纪念物，道路铺装各具特色。道路网常以教堂广场为中心放射出去，形成蛛网状的放射性道路系统。大多数的入口景观由塔控制，广场内重要建筑物的细部处理充分考虑了从广场内不同位置观看时的效果，具有良好的视觉空间和尺度的连续性。

4. 文艺复兴时期

文艺复兴时期，建筑设计和城市设计日臻成熟。著名的建筑师和理论家阿尔伯蒂（L. B. Alberti）就指出："城市是一个大建筑，建筑是一个微型的城市。"威尼斯的圣马可广场（Piazza and Piazzeta San Marco），一直以来享有"欧洲最漂亮的客厅"的美誉，是最吸引当地市民和来自各地游客们的场所。它主要是由互相垂直的两个梯形的主、次广场构成，其中，由新、旧市政大厦及圣马可教堂围合构成了封闭的主广场；由公爵府和图书馆又构成了半封闭的次广场；在两个广场相交之处矗立着哥特风格的方形钟塔。钟塔在此是广场的垂直轴线，更是外部的标志，即成了主次广场的分隔物，又是两者的连接体；即与周边连续做水平构图的建筑物形成了对比，更在构图上统一全局，起着导向的作用。次广场向亚德里亚海湾敞开，并以两根柱子划分了海面与广场的界限（图1-1～图1-3）。

5. 古典主义时期

古典主义的广场风格排斥民族传统与地方特色，崇尚古典柱式，强调柱式必须恪守古罗马规范。它在总体布局、周边建筑的平面与立面造型中强调轴线对称和主从关系，采用规则的几何图形，突出中心，推崇富于统一与稳定的三段式构图，外形的端庄与雄伟和内部的奢侈与豪华形成鲜明的反差。

古典主义时期巴黎建造了许多宏伟的广场和著名的街道，形成了今天享誉全球的世界名都的基本格局。广场形式多样，形状各异，有封闭的也有开敞的。其中旺多姆广场最具代表性，广场平面为当时常用的抹去四角的矩形，有一条大道在此通过，中央原设有路易十四的骑马铜像，后被拿破仑纪功柱代替。广场周围是统一的三层古典主义建筑，底层为券柱廊，柱廊内设商店，上面是住家。建筑两个长边的中央与四角的转角处有特别的处理，以便标明广场的轴线和突出中心。它体现的讲究全面规划、明确主从关系、追求有条不紊与和谐统一的风格，是古典主义广场的一大特色（图1-4～图1-5）。

图 1-1　意大利圣马可广场-1

图 1-2　意大利圣马可广场-2

图1-3　意大利圣马可广场-3

图1-4　法国旺多姆广场-1

图1-5　法国旺多姆广场-2

6. 现代城市广场

18 世纪欧洲工业革命爆发和大工业的产生，引发了社会经济领域与城市空间结构的巨大变革。城市的迅速发展与城市公共资源分布的不平衡带来了城市建设的种种矛盾。为了缓解这些矛盾，19 世纪以来，思想家、学者、建筑师和城市规划师作过很多有益的理论探讨和建设试验。各种城市规划理论不断提出，形成前所未有的理论探索高峰。其中著名的有空想社会主义城市、田园城市、广亩城市、工业城市、带形城市、光明城市等理论。

进入 20 世纪中后期，现代城市和广场建设理论产生的弊端引起了社会的共同反思，"将城市还给人"成为大众的普遍认识，由此而开始了新一轮的城市改造运动，随之产生了一批体现当代思想的城市广场。新型的城市广场中，自由开放的空间取代了严格规整的几何形图形；绿化、水体、座椅、艺术小品以及游乐设施取代了帝王名人雕像和各种纪念物；空间的形式意味逐步退化，自由、自然的空间结构日益显现；广场规模日渐减少，数量在不断增多；当今的城市广场正悄然退出城市空间结构主宰的地位，从传统的城市核心角色演变为城市空间的补充元素，成了以自由、多元和休闲为特征的现代市民生活的真实写照。

1.2.2 中国城市广场的历史演变

以传统为核心的中国文化价值体系、以家族为本位，看重血缘关系，相信宗教轮回思想。统治者以"天道"推及"人道"，在现实社会中建立了一整套等级制度森严的封建"礼"制文化。这种文化体系极大地限制、束缚了人的个性，并导致古代城市户外公共生活匮乏。

与西方城市空间相比，中国传统建筑实体组成的城市空间呈现一种规整的线性结构状态，城市街、巷作为联系建筑组群的交通网络，并逐渐成为城市公共空间的主体。这些空间除具有主要的交通功能外，还兼有集市商贸、人际交往、民俗娱乐等有限的城市公共活动。小型的集市贸易空间常集结于街道自然放大的端口，在街道交汇的节点处，形成"街市合一"的小型公共广场，传统称为"市井"。在中国古代城市中，"市井"是人员汇聚，生意买卖之地。"你若买酒时，只出草料场投东大路去，三二里便有市井。"《水浒传》里的描写最为生动，"市井"具有了"流动的城市共享空间"的部分特征。传统寺庙的前端，往往留有较为开阔的宗教活动空间，在节日或规定的日子也举行一些市集或庆典活动，称为"庙会"或"庙市"。"市井"和庙会这两种市民聚会、交易的空间场所，在漫长的几千年中，充当了中国的"城市广场"。

其实，中国传统城市中规模最大的开敞空间是宫廷、衙署前的广场，如北京故宫午门、午门前的千步廊，空间规模都较大，但因严禁黎民百姓涉足，缺乏公众性、当然也就无法归为城市广场的范畴。因此，一直贯穿于欧洲城市发展史的城市公共广场空间，在中国漫长的城市空间演变中，并没有得到相应的发展。

鸦片战争后，古老的中国国门被迫打开，西方国家的城市建设经验随着殖民活动在中国的展开而进入，城市广场这一西方的城市空间形态在中国开始了实验。东北地区、沿海和长江沿岸城市受到的影响较大，城市革新的尝试在外力推动下取得了一定进展。

1898 年，沙皇俄国为了解决俄国没有不冻港，开辟西伯利亚铁路通往太平洋出海口，租借了辽东半岛南端、大连湾南面的清泥洼开始建设商业都市达里尼。达里尼的城市建设规划仿照法国巴黎，呈多心放射状街道，城市的中央区域规划了圆形广场，这就是 1900 年始建的以末代沙皇尼古拉耶维奇名字命名的尼古拉广场。广场周围规划建设 10 栋政府官厅、银行、邮局、集会场所、商品交易所等公共设施。在完成了北部的行政区域（今俄罗斯风情街一带）建设不久，1904 年 5 月 26 日，随着南山要塞被日军攻陷，俄罗斯人夜逃往旅顺，达里尼的建市计划半途而废。日俄战争后，日本人成为新的统治者，于 1906 年设立大量民政署，负责地方行政。达里尼改名为大连，尼古拉耶夫斯卡亚广场更名为大连广场，并在这里建了大连民政署新官舍。同时，继续实施沙俄的城市规划意图，在广场周边相续建成形式、风格各异的 10 栋建筑。日本人在大连完成了俄国人的规划，将这里建成了大连的行政中心（图 1-6）。

图 1-6　大连尼古拉耶夫斯卡亚广场

　　从大连的例子看，中国近代城市发展充满了西方文化的渗透和冲击，长春、青岛、上海、北京、南京、武汉、重庆、成都等一大批大中城市相续开通通商口岸，划出租界或是全面租借，开始了城市新建和改造，形成近代中国城市如万国建筑试验田的五花八门的风格式样。这种殖民化城市改造，带给中国传统城市根本性的改变，让中国人第一次看到了城市公共空间在组织城市功能上的作用，同时也带给中国城市公共生活新的理解。但这种变化是突然发生的，城市广场没有西方传统意义上的社会基础，因此，它们仅仅是形式上的变化，更多的是视觉上的公共形态。

　　新中国成立后，中国的城市建设在前苏联的指导下又开始了新一轮的古典主义实验，全国各城市为配合重要仪式性活动的频频展开，都相继建设了城市中心广场，以北京天安门广场为代表，城市广场突出集会、游行等重大群众活动集会需要，追求巨大的空间尺度，天安门广场达到世界唯一的 $43hm^2$ 的超巨大规模，上海人民广场的规模也达到 $16hm^2$，可以同时容纳 10 万人集会的标准。进入上世纪 80 年代改革开放以来，城市建设更是突飞猛进，城市广场建设在文革时停滞 10 年以后，开始在各地城市中蓬勃兴起。与欧洲城市广场发展历史相比，我国城市广场建设则属于一项新生事物，是中国经济转型时期文化思想观念重大变革的产物。广场建设的理念与中国近代时期的广场理念区别不大，仍然将城市广场当作城市空间中的景观装饰，是美化市容的空间手段，是城市的"形象工程"和"面子工程"，因而，与建国初期的大广场思路一脉相承，依然追求宏大的尺度规模，浓丽的装饰效果，高昂的投资造价。而城市广场的精髓——市民的公共活动，却很少顾及。

　　当又一轮建设热情稍事消停以后，对城市公共空间建设的反思让社会各界引起了警觉，进入 90 年代中后期，"可持续发展"、"生态城市"、"生态建筑"、"人居环境"等城市未来发展课题的探讨和实践才进入了城市建设的视野，关心人的需要，提高个人活动在公共空间中的价值，成为当代城市广场或街道建设考虑的重要因素。改造后的上海人民广场完全放弃了公众集会的仪式性功能，将已经变为停车场的巨大广场拆解分散，导入绿化景观，增加空间的变化和分隔措施，形成了中国城市广场的一个具有典型意义的特例，反映出生态的思考和人性化的觉醒，也许是面对巨大广场的无奈，但毕竟已经开始了变化（图 1-7）。

1.3　城市广场的布局形式

　　城市广场涉及的空间概念是狭义范畴的概念，因此，空间与形态是不可拆解的统一体，没有形态的空间将无法被感知，就象我们处于巨大无垠的旷野而没有空间的感觉。空间的形态越简单，表现力就越强。形态与空间的平衡是非稳定的，形被划分得越重大，空间就越受这种形的主宰而失去完整性。如果

图 1-7　上海人民广场

形的塑造较为克制，空间以及在空间里发生的事件就成为感知的主角。所以，清晰的空间形态对我们的感知非常有利。柯布西耶认为原形是最清楚的形，因为"我们的眼镜是被上帝创造出来在光线下观看形的；光和阴影烘托出形，立方体、圆锥、球、柱体以及金字塔都是光能显现出来的伟大的原形，它们的图形看上去纯净、明确、可以把握。因此，它们是最美的形。"

这些原形在二维的层面上看就是正方形、圆和三角形，它们可以被看成广场的基础形态元素，从它们身上可以演绎出所有可能的类型。克里尔曾经对此作为相当系统的研究，以这三种原形为基础通过发展变化得到城市空间的不同类型。这种变化手段看来是万能的，具体方法是：每种原形可以首先通过转折、切断、叠加、穿过、变异这五种物理性的外界干预方式而产生变形；这三原形及其五个变种可以演变为规则或不规则的，由此得出 36 种基本形可再次通过角度变化，长度变化以及角度和长度的同时变化而改变，由此可以得出所有能够想象的广场形态。

每一种都具有自身的个性，复杂的形有时甚至难以把握，但可以用近似的方法找到它们与其原形的关系，所以原形或基本形始终是把握形态的关键。广场的基本原形为：正方形、圆形、三角形、矩形、梯形。

1.3.1　正方形

正方形历来有着特殊的象征意义，它常常被人与天空的四个方向、四个季节、十字架的四个部分等联系起来。正方形拥有四个方向：两条中轴线与两条对角线。在这四个方向中没有任何一个方向能控制其余的方向。正方形的广场拥有四条等长的边，但没有任何一条边比其余的三条显得更加突出。因为所有的轴线都汇集到中点，中心显得尤为重要。所以正方形的广场在空间方向上体现出明确的向心性，这对广场空间的封闭性非常有利。正方形在四条轴线的方向上也显示出一定的轴向性，但远不能构成与其向心性的竞争。因此，正方形的广场散发着安稳的气息，它特别有利于人的聚集，也特别适用于作展示空间（图 1-8）。

1.3.2　圆形

阿恩海姆认为，圆作为"一种控制性的因素必须得到承认"。圆是太阳和月亮的拓扑形态，所以历来具有象征意义。维特鲁威就曾发现，一个趴在地上的人如果展开双臂和双腿正好与一个中心在肚脐上

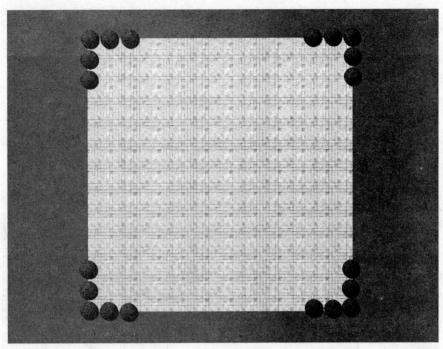

图 1-8　正方形广场简明平面图

的圆相吻合。圆是最简单的形，拥有无限多的汇集到中心的轴线，但只有一个既无始亦无终的边。所以，其空间的方向感在朝向外围的方向上难以确认，它具有鲜明的向心性，是创造空间围合的最佳形态。它标志着封闭、完美、内向和稳定，而且比正方形更加彻底。圆形广场的边围具有无法解构的特征，其中心点的定位极其精确，正好位于自身矢量体系的焦点上。从这个中心点出发，无数隐形的张力线通向所有的方向，广场凹形的边围更强化了这种特征，使它成为一种控制性的形体，通过压力迫使凹形的边围后退，后者也有凹形特征而表现出被动性。与正方形广场相似，圆形的广场也非常适宜于人的聚集以及展示，广场的中央特别适合设置纪念物（图 1-9）。

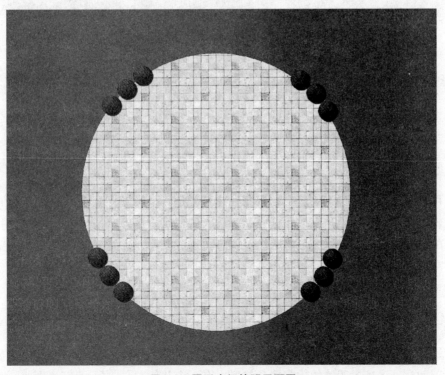

图 1-9　圆形广场简明平面图

1.3.3 三角形

三角形拥有三条轴线，所以也拥有三个方向；三角形拥有三个锋利的角，因此显得富有动感甚至具有侵略性。西特认为三角形的广场"始终不是很美，因为它给人的视觉造成错觉，而边界上的建筑物看上去相互间发生着剧烈的冲撞。"由于所有的轴线都汇集于中心点，所以体现出一种向心性，而与前两者相比明显不够突出。三条边中不存在更加突出的一条，但锐角的锋利形态赋予三角形一种明显的朝外的轴向性。无论视线朝向任何一个角，透视效果都会因为斜边而被改变；因此，在三角形的空间里不会产生真实的透视。三角形的空间是安稳和动力、轴向性与向心性的结合（图1-10）。

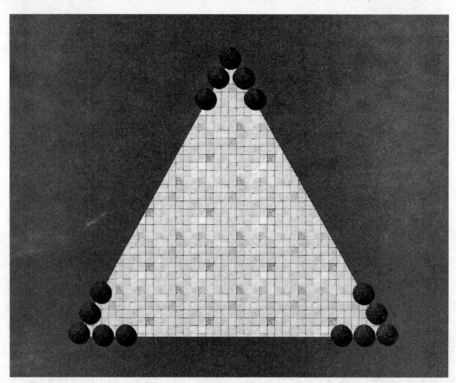

图1-10 三角形广场简明平面图

1.3.4 矩形

矩形是正方形的拉伸，拥有一长一短两条轴线以及两长两短四条边，因此与正方形相比动感明显。长边的方向即是主轴方向，所以矩形具有明确的轴向性。对于空间的围合性来讲，短边的长度是决定性的，因为人的视线首先感受到距离较近的边围。由于长短边的区别造成了它们作用上的不同。西特认为控制性建筑在广场上的位置非常重要，他因此区分两种广场空间类型：纵深广场和面阔广场。纵深广场强调短轴，适用于展示较高的建筑物，比如控制性建筑物是一个教堂，就应当将其设置在较窄一边；面阔广场强调短轴，适用于长边展示市政厅这样面阔较大的建筑。矩形广场长短边的比例非常重要，它决定了广场空间的动感程度。一个正方形的广场可能显得过分安稳，过分狭长的广场则会引起不舒适。广场越是狭长，它的轴向性就是明显。维特鲁威将矩形的比例关系确定为："将长边分成三等份，其中两份的长度应构成短边"（图1-11）。

1.3.5 梯形

梯形来自矩形的角度变化，它也可以看成是三角形被切去了尖端部分。梯形只有一条、但却有非常明显的轴线，因此空间表现出明确的轴向性。梯形也有一个几何中心，但由于空间轴向性的强调经常被

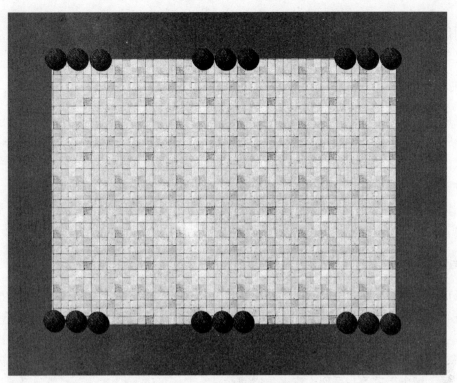

图 1-11　矩形广场简明平面图

忽略。平行的两条边的分量明显大于倾斜的两条边，非常适合设置控制性建筑。两条斜边对人的视觉感受引发错觉，根据观察者的站点不同，它们会加长或缩短空间的透视效果从而产生比真实情况更强烈的透视感受。如果重要建筑物位于两条平行边中较短的一条边上，较长的一条平行边就特别适宜于作为广场的入口，两条斜边站在这个宽阔的开口两侧，特别具有迎接的姿态。由于斜边的烘托，主体建筑显得非常遥远和富有吸引力。反之，如果主体建筑位于长边上，它会显得近而宏大（图 1-12）。

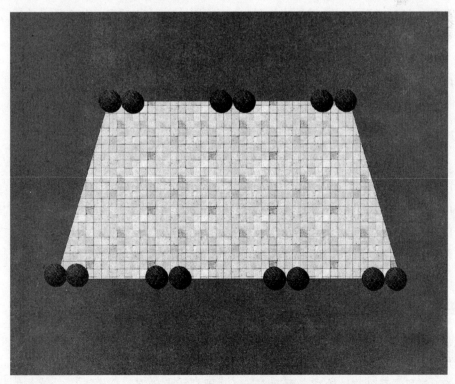

图 1-12　梯形广场简明平面图

1.4 城市广场的社会需求

1.4.1 娱乐需求

城市广场的目的是为了给广大群众提供一种娱乐休闲的公用场所，同时一个美观大方的广场也有助于提升一个城市的整体形象，它同时也可以作为一个城市文化特色以及城市经济发展水平的对外体现。广场的活力来源于多样化的活动，而多样化的活动是以功能的多样化为基础的。因此，在设计过程中要根据不同活动的需要对场地进行合理的划分，形成不同的功能分区来提供多项活动的支持。在空间划分上要根据不同的功能形成大小尺度不同、封闭或开敞的空间，产生不同的空间层次领域，从而使广场的空间层次丰富，创造多个不同的满足不同人休闲活动的空间。

1.4.2 休闲需求

城市广场的公共休闲空间在空间归属上是指城市公共空间中能满足人们在自由时间里按自足的、自发的方式所进行的，旨在精神愉悦、缓解疲劳，并通过观光浏览，兴趣参与、随机交往等多种娱乐方式，达到自我完善自我发展的目的所需求的公共空间场所。广义的公共休闲空间是指城市广场中一切可以产生休闲行为的空间，这一定义几乎包括了城市中所有的公共活动空间。狭义的公共休闲空间则是指相对于城市广场、城市街道等一系列人流聚集空间而言，专指可供人们停留、消费、娱乐和游玩的城市公共活动空间。

1.4.3 交通需求

广场作为道路的一部分，是人、车通行和驻留的场所，起交汇、缓冲和组织交通作用。城市广场的交通应很好地组织人流和车流，以保证广场上的车辆和行人互不干扰，畅通无阻；广场要有足够的行车面积、停车面积和行人活动面积，其大小根据广场上的车辆及行人的数量决定；在广场建筑物的附近设置公共交通停车站、汽车停车场时，其具体位置应与建筑物的出入口协调，以免人、车混杂，或车流交叉过多，使交通阻塞。

1.5 城市广场的发展前景

1.5.1 多功能复合型发展

只有功能多样化，才能吸引多样的人，产生多样的活动，才能使广场真正成为富有魅力的城市公共空间。休闲、民主、多信息、高效率、快节奏的生活方式成为现代人所追求的生活目标，原来功能单一的政治性集会广场、交通广场等已不再能满足现代人的生活需要，而以文化、休闲为主，其他功能为辅的多功能市民广场则取而代之。各种年龄层次和背景的人们能在广场内进行多种多样的活动，广场因此变成了一个复杂多样的具有可塑性的环境系统。广场周围建筑性质的多样化，也是广场功能多样化的重要条件。

1.5.2 成规模的小型化发展

曾经的城市形象工程给人们带来的巨大规模和尺度建设，给人以强烈的视觉冲击力。但人们也认识到这些巨大的尺度所带来的空间的离散。人在 20～30m 之内可以观察到建筑的细部，100m 内对建筑留有印象，超过 600m 只能看到物体轮廓，大型广场往往因其超大尺度很难给人以完整印象。1hm^2 大小的广场是可以使人顾及的空间尺度，$3 \sim 5hm^2$ 让人感到空旷。意大利广场大多小于 $1hm^2$，安依齐阿广场约 $60m \times 73m$，罗马市政广场呈梯形，深 $79m$，前面宽 $40m$，后面宽 $60m$，被誉为世界上最卓越的建筑群之一，欧洲最漂亮的客厅，威尼斯的圣马可广场梯形主广场 $1.28hm^2$。当然时代在变，人们的审美、需求也在变，不可能完全照搬古董。但人们仍应从这些古典精品中得到有益的启示。根据清华大学建筑学院景观园林研究所所长孙凤岐教授研究成果，特大和大型城市中心的广场有 $10hm^2$ 就足够，一般城市 $3 \sim 5hm^2$ 就够大，而小城镇有 $2 \sim 3hm^2$ 就可以了。广场规模应与所在城市、区域、人口分布功能定位相适应，充分利用临街转角处的建筑物留出的一部分空地，或是两座建筑之间的空间，建设一些分散的、小规模的城市广场，或称中心花园广场，不但可以节约资金，疏散人流，而且它们在城市空间中还具有视觉心理上、环境行为上等多方面的调节和缓冲作用，为单调的城市空间增添了丰富的景观。

1.5.3　空间多层次发展

随着科学技术的进步和处理不同交通方式的需要，立体化成为现代城市空间发展的主要方向之一。通过大小空间的对比，公共、私密、半私密空间的转化形成多层次的空间形态，满足不同人群不同活动使用要求。广场空间根据人们环境行为划分为许多大小不同的场地，形成不同层次的领域空间。有容纳几百人的大空间，也有容纳十几人的小空间。

公共空间：集体参加某一种活动。交往双方没有具体的对象，具有随机性组合、被动参与的特点。如听人讲演、群众集会或围观某一表演。

私密空间：最熟识的朋友或亲属之间的交往。相互彼此认同，空间距离相对缩短，进行情感交流，身体气味和形体表情等，对私密性要求更高。

半私密空间：通常指由某事件关联，甲乙双方发生直接的社会联系。这种交往在广场上可能表现为短暂的停留，打招呼、进行一般礼节性交谈，交往时间很短，也无须寻找合适的地方；也可能是几个朋友在广场谈天说地，交流思想。这种交往寻找一个相对隐蔽的场所，广场中的阴角、小空间等往往是这类交往的理想选择。

领域感的确立：这个划分不是绝对的，割裂的，只是一个相对的概念。领域感的确立依赖于明晰的边界形态，对于私密领域，住宅以严格的空间围合来确定领域感，公共场所的休憩空间和小范围的交际场所，空间界定要求不象住宅那么高，但明确的边界可以确定空间的安定性。可以是绿篱围合的小空间，也可以是其他元素（矮墙、座椅）围合的小空间。

半私密空间：通常指由某事件关联，甲乙双方发生直接的社会联系。

边缘效应：公共领域总体上要求开敞的形式，但如果没有足够的边界，就会因为失去空间的限定，另一方面会因为缺少人的参与而缺乏生气。人们实际调查时发现，广场中最受欢迎的逗留区一般是沿广场边界建筑里面的地区和空间的过渡区。人们宁愿四周浏览，也不愿在无依无靠中受人环顾。

1.5.4　突出地方特色和文化内涵的发展

不同城市、不同区域，会形成不同的文化环境，如文脉、传统、历史、宗教、童话、神话、民俗、乡土、风情、文学、书法等。这些经过历史的考验，积淀下来的宝贵的物质、精神财富，得到大家共同的认可，人们对之产生深厚的情感。以丰厚的历史积淀为依托，或以特定的民俗活动为特点，充分挖掘历史文化底蕴，使广场成为城市历史文化保护和发展的展示舞台。西安的钟鼓楼广场，整个广场以连接钟楼、鼓楼，衬托钟鼓楼为基本使命，并把广场与钟楼、鼓楼有机结合起来，具有鲜明的地方特色。济南泉城广场，代表的是齐鲁文化，体现的是"山、泉、湖、河"的泉城特色。广东新会市冈州广场营造的是侨乡建筑文化的传统特色。兰州中心广场，利用历史事实和民间传说采用丝绸纹样突出丝绸重镇的地位。采用地方材料：地面、椅子、凳子、栽种当地特有的树木、花草等。通过上述手法使广场有一种家乡的亲切感。不同地理位置，呈现不同的地形、气候、不同的自然景观。广场设计突出地方特色，城市广场应强化地理特征，体现地方山水园林特色，以适应当地气候条件。一个有地方特色的广场通常被市民和来访者看做象征和标志，产生归属感。同时选用适合本地气候的植物，不同的地理位置不同的气候特点，会形成鲜明的植物景观，如广州地区，夏季炎热、持续时间长，在广场设计中，选择高大的亚热带树种，能带来足够的绿荫，同时又能形成浓厚的亚热带风光；北方地区如北京、河北等地，四季鲜明，在绿化种类上充分突出四季美景；哈尔滨地区，冬季寒冷，在广场上举办冰雕、雪雕展等活动，突出北方冰城独特景观。

1.5.5 环境生态化的发展

城市广场规划设计不仅要有创新的理念和方法，而且还应体现出"生命至上、生态为先"的经济建设与社会、环境协调发展的思想。随着人类环境意识的增强，保护生态环境、可持续发展观正在被人们所重视。在广场设计中首先表现在对原有土壤资源的保护。表土是经过漫长的地球生物化学过程形成的，是与生命生存的表层土，是植物生长所需的养分的载体和微生物的生存环境。在自然状态下，经历 100 ~ 400 年的植被覆盖才得以形成 1cm 厚的表层土。在广场建设中，应将原有宝贵的表层土保留下来，以利于绿化。同时在绿化的选择上，选择适合本地气候的，不顾环境气候特点，一味地利用大草坪提高视觉效果的做法，会使宝贵的水资源浪费严重。现代的广场设计更加注重绿化品种的选择，选择具有本地特色的生命力顽强的品种，不但在景观方面，而且在改善微环境方面（制氧、除尘、遮阳）起到良好的作用。

第2章 城市广场的类型

广场是由城市功能的需要而产生的，并且伴随着时代的变化不断发展。城市广场的分类由于出发点不同而有各种不同的分类。按照历史时期分类有古代广场、中世纪广场、文艺复兴时期广场、17 世纪及 18 世纪广场、现代广场；按照广场的主要功能分类有政治型广场、交通型广场、经济型广场、宗教型广场、休闲型广场；按照形态分类有规则形态广场、不规则形态广场及广场群；按照广场的构成要素分析可分为建筑广场、雕塑广场、水上广场和绿化广场等。广场的设置和演变受到各种因素的影响，在众多因素之中首要因素是功能。从古代到现代，广场就是城市居民社会生活空间，设在城市的中心，是城市不可缺少的部分。随着现代社会的发展和市民心理的需求，不但要满足使用功能的需求，更重要的是满足市民审美等精神文化生活的追求。

2.1 政治型的城市广场

2.1.1 集会游行广场

集会游行广场一般有较大场地供群众集会、游行、节日庆祝联欢等活动之用，通常设置在有干道连通，便于交通集中和疏散的市中心区，其规模和布局取决于城市性质、集会游行人数、车流人流集散情况以及建筑艺术方面的要求。建有重大纪念意义的建筑物，如塑像、纪念碑、纪念堂等，在其前庭或四周布置园林绿化，供群众瞻仰、纪念或进行传统教育。设计时应结合地形使主体建筑物突出、比例协调、庄严肃穆。这类广场有足够的面积，并可合理的组织交通，与城市主干道相连，满足人流集散需要。但一般不可通行货运交通。可在广场的另一侧布置辅助交通网，使之不影响集会游行等活动。如俄罗斯的莫斯科红场和法国的巴黎凯旋门广场等，均可供群众集会游行和节日联欢之用。这类广场一般设置较少绿地，以免妨碍交通和破坏广场的完整性。在主席台、观礼台的周围，可重点设置常绿树。节日时，可点缀花卉。为了与广场及周围气氛相协调，一般以规整形式为主，在广场四周道路两侧可布置行道树组织交通，保证广场上的车辆和行人互不干扰、畅通无阻。广场还应有足够的停车面积和行人活动空间，其绿化特点是一般沿周边种植，为了组织交通，可在广场上设绿地种植草坪、花坛，装饰广场，形成交通岛的作用，但行人一般不得入内（图 2-1 ~ 图 2-2）。

图 2-1 莫斯科红场

图 2-2　巴黎凯旋门广场

2.1.2　纪念文化广场

　　一般来说，纪念广场的其中一部分或某个方向兼有教育感化的性质。现代城市中具有代表性的设施往往归于这一类型的广场，为了缅怀历史事件和历史人物，常在城市中修建一种主要用于纪念活动的广场。用相应的象征、标志、碑纪等施教的手段，教育人、感染人，以便强化所纪念的对象，产生更大的社会效益，如北京天安门广场等。纪念文化型广场的建设一般是为纪念某项史实、活动、人物、事件，或是为宣扬某种文化，诠释一种文明，传授一种知识，运用一项或多项建设物来展现，或抽象，或具体，是人们受教育，精神受陶冶、熏陶的好去处，是城市中汇聚人气的地方。纪念文化型广场以某种建筑为重点，其他附属设施较少，面积一般较大，可以举行大型人员聚集活动。在文化广场中心建筑的周围，会辐射延伸一些相关设施加以点缀。广场的绿化和雕塑可采用彩色灯来装饰，广场上的纪念碑、纪念塔和纪念意义的雕塑，则适宜采用日光色做装饰照明，以显其庄重之感觉。纪念广场的照明应具有层次感，除标志性建筑要亮一些，其他地方的照度可控制在 10lx 以内。广场照明要使人感到舒适、轻松，应着重考虑造型立体感、限制眩光、灯具的视觉效果和色温及显色性四个照明要素（图 2-3 ~ 图 2-5）。

图 2-3　北京天安门广场

图 2-4　华盛顿韩战纪念广场

图 2-5　华盛顿越战纪念广场

2.1.3　市政广场

　　市政广场是以城市的政治活动为主要内容的广场，多建于市政厅和城市政治中心所在地，是城市民主化的产物。多在广场上留出一片空地或用四周台阶围合一个集会活动的场所，以便举行庆典、检阅和礼仪活动。市政广场的出现是市民参与市政和管理城市的一种象征，它一般位于城市的行政中心，与繁华的商业街区有一定距离。这样可以避开商业广告、招牌以及嘈杂人群的干扰，有利于广场气氛的形成。由于市政广场的主要目的是供大型团体活动，所以多以硬地铺装为主，可适当点缀绿化景观与艺术小品（图2-6～图2-7）。

图2-6　济南泉城广场

图2-7　大连星海广场

2.2　宗教型的城市广场

宗教广场是布置在教堂、寺庙及祠堂等宗教建筑群前，举行宗教庆典、集会、游行、休息的广场。早期的宗教广场多修建在教堂、寺庙或祠堂对面，为举行宗教庆典仪式、集会、游行所用。在广场上一般设有尖塔、宗教标志、坪观、台阶、敞廊等构筑设施。此类广场，现已兼有休息、商业、市政等活动内容。宗教广场设计上应以满足宗教活动为主，表现宗教文化氛围和宗教建筑美，通常有明显的轴线关系，景物也多是对称布置，广场上设有供宗教礼仪、祭祀、布道用的坪台、台阶或敞廊。历史上的宗教广场有时与商业广场结合在一起，如西藏布达拉宫广场等（图 2-8）。

图 2-8　西藏布达拉宫广场

2.3　交通型的城市广场

交通型的城市广场是指供大量车流、人流集散的各种建筑物前的广场，一般是城市的重要交通枢纽，应在规划中合理地组织交通集散。在设计中要根据不同广场的特性使车流和人流能通畅而安全的运行，主要道路汇合的大型交叉路口。常见形式为环形交叉路口，其中心岛多布置绿化或纪念物以增进城市景观、城市跨河桥桥头与滨河路相交形成的桥头广场是另一种形式的交通广场。当桥头标高高出滨河路较多时，按照交通需要可做成立体交叉广场。

交通型广场包括航空港、车站、码头等前面设置的广场。在设计中要根据站前广场车流和人流的特点统一布置，尽量减少人车之间的干扰，如站房的出入口要与地铁车站、公共交通车站、出租汽车站、停车场等一起安排，以减少主要人流与车流的交叉。当车流与人流都很繁重时，可修建地道或天桥使旅客直接从站房到达公共交通设施的站台，不受其他车流干扰。如火车站的出入口可与地铁车站、公共交通车站在地下换乘，以减少旅客携带重物多次上下，缩短换乘距离，减少人流与车流的交叉。站前广场的建筑除站房和上述交通设施外，还应安排必要的服务设施，如停车场、邮电局、餐厅、百货店、旅馆等，并适当布置绿化。站（港）前广场是旅客进入城市的大门，交通方便、服务设施周到，建筑形式协调，会使人们对城市产生良好的印象。

体育场、展览馆、公园、影剧院、饭店、旅馆等大型公共建筑物前广场也属于交通型广场，应保证车流通畅和行人安全。交通型广场的布局应与主体建筑物相配合并适当布置绿化，并根据实际需要安排机动车和非机动车停车场（图 2-9）。

2.4　经济型的城市广场

商业广场为商业活动之用，一般位于商业繁华地区。广场周围主要安排商业建筑，也可布置剧院和其他服务性设施，商业广场有时和步行商业街结合。城市中集市贸易广场也属于商业广场。

城市商店、餐饮、酒店及文化娱乐设施设计等公共建筑集中的商业街区是人流最集中的地方。为了疏导人流和满足建筑上的要求，需要布置商业广场，目前国内商业广场较多，有历史上形成的如：上海

图2-9 武汉首义广场

的城隍庙、南京的夫子庙；也有新晋的商业广场，如武汉的江汉路步行街广场等。

　　商业广场是用于集市贸易和购物的广场，或者在商业中心区以室内外结合的方式把室内商业广场与露天、半露天市场结合在一起。商业广场大多采用步行街的布置方式，使商业活动区集中。既便利顾客购物，又可避免人流与车流的交叉，同时可起到供人们游乐、饮食等使用，它是城市生活的重要中心之一，广场中宜布置各种城市小品和娱乐设施（图2-10）。

图2-10 纽约时代广场

2.5 休闲型的城市广场

2.5.1 市民广场

　　市民广场多设在市区中心，通常是市中心广场。在市民广场四周布置市政府及其他行政管理办公建筑，也可以布置图书馆、文化宫、博物馆、展览馆的公共建筑。市民广场平时供市民休息、游憩，并于节日举行集会活动。广场应与城市道路有良好的衔接，能容纳疏导车流和人流交通，保障集会时人车的集散与分流。市民广场应考虑各种活动空间、场地划分、通道布置需与主要建筑物保持良好的关系。可以采用轴线手法或者自由空间构图布置建筑。广场应注意朝向，以朝南最为理想。市民广场上还应布置有使用功能和起装饰美化作用的环境设施及绿化，以加强广场的气氛，丰富广场景观层次（图2-11）。

图2-11　上海陈毅广场

2.5.2　生活广场

生活广场与居民日常生活关系最为密切，一般设置在居住区、居住小区或公园内。面积可大可小，主要提供居民日常休闲、体育锻炼及儿童游戏活动空间，休闲广场上应该布置各种休闲活动设施，并布置较多的绿化。广场中宜布置台阶、座凳等供人们休息、设置花坛、雕塑、喷泉、水池及城市小品供人们观赏。广场应具有欢乐、轻松的气氛，并以舒适方便为目的（图2-12）。

图2-12　武汉江滩广场

第3章 城市广场的设计元素

随着社会经济的发展，商业与文化的大融合使得城市的广场设计也多了些新的元素，当人们身处在某个环境空间的时候，空间的功能必须完美恰当地符合人们的使用需求。所以人们要求施工质量严格准确、要求材料的高度精致，并对一些元素进行精细或精确的设计，这样才能凸显现代工艺的最强最佳的视觉效果，当然这些元素也并非一定繁杂或一定简单，是由整体的环境所决定的，起到画龙点睛之笔之效。精彩的设计元素能彰显设计的品质与灵魂，元素属于整体又具有自身的特质，根据城市广场的特性分为了以下的几个设计元素。

3.1 环境设计元素

社会经济的发展与中西方文化的融合，我们的生活环境由此进入了一个新的发展时期，它是科学技术与文化艺术完美结合的综合性表达。在看得见、摸得着、感觉得到的四周进行环境的情感交流，这样的人与物的对话环境构成了环境元素的重要表达。怎样才能把握好环境的设计元素？一是与大环境相协调，何为环境，环境是指周围所存在的条件，总是相对于某一中心事物而言的。环境既包括以空气、水、土地、植物、动物等为内容的物质因素，又包括以观念、制度、行为准则等为内容的非物质因素；既包括自然因素，又包括社会因素；既包括非生命体形式，又包括生命体形式。通常所说的环境是指围绕着人类的外部世界，环境是人类赖以生存和发展的物质条件的综合体。

城市广场是城市环境的重要元素之一，有可能是在城市中为公共及商业、娱乐等建筑设计的一个良好环境的重要方法。一个广场，既是一个由建筑构成的场所，也是一个设计用来展示建筑的极好的有利条件更是体现城市风貌的元素城市广场，自从2000多年前古希腊诞生时起，历来就是人们进行交往、观赏、娱乐、休憩等活动的重要场所，更是增强点缀与美化城市空间环境质量的重要景观，在很大程度上体现了一个城市的风貌，是展现城市生活模式与社会文化内涵的舞台。作为城市环境质量和景观特色再现的空间环境总是在不断地创造出新的具有环境整体美、群体精神价值美和文化艺术内涵美的城市空间。城市广场已经成为城市中最富魅力的外部空间。伟大的城市广场作品，如圣马可广场（威尼斯）、圣彼得广场（罗马）以及巴斯由约翰·伍德及其儿子设计的广场群。其空间，周围建筑及天穹之间的关系都是独一无二的；他们要求一种情感和理智的回应。并且，同样地，是和其他任何艺术形式相比较（图3-1～图3-2）。

图3-1 圣马可广场

22

图 3-2　圣彼得广场

　　现如今城市广场设计中的特色塑造有艺术文化类的如：基于历史环境特色、城市广场文化特色的塑造，以及城市广场的空间形态功能技术性的如水平空间形态和竖向空间形态。这些都无不构成环境的设计元素。

　　关于基地的历史环境文化特色的发展来看，历史事实证明不管社会历史动机具有多么大的决定作用，终究还是人在不自主地对历史进程发生些作用，因为人是社会历史的发展进程中的的主体。被动的发展通常会带有不自主性，而人类自主自发的改造与实践活动才会推动社会往更好的方向发展。所以人文景观环境并不是空洞无物的，其中必有深层次的文化底蕴在里面。关注城市特色文化发展应该特别注重自身的文化历史与现在科技的融合。

　　当今我们正处于信息爆炸的时代，各种信息充斥着我们的生活，我们在面对全球经济、生态危机以及文化大融合等这些问题该何去何从？在应对这些变化又该做出什么样的选择？自然界生态系统的变化历经几万年甚至几百万年才得以形成，同样一座城市文化的形成少则几十年至多则需要经历几百甚至上千年的沉淀积累而形成，人类却只需要几秒钟就能将其摧毁。差之毫厘，谬以千里，任何一个动态走向都将引起下一步的行动走向。毁坏容易，修复难！有的城市人文景观毁坏后或许后期不能完全恢复。

　　每一座城市每一处景观环境都有自己的发展历史进程和自己独到的环境特色，要想发扬自身文化就需要把自己的文化特色传承下去，保留人文景观中的精华发展出适合自己的一条特色之路。科学技术与工艺是文化景观环境要素的表现手法，如今的技术的先进体现当今城市发展文化的基础，是保护城市文明的有力后盾。城市广场建设中将现代科技融入到传统区域文化中可以做到发展和延续城市传统文化，并推动城市文化广场的发展。

　　从功能元素来看，不同的领域有不同的功能效果。在地理学家看来，环境元素的设计含有地表景象、综合自然地理区、或是某种自然与人文类型的意义，如城市园林景观，河流园林景观，高原园林景观等。在艺术家眼里，环境元素将园林景观作为表现与再现的对象，等同于风景；建筑师把景观作为建筑物的环境配景或背景。生态学家把环境作为生态系统的大环境，而旅游管理者又把园林景观的环境作为风景资源加以开发使用。在日常的老百姓观念中，环境与城市的美化相联系，环境似乎就是街道建筑的环境景象，街头的绿地，户外的小品及雕塑的统称。

　　在设计中，针对整个城市广场环境中的各类功能性分布及部件设施的设计和处理，如喷泉花坛、扶手栏杆以及灯具等设备构件。这类环境功能类"元素"的主要属性是技术细节性，细节的技术约束统领着整个"元素"的设计过程，从它的形式的起伏、风格的把控、尺度的伸缩、材质的选用都应满足技术上的基本要求。功能性单体构建"元素"设计要求设计者将功能和形式结合得天衣无缝、构思设计严谨，以达到与环境相得益彰事半功倍的艺术效果。

3.2 地形设计元素

地形是明显的视觉特征之一，可理解为测量学中的地貌，是城市广场的骨架，在设计之初，设计师首先需要了解的就是环境当中的地貌，在综合考虑各种因素，因地制宜对局部地形稍作改造使得整个空间有着合理的使用关系。地形可分为：

大地形：山谷、高山、丘陵、平原。

中地形：土丘、台地、斜坡、平地、台阶、坡道。

微地形：沙丘的纹理、地面质地的变化。

在地形的设计中应当注意原生态保护，尽量避免大挖大填，破坏原有地形的稳定性。

3.2.1 地形的主要形态与设计方法

（1）平坦地貌：地形起伏变化很小不足以引起视觉的刺激，长时间会有乏味之感，所以在城市广场设计之中，通过颜色鲜艳体量巨大的造型夸张的构筑物或雕塑增加空间的趣味性，以此来形成空旷空间中的视觉焦点。也以此设计来强调自身的独特性。平坦的地形存在着一种水平的协调，使水平线与水平造型形成协调的要素。能使难以形成私密的空间需要其他的环境物质帮助，任何垂直的元素可以在平坦的地形上形成视线的焦点（图3-3、图3-4）。

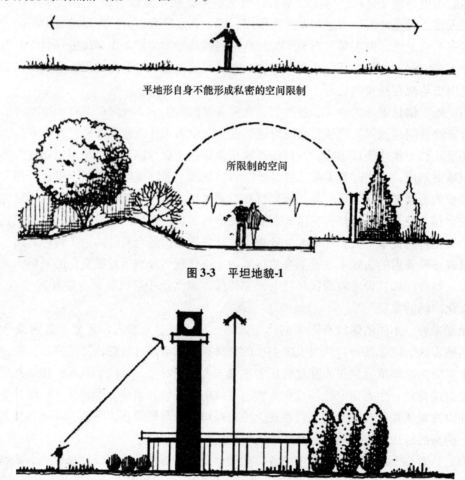

平地形自身不能形成私密的空间限制

所限制的空间

图 3-3　平坦地貌-1

图 3-4　平坦地貌-2

（2）凸形地貌：此类地形相对平坦的地形有动感的变化，有山丘缓坡、具备空间的延伸性，一面可组织成为观景之地，一面可组为造景之地。

由于每处的凸形地貌都有自身的特色即所形成之景四处高低起伏景皆是不同。凸地形本身在景观环境中也具有支配的地位要素，亦可强化焦点的效应（图 3-5、图 3-6）。

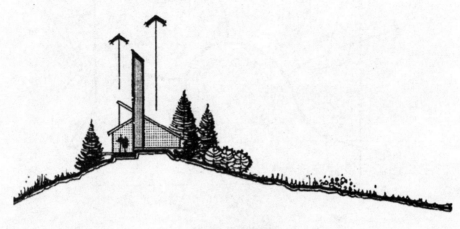

图 3-5　凸形地貌-1

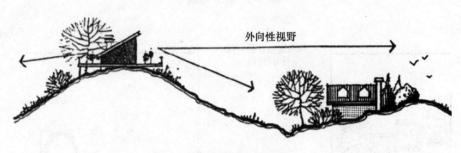

图 3-6　凸形地貌-2

（3）凹形地貌：此类地形地势较低，视线封闭具有闭合效应，空间呈现内向性，具有不受外界干扰的特性。凹地形坡面既可观景也可布置景物（图 3-7）。

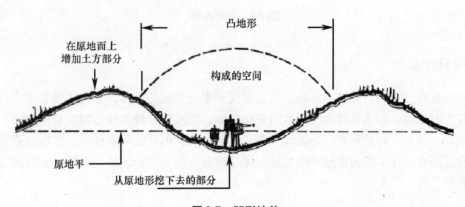

图 3-7　凹形地貌

（4）山脊地貌：近似凸地形的线形形态，多视点且视野效果好；具有导向性和动势感引导视线可以作为空间边缘自然限定领域（图 3-8）。

（5）谷地地貌：是一种连续的具有线形和方向性；兼具凹地形和脊地的特点。谷地提供开敞空间，适合景观中的任何运动（图 3-9）。

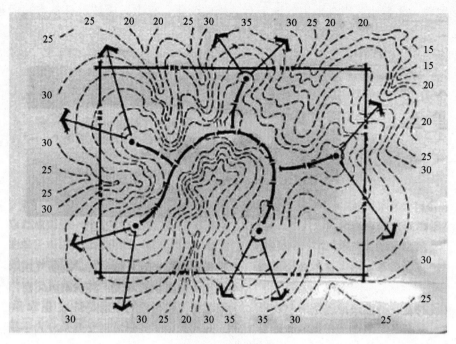

图 3-8 山脊地貌

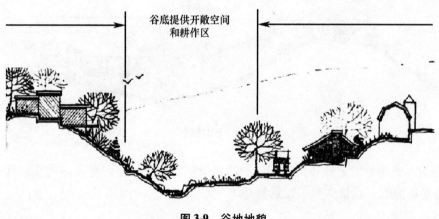

图 3-9 谷地地貌

3.2.2 地形设计要点

地形是构成景观的骨架,是城市广场中所有景观元素与设施的载体,它为环境景观中其他景观要素提供了赖以存在的基面。作为各种造园要素的依托基础,地形对其他各种造园要素的安排与设置有着较大的影响和限制。以上五种地形是广场设计中常遇见的地形,但在实际操作中,多数地形是两种地貌组合而成的,设计师在充分了解地形地貌的基础上通过改造,例如挖掘、填充来进一步合成或划分空间以此为空间的原型。

3.3 绿化设计元素

植物是最具有自然特征的设计要素,不同的植物大小、形态、质感、色彩及特征各有不同。在城市广场设计中要适地适树,根据所处环境不同选择适当的植物合理的搭配。

3.3.1　广场植物的分类

广场植物是指具有一定得观赏价值、生态价值和经济价值的栽培植物，主要分为广场树木和广场花卉。广场树木是对所有具有观赏价值的木本植物的统称。

3.3.1.1　广场树木的分类

1. 根据广场树木的生长习性分类

（1）乔木类：树体高大，具有明显主干，一般树高6m以上。可分为伟乔（30m以上）、大乔（20～30m）、中乔（10～20m）、小乔（6～10m）。

（2）灌木类：树体矮小（6m以下）、主干低矮或者无明显主干而呈现丛生状。

（3）铺地类：枝干平均铺地生长，与地面接触部分生出不定根，实际上也属于灌木类。

（4）藤蔓类：地上部分不能直立生长，必须攀附于其他支持物向上生长。

2. 根据树木在广场中的用途分类

（1）独赏树：可独立成仅供观赏的树木，主要展现树木的个体美，树形高大、美观，或者具有独特的风姿和观赏价值。

（2）庭荫树：能形成大片绿荫供人纳凉的树木，树形高大，树冠宽阔，枝叶茂盛，无污染。

（3）行道树：为了美化、遮荫和防护等目的，在道路两旁栽植的树木。一般来说，行道树应具备以下特点：树形高大、冠幅大、枝叶茂密、枝下较高、发芽早、落叶迟、生长迅速、寿命长、耐修剪、根系发达、不易倒伏、抗性强、病虫害少、易移栽。

（4）防护类树：能从空气中吸收有毒气体、阻滞尘埃、防风固沙、保持水土的树木。

（5）花灌木：花、果实、叶片或其他具有观赏价值的灌木类总称。

（6）木质藤本类：茎枝细长难以直立，借助吸盘、卷须、钩刺、茎蔓或吸附根等器官攀缘于它物生长的树种。

（7）植篱类：用于分割空间、屏蔽视线、衬托景物的树木。

（8）地被类：低矮、铺展力强、常覆盖于地面的一类树木。

（9）盆栽及造型类：能用于观赏及制作树桩盆景的一类树木。

3.3.1.2　广场花卉的分类

广场花卉分为规则式和自然式。花坛的规则式有花坛、花池、花台；花坛的自然式有花丛、花地。

（1）花坛是指栽植草本花卉的种植床，其形状一般有方形、长方形、圆形、组合形等，具有较高的装饰性和观赏价值。

（2）花池、花台，凡种植花卉的种植槽，高者为台、低者为池。在实际布置形式上，因花池、花台的面积一般较小，适合近距离观赏，一般主要表现花卉的色彩，芳香、形态以及花台、花池的造型美，同时也需要注意花台、花池与空间环境的适应性。

（3）花丛，用多种花卉进行密植形成丛状，按园林景观需要自然式的布置在园林景观绿地的草坪中。

（4）花地是指较大面积的花卉景观群体，常布置在坡地上、林缘或林中空地以及树林草地中。

3.3.2　广场植物的功能

3.3.2.1　广场植物的空间构成功能

广场的构成要素中，建筑、山石、水体都是不可或缺的要素，然而，缺少了植物，广场就不可能从宏观上作整体性的空间配置。利用植物的各种天然特征，如色彩、形姿、大小、质地、季相变化等，本身就可以构成各种各样的自然空间，再根据广场中各种功能的需要，与小品、山石、地形等的结合，更能够创造出丰富多变的植物空间类型。如：开敞空间、半开敞空间、覆盖空间、封闭空间、垂直空间、天时空间等（图 3-10～图 3-13）。

低矮的灌木和地被植物形成开敞空间

半开敞空间视线朝向敞面

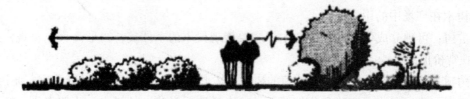

图 3-10　半开敞空间

处于地面和树冠下的覆盖空间

图 3-11　覆盖空间

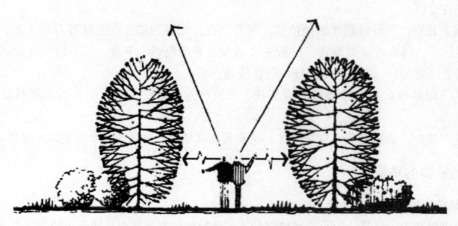

封闭垂直面，开敞顶平面的垂直空间

图 3-12　垂直空间

所有常绿植物色深、凝重不随季相变化

植物配置应考虑落叶植物和常绿植物的结合

图 3-13　天时空间

3.3.2.2　调节生态环境功能

1. 改善空气质量

植物可以通过光合作用以及自身分泌的诸如芳香油一类的化学物质，起到吸收二氧化碳放出氧气、杀菌、吸收有毒气体、阻滞空气中的尘埃的作用，从而改善空气质量。

2. 调节温度

树冠能阻拦阳光而减少辐射热。由于树冠大小不同。叶片的疏密度、质地等的不同，所以不同树种的遮荫能力亦不同。遮荫力愈强，降低辐射热的效果愈显著。

3. 调节光线

阳光照射到植物上时，大约有 20% ~25% 被叶面反射，有 35% ~75% 为树冠所吸收，有 5% ~40% 透过树冠投射到林下。从光质上来讲，林中及草坪上的光线具有大量绿色波段的光，这种绿光要比街道广场铺装路面的光线柔和得多，对眼睛保健有良好作用，而就夏季而言，绿色光能使人在精神上觉得爽快和宁静。

4. 降低噪声

城市环境中充满各种噪声，噪音越过 70dB 时，对人体就产生不利影响。植物可以通过吸收音量、改变声音传播方向等方式降低噪声。

5. 保持水土

枝叶繁茂的树木，树冠可以降低雨滴降落时的速度，减弱对地表土壤的破坏，根系可以加固土壤，减少土壤流失。树木落叶覆盖在土壤表层，增加了土壤的有机物质，使土壤疏松，增加了透水性及吸水率，减弱了雨水冲刷的作用。

6. 其他作用

除了上述改善环境的作用外，植物还具备防风固沙、检测环境污染等作用。

3.3.2.3　植物的美化功能

广场植物种类繁多，每个植物种类都有自己独具的形态、色彩、风韵、芳香等美的特色，这些特色又能随季节及年龄的变化而有所丰富和发展。

1. 视觉美

广场植物的美可分为单体美与群体美。单体美主要着重植物的形体姿态、色彩光泽、韵味联想、芳香等。群体美主要是通过设计手法，对不同大小、形态、色彩、质感的植物进行组合从而产生的美。

2. 季相美

植物随季节及年龄的变化而有所丰富和发展。如春天的梢头嫩绿、花团锦簇，夏季绿叶成荫、浓影覆地，秋季嘉实累累、色香具备，冬则白雪挂枝、银装素裹。除了一年中的变化之外，植物在不同的年龄时期均有不同的形貌。植物的这一特点，是广场景观中其他要素，诸如建筑、水体、山石等所不具备的。

3. 意境美

在中国传统广场园林中，很多植物都被赋予了自己特有的意蕴和情感表达。竹类代表高风亮节，荷花代表出淤泥而不染，梅花和雪松代表着坚贞、气节和理想等。

3.3.3　植物的配置原则

由于设计要求和设计目的的不同，在不同区域、场地和不同形式的广场中，广场植物的配置千变万化。广场植物材料是有生命的个体，会随着时间的推移而不断地变化，植物形态和体量的变化，所产生的效果也不尽相同。"适地适树"是植物配置的基本原则，就是要针对具体立地条件的要求，选择最适合的植物材料。因而植物的配植是个相当复杂的工作，也只有具有多方面广博而全面的学识，才能做好配植工作。植物的配置虽然涉及面广、变化多样，但亦有基本原则可循。

1. 植物的特性与生态环境相适应

因为植物是具有生命的有机体，它有自己的生长发育特性，同时又与其所位于的环境间有着密切的生态关系，所以在进行配植时，应以其自身特性及其生态关系作为基础来考虑。但在非常重视植物习性的基础上又不应完全绝对化的受其限制，而应有创造性的来考虑。

2. 明确植物配置的目的

植物具有美化环境、改善防护及经济生产等三方面的功能，在配植中应明确该树木所应发挥的主要功能是什么。在进行绿化建设时，需有明确的目的性；广场绿地除了具有综合功能外，在综合中应有主要的目的要求，因此在进行树木配植时应首先着重考虑满足主要目的要求，还应考虑如何配植才能取得较长期稳定的效果，同时也应考虑以最经济的手段获得最大的效果。

3. 不受制于植物的自然习性

在有特殊要求时，应有创造性，不必拘泥于树木植物的自然习性，应综合的利用现代科学技术措施来保证树木配植的效果能符合主要功能的要求。同时，还应考虑到配植效果的发展性和变动性，以及在变动过程中的措施。

广场绿化建设中的树木（植物）配植工作，必须符合广场综合功能中主要功能的要求，要有广场建设的观点和标准，运用科学的方法来实现其目的。

3.4　公共设施设计元素

"公共设施"一词产生于英国，英语为 Street Furniture，直译为"街道的家具"，类似的词条还有Urban Furniture；在欧洲，称其为 Urban Element，直译为"城市元素"。

城市广场类的景观公共设施又形象的称作为城市家具，城市公共设施设计的好坏，不仅关系着城市广场整体的环境印象，同时也是城市文明的重要体现。伴随着人类社会的信息化进程，休闲经济将成为社会的主导经济。

目前的城市广场公共设施主要有三大功能：①实用功能。其作用就是满足城市居民的生活，这也是城市广场公共设施产生的首要原因，功能性是其必须解决的第一问题；②装饰审美的功能。审美即在一定的情况下起到愉悦精神，陶冶情操的作用，也是视觉感官的第一印象，城市广场公共设施的审美功能不仅可以增加生活情趣，而且还可以体现作者的设计理念和艺术造诣，对普通百姓也可以有审美的促进和培养。是对时代生活的反映和对未来的展望；③文化的传承。城市广场公共设施作为城市环境景观中重要的组成部分，文化尤为重要。文化不仅可以给人以精神上的鼓舞和陶冶，提高审美的享受，也可以调剂人们的情绪，规范人们的日常行为，是精神文明和物质文明的载体。同时城市广场公共设施的出现作为一种文化传播的媒介，可以很好地传递城市的文化和精神。同时也可有效地激起市民的共鸣和对地域的热爱（图 3-14 ~ 图 3-15）。

图 3-14　垃圾箱

图 3-15　指示路牌

3.4.1 城市广场公共设施具体分类

（1）休息类公共设施：包括可动式座椅、固定式桌椅、饮水机等。

（2）信息类公共设施：包括各种商业性广告牌、广告塔、招牌、条幅以及非商业性的标识牌、路牌、导游图栏、电子闻讯装置等。

（3）美观装饰类公共设施：包括装饰雕塑、装饰照明、花坛、喷泉、水池、花架、街道树、地面铺装、窨井盖。

（4）供给类公共设施：包括路灯、电话亭、邮筒、消防栓、配电器、排气塔、烟灰皿、垃圾筒、独立式公厕。

（5）交通管理类公共设施：包括城市轻轨站、地铁入口、地下通道、人行天桥、公共车候车亭、护栏、护柱、自行车停放架等。

（6）售货类公共设施：售货亭、书报亭、自动售货机等。

（7）节日庆典类公共设施：节日装饰照明、灯笼、彩旗、彩门、花球、花柱等。

（8）游乐类公共设施：儿童游戏设施、健身设施等。

（9）残疾人专用城市设施：包括坡道、路面专用铺装、残疾人专用标识、残疾人专用停车位、残疾人专业卫生间。

公共设施设计是着眼于人为环境系统各个层面综合性研究的领域，设计目的就是以"人"为核心，创造有序、和谐、合理、人性化的公共设施。通过设计的应用，加入地域、历史、文化等等一些元素，体现出公共设施的特色，可以对城市广场起到宣传作用。

3.4.2 公共设施设计的主要原则

1. 功效性原则

城市广场公共设施既具有实用价值，又具有精神功能。这些元素必须满足使用的基本条件，所以设计者就必须对此加以考虑。而城市广场公共设施的存在不只是为了满足人类的行为与活动要求，更在视觉上形成许多节点与记忆。良好的公共设施设计与布局也是公共空间中富有吸引力的许多活动的前提，是触发人们积极使用户外环境的重要因素。如处理得好，城市广场公共设施很可能成为足以凝聚能量、释放活力的区域象征，而并不只是局限于"室内家具外移"的意义。

2. 融合性原则

每个城市广场都有自己独特的传统和特色的文化，它是历史的积淀和人们创造的结晶。城市公共设施的设计应该是传统与现代的巧妙结合。不同的城市有着不同的风格，每一个城市都有着它自己的面孔。要做到公共设施与城市风格相吻"合"。就需要设计师们根据城市的不同，设计不同风格的城市家具。

每个城市广场都有各自的生态环境，城市公共设施设计必须考虑其存在空间的生态环境与城市的生态环境相融"合"。设计应该充分考虑到周围绿化用植被随时间、季节变化的规律、自然条件的制约等。城市街道公共设施的设计还应该考虑人群的教育文化素质，即所谓的人文环境相契"合"。

3. 简洁易于使用性原则

简约主义设计风格的代表人物迪特尔·拉姆斯认为：单纯的风格只不过是解决系统问题的结果，而不是为了风格而风格。从中可以看出设计是"简单"的，所谓"简单"的造型形态不是指设计风格，因为造型形态只是表象，达到简化造型有多重手段，一个设计不可能解决所有问题，虽然设计要考虑的问题很多，但逻辑条理可以帮助你作权衡、判断得失、合理取舍；追求严密并不是在主观上将设计复杂化，而是为了在逻辑的引导下使设计的思路更简捷有效。设计"简单"但不凭空生造。城市公共设施通过本身的形态语言来传达信息的，造型符号的语义功能显得尤为重要。

城市公共设施遍布于城市人群的每处，设计应当是易于每个城市者使用的，二十世纪八十年代末，曾任苹果电脑研究副总裁的 Donald A. Norman 博士在研究日用品设计中，把易用性和可理解性作为产品的两个并列的属性，易用性设计的理想目标是"无障碍"。为使用者提供最大可能的方便，这就是易用性设计的基本思想。

3.5　铺装设计元素

铺装既有美观的装饰性功能又在交通规划、安全管理方面发挥着重要的作用。色彩、肌理、构图、尺寸、高差和边界均是铺装中的设计要素，合理运用各设计要素进行设计，更好地实现铺装的各项功能，体现其精神性与艺术美，满足人们生活空间中的深层次要求。

3.5.1　色彩

色彩是环境中的一大主要元素，它能作用于人的心理，表达情感。色彩视觉效果受人的内在感觉和外部环境所影响，一种色彩也会由于与其周围环境色彩的对比关系的改变而发生动态性的变化。色彩还具有收缩和扩张的运动趋势，不同的色彩占据不同的色彩空间会有不同的空间视觉感，通常以暖色、近色、明度高、彩度大的色彩容易产生前进的色觉膨胀感，冷色、暗色、弱对比色易产生后退的收缩感。城市中的环境色彩越来越引起人们的重视。

由于人们各自生活的地域环境产生了不同的民族文化、宗教信仰和社会背景等，这些方面的差异导致了色彩语言的表达方式也丰富多彩。任何国家任何区域、城市，在人类的语言里都有对色彩形容的词语语汇，现代抽象派艺术者瓦西里·康定斯基的著作中《论艺术的精神》有描述，"色彩能直接影响精神，通过地域色彩的习惯表达来挖掘文化和表达是一个不容忽视的重要环节"。在城市广场设计中，即需要考虑城市广场空间的普遍功用性，又需要将城市的人文色彩点缀其中，突出城市广场特色。城市广场设计中的铺装色彩运用更应该和城市广场的植物、山水、建筑统一起来进行综合考量设计（图3-16～图3-17）。

图 3-16　色彩-1

图 3-17　色彩-2

3.5.2 质感

质感是指视觉或触觉的不同感觉，不同的铺装材料有不同的材质感觉，一般来说，质地细密光滑的材料给人以优美典雅、富丽堂皇的感觉，质感粗糙无光泽给人朴实的感觉，有时也会有野蛮粗犷的感觉。在铺装设计中，表面光滑、质地细密坚硬给人感觉重，而表面质感柔软给人感觉轻，所以在商业广场以及步行商业街区的铺装为突出商业华丽之感可采用细密光滑的材料，但要注意人流密集的防滑问题。在运动场地的铺装可以采用柔软的材料给人以舒适安全之感。在景观区的铺装，可根据自身特色结合鹅卵石、木材、天然石材等以体现环境的整体性。材质之间的结合也可以创造出不同的视觉感受，可以根据不同的手法调和质感，如地砖、卵石、水磨石都有粗糙朴实坚硬的感觉，这种材料的结合可以是同一调和或对比调和，草坪与石材的结合是对比调和，不同的调和手法能使材质的优点发挥其自身所长相得益彰（图3-18～图3-19）。

图3-18　质感-1

图3-19　质感-2

3.5.3 构图

构图在铺装上体现形式美原则，点、线、面的构形要素可以应用到铺装上。点是在铺装中的运用，给人以方向感，充满活力与情趣，打破路面的单调感。线是点进行移动的轨迹，面与面的边缘交界。广场的地面色彩虽然单调，可以通过线形的变化丰富空间的特质，从线的方面上来说，不同方向的线，会反映不同的感情性格，可根据不同的感情性格加以灵活运用。水平线有着安全稳定静止的感觉，垂直线有端庄、高尚、权威等心理特点。斜线是直线的一种形态，介于垂直线和水平线之间，相对这两种直线而言，斜线有一种缺乏重心的失重感，但却有冲刺跳跃前进的感觉。曲线与直线相比，有柔美之感，曲线又可以分为自然曲线和几何曲线。自然曲线富有变化追求自然的节奏与韵律，圆润而有弹性。几何曲线具有比例性、规律性、和谐性，形态更符合现代感的审美意味。

构图的基本形式有：①重复形式。重复形式是同一要素连续、反复有规律的排列重复，特征是形象的连接，重复的构图形式能产生秩序化的节奏美感；②渐变形式。渐变是基本形式或骨骼逐渐地、有规律地顺序变动，呈现出一种阶段性的调和秩序。比如基本形的大小渐变、方向渐变、形状渐变、色彩渐变等；③发射形式。发射形式是一种特殊的重复与渐变，基本形或骨骼线围绕一个圆心或共同的中心发散的图形，由中心往外扩张，有强烈的指向作用，有一定的节奏韵律感；④整体形式。铺装设计中有时将广场作为一个整体来进行设计，将广场设计成一个大的整体方案，易于统一广场的风格，烘托广场的主体（图3-20）。

3.5.4　尺度

尺度决定着设计功能得当与否，是铺装设计的关键因素。对人的行为、感官都有着影响。尺度需要考虑：①人的尺度，即以人的心里反应评价空间的基本标准；②人在小型空间里的尺度，通常给人以舒适安全的感觉；③人在大型空间的尺度，通常这种尺度超出人对它的判断，如纪念性广场给人以庄严雄伟恢弘的感觉（图3-21）。

图 3-20　构图

图 3-21　尺度

3.5.5　高差

铺装设计中还需对高差做出合理的处理。地面上升下沉的手法可以获得强烈的区域感，同时也能丰富空间更加活泼，使人们对所处的地面不同的高差做出不同的反应，空间的多层次布局能吸引人们的注意和逗留。一般高出平面的空间使人产生高大、超然开阔之感，低于平面有着隐蔽、安全、围合之感。上升意味着向上进入某个未知场所、下沉意味着进入某个已知场所。在铺装设计中，运用人的感知心理设计出对环境的不同要求（图3-22）。

图 3-22 高差

3.5.6 边界

边界是空间的界定，是两个空间的联结产生的，铺装设计中边界的形态有确定性边界和模糊性边界。确定性的边界强化边界效果，模糊性边界通常让一个界面到另一个界面自然过渡，界面转换温和顺畅。比如，铺装与绿化的结合，采用模糊性边界可以弱化人工环境与自然环境的冲突（图 3-23）。

图 3-23 边界

第4章　城市广场的设计原则

本章依次阐述了城市广场的设计各类原则，主要包含有人性化原则、功能性原则、个性化原则、整体性原则、可持续性原则等方面的知识详解。

4.1　人性化原则

人性化设计是现代设计的基本要求，也是当代城市广场的基本价值取向，是环境行为和环境心理在城市公共空间设计中的具体表现。建设这些公共空间的目的就是使人们可以方便、舒适地进行多样性活动。因此，要注重人在城市广场上活动的环境心理和行为特征进行研究，创造出不同性质、不同功能、不同规模、各具特色的城市公共空间，满足市民的多样化需求。

4.1.1　心理需求

著名心理学家亚伯拉罕·马斯洛（Abraham Maslow）把人的需求分为四个层次：生存、安全、交往和价值实现。公共空间中的人同样也有各种不同层次的心理需求：①生存，即人体机能的起码需求，要求公共空间方便、舒适；②安全，人保护自身不受各种伤害的需求，能为人提供安全的心理保证，防止外界对身体、精神等的潜在威胁，使人的行为不受周围环境的影响而保证行动的自由；③交往，这是人作为社会一员的基本需求。每个人都有与他人交往的愿望，如困难时希望能在与人的交往中得到安慰与分担，快乐时希望能在交往中与人分享；④实现自我价值的需求，人们在公共场合中，总希望能引人注目，引起他人的重视与尊重，甚至产生表现自己的即时创造欲望，这是人的一种高级精神要求。

人与公共环境之间存在着复杂的双向关系，一方面人在空间环境中起主导作用，空间环境的设计与创造都是为人服务，满足使用者多样化的行为心理需求，但同时环境又会影响，限定人的行为与思想。环境是人获得信息刺激的来源，人们正是在使用和感受空间环境的同时，综合各种环境信息并结合以往的经验对环境作出心理判断和评价，进而以自己的行为对空间环境做出反应。因此，人的行为心理是人与环境相关关系的基础和桥梁，是空间环境设计的依据。

空间环境的创造需要充分研究和把握人在城市公共空间中活动的行为心理，尽可能满足不同层次的心理需求。

4.1.2　行为与场所

公共场所具有一种内在的心理力度，吸引和支持着人们的活动。从人的行为产生和发展的角度看，一切行为都来自于行为主体——人的自身需要和内因的变化，所以，调动人的内驱力，强化场所效应在广场设计中是很重要的。市民在城市公共空间的行为活动中，无论是自我独处的个人行为或公共交往的社会行为，都具有私密性和公共性的双重品格。只有在社会安定和环境安全的条件下才能心安理得地在城市公共空间中相处自如，若失去场所的安全感，则无法潜心静处，活动也无法展开。

4.1.3　行为与距离

一方面，人与人之间的交往，行为与距离有密切关系。在相同标高情况下，距离越近，关系越密切，耳闻目睹，感知清晰，超过百米之外，虽有图形但已不能发生任何交流作用；另一方面，人徒步行走的耐疲劳程度、步行距离极限与环境的氛围、景物布置、心境等因素有关。在单调乏味的景物、恶劣的气候环境、烦躁的心态，急促目标追寻等条件下，近者亦远；相反，若心情愉快，或与朋友边聊边行，又有良好的景色吸引和引人入胜的目标诱惑，远者亦近。

4.1.4 行为与时间

人在广场上的行为伴随着时间而展开，在空间和时间两个向度上同时发生，所不同的是，空间可以逆向运动，时间却是去而不返，不可逆转。在时间上，人对环境刺激的反应可以有三种表现：①瞬时效应，也叫共时效应，指在广场环境的刺激下，即时产生的反应。一切空间景物不分先后次序，同时映入眼帘，同时传递各种信息，同时刺激视觉主体，使人"一目了然""尽收眼底"或者"心花怒放"或者"眼花缭乱"——心理学所说的情绪激活。②历时效应，景物、环境的刺激按一定的序列顺次展开，逐渐将人带入各个情景之中，慢慢体验，亦即通常称"步移景异"，人们对环境的理解和体验，是对个别空间、个别景物信息的叠加、整合结果，表现为连续的过程。③历史效应，城市广场环境信息，是在历史的理解过程中不断生成和积淀的，形成物质形态背后隐含着的深层文脉。随着时间的推移，后一个作品都是对前一个作品的解释和再解释，当今对城市公共环境整体的理解和体验，包含了对历史信息和文化内涵的全面阐述和缅怀。

4.1.5 行为与气候

人体对自然气候的适应有一定的限度，当温度超过人体可以承受的氛围，户外活动的热情就会受到压制，直至完全中断在户外的所有活动，影响户外舒适性的主要气候因素有温度、湿度、阳光、风、眩光等。

4.2 功能性原则

4.2.1 政治性原则

政治因素对于城市广场起着决定性作用，直接影响到城市广场的形态。在整个城市环境中，没有哪个领域像建筑和城市设计这样受到政治因素的强烈左右，建筑和城市空间展示着一个社会政治取向的真实面目。

4.2.2 宗教性原则

信仰和宗教始终伴随着人类文明进程，它们在人类文化中不可缺少，在许多时期甚至是精神生活的重要组成，它们存在于人类生活中的各个环节。17世纪由贝尼尼设计的圣彼得广场是一个典型的实例，当每年圣诞节教皇在大教堂前传递上帝的福音时，这个广场几乎成了整个人类聚集和关注的地方，来自上帝的信息也从这里传向整个世界。

4.2.3 经济性原则

随着人类的商业、手工业的不断发展，集市广场便随之出现了。中世纪的"市场"概念是城市广场的初步形态。传统的欧洲城市将广场作为市场，这种模式将商业活动与城市其他公共设施相结合。使广场成为城市中心。直到今日，城市广场上的集市依然在延续，广场上的买卖活动依然是最有生命力的城市亮点。

4.2.4 军事性原则

人们建造城市广场本不是出于军事目的，但城市广场却常常用于军事目的。无论是实际的军事行动还是军事力量的展示都伴随着一种政治、经济、宗教的背景。所以现代城市广场的建设不单出于展示政治权利和宗教权威的考虑，它也被用来展示军事力量的强大和作为训练及阅兵的场所。

4.2.5　社交性原则

城市广场空间是市民社会交往的最佳场所，一个健康的城市应该充满公共空间。社会交往的愿望在每个时代以不同的形式存在着，这种人的本能需求是文明发展的基本动力。为此，人需要公共空间来展示和发展自己，城市广场和街道便是公共社会活动的结果。相对于个性和私密概念，广场空间的围合特征则是安全感的标志，它象征着人共同的归属。无论穷富，无论社会地位高低，人们在那里可以相遇，可以在那里共同享受蓝天下的空气、阳光和自由。城市广场以此为人提供了一种自我实现的空间，成为公共生活的象征，事实上，城市的公共性广场也被用来服务于社会性活动。

4.2.6　休闲性原则

现在，休闲生活成了广大市民追求的目标，休闲时间的多少成了衡量生活品质的重要砝码。这种城市广场生活的演变直接影响、甚至决定了城市广场的设计造型。传统的城市广场改变性质，变换新的面目，以适应现代生活的需求；各具特色的新的城市休闲广场、步行街道大规模出现在现今城市中。

4.3　个性化原则

广场是城市形象的代表，承担着建立城市"意象"的重要作用，具有强烈的社会意识属性，个性特色是极其重要的。个性特色是指在布局形态与空间环境方面所具有的与其他广场或是街道不同的内在本质和外部特征。这种特征能被人的生理和心理认知和感受，产生区别于其他城市公共空间的印象。有个性特色的城市广场，其空间构成有赖于它的整体布局和六个要素，即建筑、空间、道路、绿地、地形和小品细部的塑造。同时应特别注意与城市整体环境风格的协调，背离了与城市整体环境的和谐，广场的个性特色也就失去了意义。

4.4　整体性原则

城市广场与其周围的建筑物及景观设施等共同构成城市生活的中心，设计中要尊重周围环境的整体性，注重整体的文化内涵，对不同城市环境的独特差异和特殊需要加以深刻的理解与领悟，设计出符合该地域、该文化环境、该时代背景的城市广场整体设计。同时整合城市文脉、传统、源与流、历史、宗教、民俗、乡土、风情、纪念物等方面的元素。总之城市广场设计既要整体把握，还要避免千城一面、似曾相识之感，增强城市公共空间的凝聚力和城市旅游吸引力。

4.5　可持续原则

随着城市化进程的加快，人口急剧增长，资源过度消耗，城市生态环境质量逐渐恶化，人类面临着空前的因生态环境恶化而带来的压力感和紧迫感，不得不重新审视自己的社会经济行为和走过的历程。人们已经深刻地意识到再也不能片面地追求经济效益，而忽视生态环境的保护，认识到人类应与自然和谐共处，为后代提供一个良好的生态发展空间，实现可持续发展。现代城市广场设计应从城市生态环境的整体考虑出发，一方面要通过融合、嵌入、美化、象征、缩微等手段，在点、线、面不同层次的空间领域中，引入自然、再现自然，并与当地特定的生态条件和景观特点相适宜，使人们在有限的空间中，领略和体会到无限自然带来的自由、清新和愉悦。另一方面要特别强调生态小环境的合理性，既要有充足的阳光，又要有足够的绿化，冬暖夏凉，趋利避害，为居民的各种活动创造宜人的空间环境。

第5章 城市广场设计的标书制作

本章主要讲解城市广场设计的标书制作流程，将投标承诺书、标书合同、工程预算表、标书设计图纸、《园林绿化工程工程量计算规范》（GB 50858—2013）等内容依次贯穿其中，同时引入一个小型休闲广场的绿化设计标书案例，方便读者在工作中随时翻阅、借鉴，并尽快独立规范地完成城市广场设计的标书制作。

5.1 标书的封面与目录制作

5.1.1 封面制作

封面是整本标书的外观。标书封面是观者第一眼看到的地方，往往第一映像就是通过标书的封面产生，所以封面在整个城市广场设计标书中占据着极其重要的地位。在制作城市广场设计标书的时候，应该使其封面尽可能地打动人心，吸引观者进一步地阅读标书的具体内容，这样的标书封面才算成功。

城市广场设计标书封面上的内容，包含了整个城市广场的项目名称、制作标书的设计单位名称以及制作时间等。城市广场标书封面一般分前后两块，前面为封面，后面为封底。在城市广场投标书的封面上，应该把设计投标的整个项目名称放在封面的显要位置，让观者一目了然。标题名一定要规范，决不能错字、漏字。字体可以转换大小，也可以用中英文对照的形式排列。其次，在投标书的封面上还应标有设计单位和设计者的名称。注意整个封面要以项目名称的标题为主，设计单位和设计者的名称为辅，在制作时，应处理好主次关系。

在封面的排版制作上，可以运用计算机辅助设计。用图形排版软件 CorelDRAW，把标题文字和一些背景图案进行整理排版，这样制作成的封面非常工整规范。也可以把自己绘制的城市广场方案效果图放在 Photoshop 里面进行整理，加上文字，构成封面，这种制作表现方式能使标书里面的内容与封面前后呼应，达到整体如一的效果，增加封面的艺术性。

在整体风格上，城市广场设计标书的封面没有约定俗成的蓝本。一般的封面制作风格因项目背景设计风格而定，有些偏向自然、写实，通过封面图例可以看到以自然、朴实的国画为背景的封面，这种封面风格清淡幽雅。也有在图例和字体上进行粗向、夸张、变形的处理，使标书封面的整体显得更加夺目和个性。还有些标书封面则映出较强的商业味道，这些都要由标书的整体内容和项目的背景来定。

目前在市场上，城市广场设计标书的封面封底一般都是以用较厚的硬壳纸板制作而成，纸板与标书里面的文件大小一致。这样装订以后，既可以保护标书，又便于携带。或者可以将标书的封面封底打印在色卡纸上，然后再上下各加一张透明卡纸，运用圆环条把封面封底、各层透明卡纸、标书文件全部都装订在一起，同样携带方便，同时又尽显精致。标书封面的装裱制作方式有很多，在此仅列举一二。

5.1.2 目录制作

城市广场设计标书目录一般在标书第一页。根据现在城市广场设计这个行业标书制作所包含的内容，一般把目录分为两个部分：一为文字目录，一为图例目录。

第一部分为文字说明部分。这里含标书承诺书、整体项目资质保证、设计单位的业绩、项目背景分析、城市广场设计的理念与目标、城市广场设计的原则、整体布局与局部景观说明、主要经济指标、城市广场设计工程概预算编制、实施措施、后期维护、合同等。这些全部为文本文件或列表文本。

第二部分为图例部分。这里包含了城市广场设计项目所用的全部图纸，有原始测量图、平面布置图、彩色总平面图、景观造型图、流线分析图、绿化分析图、景点结构分析图、整体鸟瞰图、局部效果图、夜景效果图、照明分析图、公共设施分析图、地面铺装分析图等。

这两大部分构成了城市广场设计标书的总目录。两个部分在标书目录中的先后顺序可以根据实际情况来定，也可以根据实际情况适当增加或减少项目。如有些大型的城市广场设计标书中，还要涉及土建施工、水、电等相关专业问题，可以适当地在标书的目录中把这些项目增加进去。

在制作目录时，要把所有的设计图纸和设计文本全都编上先后顺序，在每个项目后面都应标上页码，项目放在左方，页码放在右方，让客户可以通过目录进行查找。同时，排版一定要规整，文字和页码一定要简洁、清晰、整齐、正确。如果觉得单调，也可以给目录制作背景。整个目录尽量排列在一张纸上，方便查阅。如果一张实在不够，再用第二张纸，但目录必须连在一起，放到标书的开始处。

5.2　标书的资质保证制作

5.2.1　提供标书承诺书

提供标书承诺书的重要性：投标者志在中标，在制作一份标书时，务必要把标书承诺书完整、清晰地介绍给招标单位，让对方能够清楚地了解设计方的优势和诚意。

制作一份规范的标书承诺书，首先需要设计方清楚地掌握招标文件和招标单位所制定的相关规定及要求。在拿到招标文件后，全面了解项目背景、招标单位对项目所指定的相关规定、对投标方的投标要求等，结合实际对整体项目全面情况分析后，制作一份符合招标单位要求的标书承诺书。

其次结合自身特色，充分展现在项目设计、项目施工过程中的优势。如在规定的工期内完美地体现设计意图，实现最理想的城市广场设计效果；同时既能确保项目工程质量达到优良又能降低项目成本；并免费承担施工范围内的工程设计和变更，免费开展后期维护等。

附投标承诺书：

投标承诺书

致：＿＿＿＿＿＿＿＿＿＿＿

关于贵方的招标文件，我们作为投标人参加＿＿＿＿＿＿＿城市广场工程的投标，如我方中标，对＿＿＿＿＿＿＿城市广场工程投标的设计、质量、完工期和服务作如下承诺：

1. 我们将严格按照招标文件及其相关国家标准的要求，对投标＿＿＿＿＿＿＿城市广场工程的前期设计、材料选购、现场施工及管理、后期维护进行全过程的质量管理，保证实际＿＿＿＿＿＿＿城市广场工程的质量与投标文件承诺的完全一致，保证完工后形成最理想的城市广场效果。

2. 我们将严格按照合同规定，按质按量按时保证＿＿＿＿＿＿＿城市广场工程施工现场的实际需要，确保按时完成＿＿＿＿＿＿＿城市广场工程，并承诺如因我方自身原因造成施工现场停工待料或造成工期延误，我方将承担由此所造成的一切经济责任。

3. 我方已完成众多的业内知名项目，并拥有一大批优秀的设计师、项目管理者、施工员，为确保＿＿＿＿＿＿＿城市广场工程质量达到优良又能降低项目成本打下坚实基础。

4. 我方将免费承担＿＿＿＿＿＿＿城市广场施工程范围内的工程设计和变更。

5. 我方将免费承担＿＿＿＿＿＿＿城市广场施工程＿＿＿＿＿＿＿年内的后期维护。

6. 我们理解，最低报价不是中标的唯一条件，贵方有选择或拒绝任何投标的权力。

7. 我方承诺：无论我方是否中标，我方将对＿＿＿＿＿＿＿城市广场工程招标的全部过程及内容严格保密。

8. 我方的其他承诺：_____

投标人名称（加盖公章）：

法定代表人或其委托代理人签字：

日期：   年 月 日

5.2.2　标书的资质保证制作

城市广场设计公司的资质保证主要指提供设计公司的营业执照、行业资质、设备、办公环境、企业章程等。当前城市广场设计公司的资质保证主要根据 2012 年国家住房和城乡建设部令第 12 号《城乡规划编制单位资质管理规定》，将城乡规划编制公司资质分为甲级、乙级、丙级，同时也划分了各等级单位承接广场规划设计范围。

1. 甲级城乡规划编制单位资质标准

（1）有法人资格。

（2）注册资本金不少于 100 万元人民币。

（3）专业技术人员不少于 40 人，其中具有城乡规划专业高级技术职称的不少于 4 人，具有其他专业高级技术职称的不少于 4 人（建筑、道路交通、给排水专业各不少于 1 人）；具有城乡规划专业中级技术职称的不少于 8 人，具有其他专业中级技术职称的不少于 15 人。

（4）注册规划师不少于 10 人。

（5）具备符合业务要求的计算机图形输入输出设备及软件。

（6）有 400m² 以上的固定工作场所，以及完善的技术、质量、财务管理制度。

2. 乙级城乡规划编制单位资质标准

（1）有法人资格。

（2）注册资本金不少于 50 万元人民币。

（3）专业技术人员不少于 25 人，其中具有城乡规划专业高级技术职称的不少于 2 人，具有高级建筑师不少于 1 人、具有高级工程师不少于 1 人；具有城乡规划专业中级技术职称的不少于 5 人，具有其他专业中级技术职称的不少于 10 人。

（4）注册规划师不少于 4 人。

（5）具备符合业务要求的计算机图形输入输出设备。

（6）有 200m² 以上的固定工作场所，以及完善的技术、质量、财务管理制度。

3. 丙级城乡规划编制单位资质标准

（1）有法人资格。

（2）注册资本金不少于 20 万元人民币。

（3）专业技术人员不少于 15 人，其中具有城乡规划专业中级技术职称的不少于 2 人，具有其他专业中级技术职称的不少于 4 人。

（4）注册规划师不少于 1 人。

（5）专业技术人员配备计算机达 80%。

（6）有 100m² 以上的固定工作场所，以及完善的技术、质量、财务管理制度。

城乡规划编制单位的高级职称技术人员或注册规划师年龄应当在 70 岁以下，其中，甲级城乡规划编制单位 60 岁以上高级职称技术人员或注册规划师不应超过 4 人，乙级城乡规划编制单位 60 岁以上高级职称技术人员或注册规划师不应超过 2 人。

城乡规划编制单位的其他专业技术人员年龄应当在 60 岁以下。

高等院校的城乡规划编制单位中专职从事城乡规划编制的人员不得低于技术人员总数的 70%。

4. 甲、乙、丙级规划编制单位承担业务范围

甲级城乡规划编制单位承担城乡规划编制业务的范围不受限制。

乙级城乡规划编制单位可以在全国承担下列业务：

（1）镇、20 万现状人口以下城市总体规划的编制。

（2）镇、登记注册所在地城市和 100 万现状人口以下城市相关专项规划的编制。

（3）详细规划的编制。

（4）乡、村庄规划的编制。

（5）建设工程项目规划选址的可行性研究。

丙级城乡规划编制单位可以在全国承担下列业务：

（1）镇总体规划（县人民政府所在地镇除外）的编制。

（2）镇、登记注册所在地城市和 20 万现状人口以下城市的相关专项规划及控制性详细规划的编制。

（3）修建性详细规划的编制。

（4）乡、村庄规划的编制。

（5）中、小型建设工程项目规划选址的可行性研究。

各省、自治区、直辖市人民政府城乡规划主管部门可以根据实际情况，设立专门从事乡和村庄规划编制单位的资质，并将资质标准报国务院城乡规划主管部门备案。本规定自 2012 年 9 月 1 日起施行，原建设部 2001 年 1 月 23 日发布的《城市规划编制单位资质管理规定》（建设部令第 84 号）同时废止。

5.3　标书的设计图纸制作

城市广场设计标书的工程图制作包括以下几个方面的内容：原始测量图、平面布置图、彩色总平面图、整体鸟瞰图、景观造型图、功能分析图、景观分析图、植物绿化分析图、交通道路分析图、铺地分析图、施工图等。

5.3.1　原始测量图制作

原始测量图是指城市广场所在的地区进行整体测量，包含卫星定位图、实际具体方位、周边环境、占地面积数值、标高数值、日照风向数值等。

5.3.2　平面布置图制作

平面布置图是城市广场设计标书的重点部分，主要是概括标书的规模、整体情况和布局安排。它主要包括方案的平面布局和功能划分、地面铺装、绿化、小品设计，亭、台、楼、阁、停车场和休闲健身设施等区域的设计，它主要是反映整个项目的总体思路和布局。

5.3.3　彩色总平面图制作

通过 AutoCAD 绘制完平面布置图后，再采用 Photoshop 上色填充，并运用素材装饰成一幅较真实的彩色总平面图。也可采用在 AutoCAD 平面布置图上进行手绘填色，制作手绘的彩色总平面图。

5.3.4　整体鸟瞰图制作

城市广场设计的鸟瞰图一般采用电脑辅助设计制作。其方法主要分为以下几个步骤：

（1）在 AutoCAD 软件中先绘制出城市广场设计方案图，在绘制方案图时要注意图层和线型，比如：用地红线、广场中心线、建筑边缘线、景观线等，可以用不同颜色和粗细的线型表示。

（2）通过 Import 命令把 AutoCAD 的城市广场设计方案图导入 3Ds Max。通过 Extude 命令分别给方案图中每个区域一个厚度。这样方案效果图的初模就做好了。

（3）通过 Map 对话框给每个部分附上材质，之后分别加灯光和摄像机，最后进行渲染。

（4）在广场效果图中，如果灯光控制得好，则会使场景产生生动的明暗关系和丰富的光影效果，使效果图大为增色，同时灯光也是效果图制作中的重要环节。3Ds Max 的灯光常用的主要有聚光灯（Spot）、平行光（Direct Light）、泛光灯（Omni）、天光灯（SkylLight）、面光源（Area）几种。聚光灯（Spot）是一个集中地呈锥状体的光束，可以模拟各种灯光。天光灯（SkylLight）则用来模拟室外天光效果，将 Cast Shadow 打开时，天光灯可以投射较淡的阴影。面光源（Area）可支持全局光照或聚光等功能，与泛光灯相比，是从光源周围的一个较宽阔的区域内发光，并生成边缘柔和的阴影，可大大加强渲染场景的真实感。

（5）把渲染图存成 JPG 格式，导入 Photoshop 软件中对其进行后期处理。后期处理可以使效果图更完整，不仅可以添加一些植物和人物贴图，也可以对整张图片的色调、对比度和分辨率等进行相应的调整，使其更具有真实感。这样，一张完整的效果图就绘制完毕了。

5.3.5 景观造型图制作

景观造型图是指城市广场里面的景观设施造型形式，如雕塑、建筑小品、环境设施、休闲座椅等具体的造型设计图。

1. 功能分析图

功能分析图就是把城市广场设计项目中的观赏区、游览区、休息区、体育活动区、儿童游乐区、休闲广场区、景观走廊区、便民服务区、广场管理区等有机的、巧妙的结合起来，一个出色的功能分析图必能打动客户的心。制作方式：在平面布置图上通过不同色块来表现。

2. 景观分析图

制作城市广场设计标书时，必须在整个项目的标书方案中，做出广场分析图。它包括了绿化种植景观区、硬质景观区、水景景观区、节点景观区等。制作方式：在平面布置图上通过不同色环来表现。

3. 交通道路分析图

交通道路分析是做城市广场设计标书必不可少部分。道路作为车辆和人员的流通途径，具有明确的导向性。广场道路两侧的环境景观应符合导向要求，并达到步移景移的视觉效果。广场道路边的绿化种植及路面质地色彩选择应具有韵律感和观赏性。制作方式：在平面布置图上通过色段来表现。

4. 植物绿化分析图

作为一个城市广场项目设计，植物绿化是整个项目中所占最大比例的部分。它包括了植物配置、公共绿地设置、绿篱设置、宅旁绿化、隔离绿化、架空空间绿化、平台绿化、小品绿化、停车场绿化、古树名木保护等。制作方式：在平面布置图上通过色点来表现。

5. 铺地分析图

地面铺装设计是指在城市广场设计中运用自然或人工的铺地材料，按照一定的方式铺设于地面形成的地表形式。铺装作为分析图的一个要素，其表现形式受到总体设计的影响，根据环境的不同，铺装表现出的风格各异，从而造就了变化丰富、形式多样的效果。制作方式：运用各种不同地面铺装的实景图片来表现。

5.4 标书的预算制作

5.4.1 城市广场工程造价的概念

工程造价，是指进行一个工程项目的建造所需要花费的全部费用，即从工程项目确定建设意向直至建成、竣工验收为止的整个建设期间所支出的总费用，这是保证工程项目建造正常进行的基础，是建设项目投资中的最主要部分。

对于任何一项城市广场工程，我们都可以根据图纸在施工前确定工程所需要的人工、机械和材料的数量、规格和费用，预先计算出该项工程的全部造价。

城市广场工程属于景观艺术范畴，它不同于一般的工业、民用建筑等工程，由于每项工程各具特色，风格各异，工艺要求不尽相同，且项目零星、地点分散、工程量小、工作面大、花样繁多、形式各异，又受气候条件的影响较大，因此，不可能用简单、统一的价格对城市广场产品进行精确的核算，必须根据设计文件的要求和城市广场产品的特点，事先对城市广场工程从经济上加以计算，以便获得合理的工程造价，保证工程质量。

5.4.2　城市广场工程分部分项工程划分

城市广场工程分为两个分部工程：绿化工程；园路、园桥、假山工程。每个分部工程又分为若干个子分部工程，每个子分部工程中又分为若干个分项工程，每个分项工程名称列于表5-1。

表5-1　园林景观工程分部分项工程名称

分部工程	子分部工程	分项工程
绿化工程	绿地管理	伐木、挖树根；砍挖灌木丛；挖竹根；清除草皮；整理绿化用地；屋顶花园基底处理
	栽植花木	栽植乔木；栽植竹类；栽植棕榈类；栽植灌木；栽植绿篱；栽植攀缘植物；栽植色带；栽植花卉；栽植水生植物；铺种草皮；喷播植草
	绿地喷灌	喷灌设施
园路、园桥、假山工程	园路桥工程	园路；路牙铺设；树池围牙、盖板；嵌草砖铺装；石桥墩、石桥台；供旋石制作、安装；石旋脸制作、安装；金刚墙砌筑；石桥面铺装；仰天石、地伏石、石望柱；栏杆、扶手；挡板；木制步桥
	堆塑假山	堆筑土山丘；堆砌石假山；塑假山；石笋；点风景石；池石；盆景山；山石护角；山坡石台阶
	驳岸	石砌驳岸；原木桩驳岸；散铺砂卵石护岸（自然护岸）

随着社会的不断发展，近几年在城市广场设计招投标中，一种以工作量清单计价方式做预算的形式正得到广泛地推广。按照国家标准《园林绿化工程工程量计算规范》（GB 50858—2013），把城市广场项目分成两个部分：绿化工程；园路、园桥、假山工程。下面具体分析这两个部分工程工程量清单的项目设置及计算规则。

1. 绿化工程

项目编码：0501。项目编码主要是指绿化工程工程量清单的项目编码。

例如：050101001。主要是指绿化工程分部分项工程量清单的项目编码。这个编码由9位数字组成，由左向右依次分析：

05 代表：第一级为规范附录顺序码，05 表示规范附录 E（园林绿化工程）。

01 代表：第二级为专业工程顺序码，01 表示 E1（绿化工程）。

01 代表：第三级为分部工程顺序码，01 表示 E1.1（绿地整理）。

001 代表：第四级为分项目工程名称顺序，001 表示伐树、挖树根。

项目编码	项目名称	项目特征	计量单位	工程量计算规则	工程内容
050101001	伐树、挖树根	树干胸径	株	按估算数量计算	1. 伐树、挖树根 2. 废弃物运输 3. 场地清理

此表编码顺序和项目名称，可按表中的园林景观工程分部分项工程划分的顺序和工程名称来制作。

2. 园路、园桥、假山工程

项目编码：0502。项目编码主要是指园路、园桥、假山工程工程量清单的项目编码。

例如：050201001。主要是指园路、园桥、假山工程分部分项工程量清单的项目编码。这个编码由9位数字组成，由左向右依次分析：

05 代表：第一级为规范附录顺序码，05 表示规范附录 E（园林绿化工程）。

02 代表：第二级为专业工程顺序码，02 表示 E2（园路、园桥、假山工程）。

01 代表：第三级为分部工程顺序码，01 表示 E1.1（园路桥工程）。

001 代表：第四级为分项目工程名称顺序，001 园路路基、路床整理。

项目编码	项目名称	项目特征	计量单位	工程量计算规则	工程内容
050201001	园路	1. 垫层厚度、宽度、材料种类 2. 路面厚度、宽度、材料种类 3. 混凝土强度等级 4. 砂浆强度等级	m^2	按设计图尺寸以面积计算，不包括路牙	1. 园路路基、路床整理 2. 垫层铺筑 3. 路面铺筑 4. 路面养护

此表编码顺序和项目名称，可按 5.4.2 中的城市广场工程分部分项工程划分的顺序和工程名称来制作。

5.4.3 城市广场工程工程量计算规范

由于当前还没有单独的城市广场工程量计算规范，所以暂将其归入园林绿化工程中，下面将《园林绿化工程工程量计算规范》（GB 50858—2013）作一个详细的介绍。

1 总 则

1.0.1 为规范工程造价计量行为，统一园林绿化工程工程量清单的编制、项目设置和计量规则，制定本规范。

1.0.2 本规范适用于园林绿化工程施工发承包计价活动中的工程量清单编制和工程量计算。

1.0.3 园林发化工程计量，应当按本规范进行工程量计算。

1.0.4 工程量清单和工程量计算等造价文件的编制与核对应由具有资格的工程造价专业人员承担。

1.0.5 园林绿化工程计价与计量活动，除应遵守本规范外，尚应符合国家现行有关标准的规定。

2 术 语

2.0.1 分部分项工程 分部工程是单位工程的组成部分，系按结构部位、路段长度及施工特点或施工任务将单位工程划分为若干分部的工程；分项工程是分部工程的组成部分，系按不同施工方法、材料、工序及路段长度等将分部工程划分为若干个分项或项目的工程。

2.0.2 措施项目 为完成工程项目施工，发生于该工程施工准备和施工过程中的技术、生活、安全、环境保护等方面的项目。

2.0.3 项目编码 分部分项工程和措施项目工程量清单项目名称的阿拉伯数字标识。

2.0.4 项目特征 构成分部分项工程量清单项目、措施项目自身价值的本质特征。

2.0.5 园林工程 在一定地域内运用工程及艺术的手段，通过改造地形、建造建筑（构筑）物、种植花草树木、铺设园路、设置小品和水景等途径创造而成的自然环境和游赏休息的设施。

2.0.6 绿化工程 树木、花卉、草坪、地被植物等的植物种植程。

3　一般规定

3.0.1　工程量清单应由具有编制能力的招标人或受其委托具有相应资质的工程造价咨询人或招标代理人编制。

3.0.2　采用工程量清单方式招标，工程量清单必须作为招标文件的组成部分，其准确性和完整性由招标人负责。

3.0.3　工程量清单是工程量清单计价的基础，应作为编制招标控制价、投标报价、计算工程量、支付工程款、调整合同价款、办理竣工结算以及工程索赔等的依据之一。

3.0.4　编制工程量清单应依据：

1　本规范；

2　国家或省级、行业建设主管部门颁发的计价依据和办法；

3　建设工程设计文件；

4　与建设工程项目有关的标准、规范、技术资料；

5　招标文件及其补充通知、答疑纪要；

6　施工现场情况、工程特点及常规施工方案；

7　其他相关资料。

3.0.5　工程量计算除依据本规范各项规定外，尚应依据以下文件：

1. 经审定的施工设计图纸及其说明；

2. 经审定的施工组织设计或施工技术措施方案；

3. 经审定的其他有关技术经济文件。

3.0.6　本规范对现浇混凝土工程项目"工作内容"中包括模板工程的内容，同时又在措施项目中单列了现浇混凝土模板工程项目。对此，由招标人根据工程实际情况选用，若招标人在措施项目清单中未编列现浇混凝土模板项目清单，即表示现浇混凝土模板项目不单列，现浇混凝土工程项目的综合单价中应包括模板工程费用。

3.0.7　预制混凝土构件按成品构件编制项目，购置费应计入综合单价中。若采用现场预制，包括预制构件制作的所有费用，编制招标控制价时，可按各省、自治区、直辖市或行业建设主管部门发布的计价定额和造价信息组价。

3.0.8　园林绿化工程（另有规定者除外）涉及普通公共建筑物等工程的项目，按国家标准《房屋建筑与装饰工程计量规范》的相应项目执行；涉及仿古建筑工程的项目，按国家标准《仿古建筑工程计量规范》的相应项目执行；涉及电气、给排水等安装工程的项目，按照国家标准《通用安装工程计量规范》的相应项目执行；涉及市政道路、室外给排水等工程的项目，按国家标准《市政工程计量规范》的相应项目执行。

4　分部分项工程

4.0.1　分部分项工程量清单应包括项目编码、项目名称、项目特征、计量单位和工程量。

4.0.2　分部分项工程量清单应根据附录规定的项目编码、项目名称、项目特征、计量单位和工程量计算规则进行编制。

4.0.3　分部分项工程量清单的项目编码，应采用前十二位阿拉伯数字表示，一至九位应按附录的规定设置，十至十二位应根据拟建工程的工程量清单项目名称设置，同一招标工程的项目编码不得有重码。

4.0.4 分部分项工程量清单的项目名称应按附录的项目名称结合拟建工程的实际确定。

4.0.5 分部分项工程量清单项目特征应按附录中规定的项目特征，结合拟建工程项目的实际予以描述。

4.0.6 分部分项工程量清单中所列工程量应按附录中规定的工程量计算规则计算。

4.0.7 分部分项工程量清单的计量单位应按附录中规定的计量单位确定。

4.0.8 本规范附录中有两个或两个以上计量单位的，应结合拟建工程项目的实际情况，选择其中一个确定。

4.0.9 工程计量时每一项目汇总的有效位数应遵守下列规定：

1. 以"t"为单位，应保留小数点后三位数字，第四位小数四舍五入；

2. 以"m、m^2、m^3、kg"为单位，应保留小数点后两位数字，第三位小数四舍五入；

3. 以"株、丛、个、件、根、套、组"等为单位，应取整数。

4.0.10 编制工程量清单出现附录中未包括的项目，编制人应作补充，并报省级或行业工程造价管理机构备案，省级或行业工程造价管理机构应汇总报住房和城乡建设部标准定额研究所。

补充项目的编码由本规范的代码05与B和三位阿拉伯数字组成，并应从05B001起顺序编制，同一招标工程的项目不得重码。工程量清单中需附有补充项目的名称、项目特征、计量单位、工程量计算规则、工程内容。

5 措施项目

5.0.1 措施项目中列出了项目编码、项目名称、项目特征、计量单位、工程量计算规则的项目，编制工程量清单时，应按照本规范4的规定执行。

5.0.2 措施项目仅列出项目编码、项目名称，未列出项目特征、计量单位和工程量计算规则的项目，编制工程量清单时，应按本规范附录措施项目规定的项目编码、项目名称确定。

5.0.3 措施项目应根据拟建工程的实际情况列项，若出现本规范未列的项目，可根据工程实际情况补充。编码规则按本规范第4.0.10条执行。

附录 A　绿化工程

A.1 绿地整理。工程量清单项目设置、项目特征描述的内容、计量单位、工程量计算规则应按表A.1的规定执行。

表 A.1　绿地整理（编码：050101）

项目编码	项目名称	项目特征	计量单位	工程量计算规则	工作内容
050101001	伐树	树干胸径	株	按数量计算	1. 伐树 2. 废弃物运输 3. 场地清理
050101002	挖树根（蔸）	地径			1. 挖树根 2. 废弃物运输 3. 场地清理
050101003	砍挖灌木丛及根	丛高或蓬径	1. 株 2. m^2	1. 以株计量，按数量计算 2. 以平方米计量，按面积计算	1. 灌木及根砍挖 2. 废弃物运输 3. 场地清理

续表

项目编码	项目名称	项目特征	计量单位	工程量计算规则	工作内容
050101004	砍挖竹及根	根盘直径	1. 株 2. 丛	按数量计算	1. 竹及根砍挖 2. 废弃物运输 3. 场地清理
050101005	砍挖芦苇及根	根盘丛径	m²	按面积计算	1. 芦苇及根砍挖 2. 废弃物运输 3. 场地清理
050101006	清除草皮	草皮种类		按面积计算	1. 除草 2. 废弃物运输 3. 场地清理
050101007	清除地被植物	植物种类			1. 清除植物 2. 废弃物运输 3. 场地清理
050101008	屋面清理	1. 屋面做法 2. 屋面高度 3. 垂直运输方式		按设计图示尺寸以面积计算	1. 原屋面清扫 2. 废弃物运输 3. 场地清理
050101009	种植土回（换）填	1. 回填土质要求 2. 取土运距 3. 回填厚度	1. m³ 2. 株	1. 以立方米计量，按设计图示回填面积乘以回填厚度以体积计算 2. 以株计量，按设计图示数量计算	1. 土方挖、运 2. 回填 3. 找平、找坡 4. 废弃物运输
050101010	整理绿化用地	1. 回填土质要求 2. 取土运距 3. 回填厚度 4. 找平找坡要求 5. 弃渣运距	m²	按设计图示尺寸以面积计算	1. 排地表水 2. 土方挖、运 3. 耙细、过筛 4. 回填 5. 找平、找坡 6. 拍实 7. 废弃物运输
050101011	绿地起坡造型	1. 回填土质要求 2. 回填厚度 3. 取土运距 4. 起坡高度			1. 排地表水 2. 土方挖、运 3. 耙细、过筛 4. 回填 5. 找平、找坡 6. 废弃物运输
050101012	屋顶花园基底处理	1. 找平层厚度、砂浆种类、强度等级 2. 防水层种类、做法 3. 排水层厚度、材质 4. 过滤层厚度、材质 5. 回填轻质土厚度、种类 6. 屋面高度 7. 垂直运输方式 8. 阻根层厚度、材质、做法	m²	按设计图示尺寸以面积计算	1. 抹找平层 2. 防水层铺设 3. 排水层铺设 4. 过滤层铺设 5. 填轻质土壤 6. 阻根层铺设 7. 运输

注：①整理绿化用地项目包含300mm以内回填土，厚度300mm以上回填土，应按房屋建筑与装饰工程计量规范相应项目编码列项。
②绿地起坡造型，适用于松（抛）填。

　　A.2　栽植花木。工程量清单项目设置、项目特征描述的内容、计量单位、工程量计算规则应按表A.2的规定执行。

表 A.2 栽植花木（编码：050102）

项目编码	项目名称	项目特征	计量单位	工程量计算规则	工作内容
050102001	栽植乔木	1. 乔木种类 2. 乔木胸径 3. 养护期	株	按设计图示数量计算	1. 起挖 2. 运输 3. 栽植 4. 养护
050102002	栽植竹类	1. 竹种类 2. 竹胸径或根盘丛径 3. 养护期	1. 株 2. 丛		
050102003	栽植棕榈类	1. 棕榈种类 2. 株高或地径 3. 养护期	株		
050102004	栽植灌木	1. 灌木种类 2. 灌丛高或蓬径 3. 起挖方式 4. 养护期	1. 株 2. m²	1. 以株计量，按设计图示数量计算 2. 以平方米计量，按设计图示尺寸以绿化水平投影面积计算	
050102005	栽植绿篱	1. 绿篱种类 2. 篱高 3. 行数、蓬径或单位面积株数 4. 养护期	1. m 2. m²	1. 以米计量，按设计图示长度以延长米计算 2. 以平方米计量，按设计图示尺寸以绿化水平投影面	
050102006	栽植攀缘植物	1. 植物种类 2. 地径 3. 养护期	1. 株 2. m	1. 以株计量，按设计图示数量计算 2. 以米计量，按设计图示种植，长度以延长米计算	1. 起挖 2. 运输 3. 栽植 4. 养护
050102007	栽植色带	1. 苗木、花卉种类 2. 株高或蓬径 3. 单位面积株数 4. 养护期	m²	按设计图示尺寸以绿化水平投影面积计算	
050102008	栽植花卉	1. 花卉种类 2. 株高或蓬径 3. 单位面积株数 4. 养护期	1. 株（丛、缸） 2. m²	1. 以株、丛、缸计量，按设计图示数量计算 2. 以平方米计量，按设计图示尺寸以水平投影面积计算	
050102009	栽植水生植物	1. 植物种类 2. 株高或蓬径或芽数/株 3. 单位面积株数 4. 养护期	1. 丛 2. 缸 3. m²		
050102010	垂直墙体绿化种植	1. 植物种类 2. 生长年数或地（干）径 3. 养护期	1. m² 2. m	1. 以平方米计量，按设计图示尺寸以绿化水平投影面积计算 2. 以米计量，按设计图示种植，长度以延长米计算	1. 起挖 2. 运输 3. 栽植 4. 养护
050102011	花卉立体布置	1. 草本花卉种类 2. 高度或蓬径 3. 单位面积株数 4. 种植形式 5. 养护期	1. 单体 2. 处 3. m²	1. 以单体（处）计量，按设计图示数量计算 2. 以平方米计量，按设计图示尺寸以面积计算	1. 起挖 2. 运输 3. 栽植 4. 养护
050102012	铺种草皮	1. 草皮种类 2. 铺种方式 3. 养护期	m²	按设计图示尺寸以绿化投影面积计算	1. 起挖 2. 运输 3. 栽植 4. 养护

项目编码	项目名称	项目特征	计量单位	工程量计算规则	工作内容
050102013	喷播植草	1. 基层材料种类规格 2. 草籽种类 3. 养护期	m²	按设计图示尺寸以绿化投影面积计算	1. 基层处理 2. 坡地细整 3. 阴坡 4. 草籽喷播 5. 覆盖 6. 养护
050102014	植草砖内植草（籽）	1. 草（籽）种类 2. 养护期			1. 起挖 2. 运输 3. 栽植
050102015	栽种木箱	1. 木材品种 2. 木箱外型尺寸 3. 防护材料种类	个	按设计图示数量计算	1. 制作 2. 运输 3. 安放

注：①挖土外运、借土回填、挖（凿）土（石）方应包括在相关项目内
　②苗木计算应符合下列规定：
　　1）胸径应为地表面向上 1.2m 高处树干直径（或以工程所在地规定为准）。
　　2）冠径又称冠幅应为苗木冠丛垂直投影面的最大直径和最小直径之间的平均值。
　　3）蓬径应为灌木、灌丛垂直投影面的直径。
　　4）地径应为地表面向上 0.1m 高处树干直径。
　　5）干径应为地表面向上 0.3m 高处树干直径。
　　6）株高应为地表面至树顶端的高度。
　　7）冠丛高应为地表面至乔（灌）木顶端的高度。
　　8）篱高应为地表面至绿篱顶端的高度。
　　9）生长期应为苗木种植至起苗的时间。
　　10）养护期应为招标文件中要求苗木种植结束，竣工验收通过后承包人负责养护的时间。
　③苗木移（假）植应按花木栽植相关项目单独编码列项。
　④土球包裹材料、打吊针及喷洒生根剂等费用应包含在相应项目内。

A.3　绿地喷灌。工程量清单项目设置、项目特征描述的内容、计量单位、工程量计算规则应按表 A.3 的规定执行。

表 A.3　绿地喷灌（编码：050103）

项目编码	项目名称	项目特征	计量单位	工程量计算规则	工作内容
050103001	喷灌管线安装	1. 管道品种、规格 2. 管件品种、规格 3. 管道固定方式 4. 防护材料种类 5. 油漆品种、刷漆遍数	m	按设计图示尺寸以长度计算	1. 管道铺设 2. 管道固筑 3. 水压试验 4. 刷防护材料、油漆
050103002	喷灌配件安装	1. 管道附件、阀门、喷头品种、规格 2. 管道附件、阀门、喷头固定方式 3. 防护材料种类 4. 油漆品种、刷漆遍数	个	按设计图示数量计算	1. 管道附件、阀门、喷头安装 2. 水压试验 3. 刷防护材料、油漆

注：①挖填土石方应按房屋建筑与装饰工程计量规范附录 A 相关项目编码列项。
　②阀门井应按市政工程计量规范相关项目编码列项。

附录 B　园路、园桥工程

B.1　园路、园桥工程。工程量清单项目设置、项目特征描述的内容、计量单位、工程量计算规则

应按表 B.1 的规定执行。

表 B.1 园路、园桥工程（编码：050201）

项目编码	项目名称	项目特征	计量单位	工程量计算规则	工作内容
050201001	园路	1. 路床土石类别 2. 垫层厚度、宽度、材料种类 3. 路面厚度、宽度、材料种类 4. 砂浆强度等级	m²	按设计图示尺寸以面积计算，不包括路牙	1. 路基、路床整理 2. 垫层铺筑 3. 路面铺筑 4. 路面养护
050201002	踏（蹬）道			按设计图示尺寸以水平投影面积计算，不包括路牙	
050201003	路牙铺设	1. 垫层厚度、材料种类 2. 路牙材料种类、规格 3. 砂浆强度等级	m	按设计图示尺寸以长度计算	1. 基层清理 2. 垫层铺设 3. 路牙铺设
050201004	树池围牙、盖板（箅子）	1. 围牙材料种类、规格 2. 铺设方式 3. 盖板材料种类、规格	1. m 2. 套	1. 以米计量，按设计图示尺寸以长度计算 2. 以套计量，按设计图示数量计算	1. 清理基层 2. 围牙、盖板运输 3. 围牙、盖板铺设
050201005	嵌草砖铺装	1. 垫层厚度 2. 铺设方式 3. 嵌草砖品种、规格、颜色 4. 漏空部分填土要求	m²	按设计图示尺寸以面积计算	1. 原土夯实 2. 垫层铺设 3. 铺砖 4. 填土
050201006	桥基础	1. 基础类型 2. 垫层及基础材料种类、规格 3. 砂浆强度等级	m³	按设计图示尺寸以体积计算	1. 垫层铺筑 2. 基础砌筑 3. 砌石
050201007	石桥墩、石桥台	1. 石料种类、规格 2. 勾缝要求 3. 砂浆强度等级、配合比			1. 石料加工 2. 起重架搭、拆 3. 墩、台、石、脸砌筑 4. 勾缝
050201008	拱石制作、安装	1. 石料种类、规格 2. 脸雕刻要求 3. 勾缝要求 4. 砂浆强度等级、配合比	m²	按设计图示尺寸以面积计算	
050201009	石脸制作、安装				
050201010	金刚墙砌筑			按设计图示尺寸以体积计算	1. 石料加工 2. 起重架搭、拆 3. 砌石 4. 填土夯实
050201011	石桥面铺筑	1. 石料种类、规格 2. 找平层厚度、材料种类 3. 勾缝要求 4. 混凝土强度等级 5. 砂浆强度等级	m²	按设计图示尺寸以面积计算	1. 石料加工 2. 抹找平层 3. 起重架搭、拆 4. 桥面、桥面踏步铺设 5. 勾缝
050201012	石桥面檐板	1. 石料种类、规格 2. 勾缝要求 3. 砂浆强度等级、配合比			1. 石材加工 2. 檐板铺设 3. 铁锔、银锭安装 4. 勾缝
050201013	石汀步（步石、飞石）	1. 石料种类、规格 2. 砂浆强度等级、配合比	m³	按设计图示尺寸以体积计算	1. 基层整理 2. 石材加工 3. 砂浆调运 4. 砌石

项目编码	项目名称	项目特征	计量单位	工程量计算规则	工作内容
050201014	木制步桥	1. 桥宽度 2. 桥长度 3. 木材种类 4. 各部位截面长度 5. 防护材料种类	m²	按设计图示尺寸以桥面板长乘桥面板宽以面积计算	1. 木桩加工 2. 打木桩基础 3. 木梁、木桥板、木桥栏杆、木扶手制作、安装 4. 连接铁件、螺栓安装 5. 刷防护材料
050201015	栈道	1. 栈道宽度 2. 支架材料种类 3. 面层木材种类 4. 防护材料种类			1. 凿洞 2. 安装支架 3. 铺设面板 4. 刷防护材料

注：①园路、园桥工程的挖土方、开凿石方、回填等应按市政工程计量规范相关项目编码列项。
　　②如遇某些构配件使用钢筋混凝土或金属构件时，应按房屋建筑与装饰工程计量规范或市政工程计量规范相关项目编码列项。
　　③地伏石、石望柱、石栏杆、石栏板、扶手、撑鼓等应按仿古建筑工程计量规范相关项目编码列项。
　　④亲水（小）码头各分部分项项目按照园桥相应项目编码列项。
　　⑤台阶项目按房屋建筑与装饰工程计量规范相关项目编码列项。
　　⑥混合类构件园桥按房屋建筑与装饰工程计量规范或通用安装工程计量规范相关项目编码列项。

B.2　驳岸。工程量清单项目设置、项目特征描述的内容、计量单位、工程量计算规则应按表 B.2 的规定执行。

表 B.2　驳岸、护岸（编码：050202）

项目编码	项目名称	项目特征	计量单位	工程量计算规则	工作内容
050202001	石（卵石）砌驳岸	1. 石料种类、规格 2. 驳岸截面、长度 3. 勾缝要求 4. 砂浆强度等级、配合比	1. m³ 2. t	1. 以立方米计量，按设计图示尺寸以体积计算 2. 以吨计量，按质量计算	1. 石料加工 2. 砌石 3. 勾缝
050202002	原木桩驳岸	1. 木材种类 2. 桩直径 3. 桩单根长度 4. 防护材料种类	1. m 2. 根	1. 以米计量，按设计图示桩长（包括桩尖）计算 2. 以根计量，按设计图示数量计算	1. 木桩加工 2. 打木桩 3. 刷防护材料
050202003	满（散）铺砂卵石护岸（自然护岸）	1. 护岸平均宽度 2. 粗细砂比例 3. 卵石粒径 4. 大卵石粒径、数量	1. m² 2. t	1. 以平方米计量，按设计图示平均护岸宽度乘以护岸长度以面积计算 2. 以吨计量，按卵石使用重量计算	1. 修边坡 2. 铺卵石、点布大卵石
050202004	框格花木护坡	1. 护岸平均宽度 2. 护坡材质 3. 框格种类与规格		按设计图示平均护岸宽度乘以护岸长度以面积计算	1. 修边坡 2. 安放框格

注：①驳岸工程的挖土方、开凿石方、回填等应按房屋建筑与装饰工程计量规范附录 A 相关项目编码列项。
　　②木桩钎（梅花桩）按原木桩驳岸项目单独编码列项。
　　③钢筋混凝土仿木桩驳岸，其钢筋混凝土及表面装饰按房屋建筑与装饰工程计量规范相关项目编码列项，若表面"塑松皮"按附录 C 园林景观工程相关项目编码列项。
　　④框格花木护坡的铺草皮、撒草籽等应按附录 A 绿化工程相关项目编码列项。

5.4.4 城市广场工程概预算制作实例

下面就以某城市的生活小区内，一个小型休闲广场的绿化种植工程预算制作为范例，如图 5-1 ~ 图 5-12所示，介绍城市广场的绿化种植工程的工程量清单报价表。

广场园林景观设计

设计者：刘波

图 5-1 ~ 图 5-12

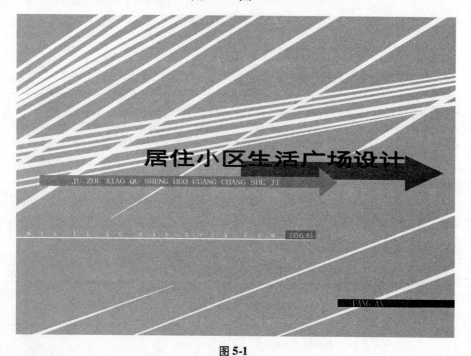

图 5-1

目　录

总平面布置图　　1

图 5-2

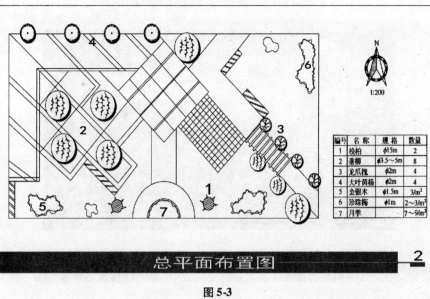

编号	名　称	规　格	数量
1	桧柏	φ1.5m	2
2	垂柳	φ3.5～5m	8
3	龙爪槐	φ2m	4
4	大叶黄杨	φ2m	4
5	金银木	φ1.5m	3/m²
6	珍珠梅	φ1m	2～3/m²
7	月季		7～9/m²

总平面布置图　2

图 5-3

整体效果图　3

图 5-4

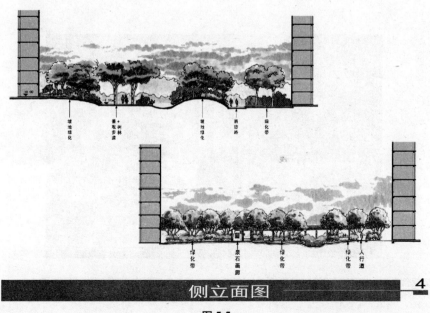

侧立面图　4

图 5-5

55

广场局部景观 5

图 5-6

广场局部景观 6

图 5-7

广场局部景观 7

图 5-8

图 5-9

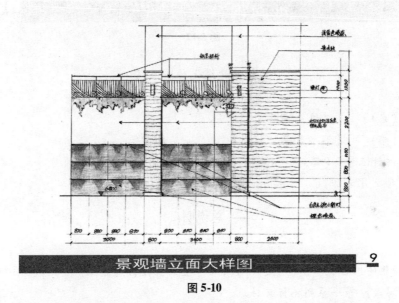

图 5-10

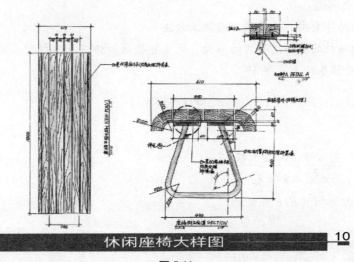

图 5-11

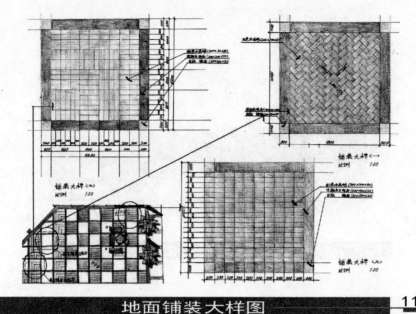

图 5-12

广场园林绿化种植工程

工程量清单报价表

投　标　人：(略)　(单位签字盖章)

法定代表人：(略)　(签字盖章)

造价工程师及注册证号：(略)　(签字盖执业专用章)

编制时间：×年×月×日

总说明

1. 报价依据：

1.1　某单位提供的工程施工图、《某广场绿化种植工程投标邀请书》、《投标须知》、《某城市广场绿化种植工程招标答疑》等一系列招标文件。

1.2　某市绿化工程造价管理站二〇××年第×期发布的材料价格，并参照市场价。

2. 报价中需说明的问题：

2.1　该工程因无特殊要求，故采用一般施工方法。

2.2　因考虑到市场植物价格近期波动不大，故主要植物价格在×市绿化工程造价管理站二〇××年第×期发布的植物价格基础上下浮3%。

投标总价

建设单位：(略)

工程名称：某广场园林绿化种植工程

投标总价（小写）：×××××元

（大写）：×万×仟×佰×元×角×分

投标人：(略)　(单位签字盖章)

法定代表人：(略)　(签字盖章)

编制时间：×年×月×日

某广场园林绿化种植工程量清单计算表

序号	项目编号	项目名称	项目特征	计量单位	工程数量	预算价格	预算合价
1	050102001001	松柏	胸径1.5m	株	2	43.86	87.72
2	050102001002	垂柳	胸径3.5m	株	2	74.2	148.8
3	050102001003	垂柳	胸径4m	株	2	87.5	175
4	050102001004	垂柳	胸径5m	株	4	108.6	434.4
5	050102001005	龙爪槐	胸径5m	株	4	496.7	1987.1
6	050102004001	大叶黄杨	胸径2m	株	4	79.9	319.6
7	050102004002	金银木	胸径1.5m	m²	3	1310	3930
8	050102004003	珍珠梅	胸径1m	m²	2.7	1087.48	2936.2
9	050102004004	月季	胸径0.3m	株	120	22.7	2724
10	050102010001	笨特草	笨特草皮	m²	466	38.31	17852.46
11	050101006001	绿化用地	整理用地	m²	852	9.15	7795.8
12	050101006002	换种植土	后期维护	m²	333.4	50.94	16983.40
小计							55374.48

某小广场园林绿化种植工程费汇总表

序号	项目名称	计算式	金额
1	绿化种植工程量清单计价合计		55374.48
2	规费	1×5.0%	2768.72
3	不含税工程造价	1+2	58143.20
4	税金	3×3.41%	3965.36
5	含税工程造价	3+4	62108.56

5.5 标书的合同文本制作

下面就以某城市广场设计合同为具体范例，详细介绍城市广场设计标书的合同制作内容及流程。

某城市广场设计合同

甲方：＿＿＿＿＿＿＿＿＿＿＿

乙方：＿＿＿＿＿＿＿＿＿＿＿

甲方委托乙方对＿＿＿＿＿＿（以下简称"＿＿＿＿＿"）进行城市广场设计。为明确甲乙双方责、权、利关系，根据《中华人民共和国合同法》和《建设工程勘察设计合同条例》，并结合本项目城市广场设计的实际情况，经双方本着平等、互利、合作的原则，友好协商，签订本合同，供双方遵照执行。

第一章 项目名称及地址

1. 项目名称：＿＿＿＿＿＿＿＿城市广场设计工程

2. 项目地址：＿＿＿＿＿＿＿＿＿＿＿

第二章 设计工作内容

1. 甲方提供＿＿＿＿＿＿＿用地红线范围内的城市广场基础市政图纸（内容为建筑小品、道路铺装、水体、景观照明、地形造型、植物配置、给排水管网、配电系统等有关基础分布）。

2. 相关设计阶段的概、预算和有关物料样板。

3. 施工现场监理。

第三章 设计阶段、设计深度、设计周期

1. 方案设计阶段

（1）甲方配合内容

a. 向乙方提供完整、详细、准确的建筑施工总平面图、竖向标高图、市政综合管网图、单体首层平面图。

b. 组织乙方现场踏勘。

c. 向乙方提供项目定位标准。

（2）乙方完成内容及标准

a. 提供广场总体规划图（1：100 的彩色、黑色各一）

b. 各区域大样图、剖面图、彩色草图。

c. 方案设计说明书。

d. 工程成本估算。

以上所列图纸向甲方提供三套，设计师并负责向甲方诠释。

（3）设计周期：_____个工作日（从_____年_____月_____日至_____年_____月_____日）

2. 扩初设计阶段

（1）甲方配合内容

a. 确认方案阶段设计之内容。

b. 建议植物选配及物料采用。

（2）乙方完成内容及标准

a. 广场总体布置图。

b. 标高图、灯光配置图及灯具选型。

c. 各景点大样图、剖面图。

d. 总体彩色透视效果图及各景点彩色透视效果图。

e. 各区域物料配置图及实物样板的提供。

f. 主要乔、灌木布置图及品种规格。

g. 工程成本概算。

以上所列图纸向甲方提供三套和一张扩初图光盘（含全部内容），设计师并负责向甲方诠释。

（3）设计周期：_____个工作日（从_____年_____月_____日至_____年_____月_____日）

3. 施工图设计阶段

（1）甲方配合内容：确认扩初阶段成果

（2）乙方完成内容及标准

a. 广场总平面分布图（1：100）

b. 详图指引图（1：100）

c. 放线定位图（1：100）

d. 各细部标高图（1：100）

e. 各区域灌溉及给排水图（1：100）

f. 广场灯具照明及电路系统图（1：100）

g. 广场各区域物料图及样板材质和色彩

h. 乔木布置平面图及定位图（按乔木规格定位）

i. 灌木布置平面图及定位图

j. 地被（草坪）植物位置图和土壤造型图

k. 总体植物目录表（具备乔灌木的品种、胸径、冠幅、高度及相应数量）

l. 各区域铺地、台阶、小品的建筑、结构施工详图（1：20）

m. 道牙、花槽（台）、休闲座椅的建筑、结施施工详图（1：20）

n. 水景、喷泉的建筑、结构、给排水、电气等施工详图（1：20）

o. 嬉水池的建筑、结构、给排水、电气等施工详图（1：20）

p. 周界围墙、花架的建筑、结构、电气等施工详图（1：20）

q. 照明灯具的规格、尺寸、灯具颜色和灯光色彩详图以及样灯和有关资料

r. 施工图预算

以上所列图纸向甲方提供三套施工蓝图和光盘一套，同时各专业设计师向甲方及施工单位进行设计交底和施工图会审。

（3）设计周期：_____个工作日（从_____年_____月_____日至_____年_____月_____日）

4. 设计监理阶段（施工现场服务）

（1）甲方工作内容：确认施工图，组织设计交底和图纸会审，组织现场工作，准时通知乙方。

（2）乙方工作内容：参与植物选购；参与铺装材料的选购；参与施工现场铺装及硬景的施工样板确认；参与施工现场技术指导；参与工程竣工验收。

（3）乙方工作内容时间安排由甲方提前 12 小时通知。

第四章　设计费用计算及支付

1. 设计费用计算：本工程总绿化用地_____m^2，按实际绿化用地每平方米_____元人民币计算设计费，本合同共计设计费人民币_____万元（大写：_____元整）

2. 设计费支付方式

（1）本合同签订后五日内，甲方支付乙方设计预付款_____万元（大写：_____元整）。

（2）乙方方案设计阶段和扩初阶段设计任务完成，并经过甲方确认后五日内，甲方支付设计费_____万元（大写：_____元整）。

（3）乙方施工图设计阶段任务完成，并经过甲方确认后五日内，甲方支付乙方设计费_____万元（大写：_____元整）。

（4）乙方设计监理阶段任务完成，并通过竣工验收后五日内，甲方将剩余设计费_____万元（大写：_____元整）一次性支付给乙方。

（5）设计阶段和施工监理阶段乙方往返的差旅费均由乙方自行承担，甲方不另支付设计费用以外的额外费用。

（6）施工图经甲方确认后，如甲方要求乙方进行重大设计修改，甲方应向乙方额外支付该修改部分的设计成本。

第五章　违约责任

1. 本合同签订后，甲方不履行合同，甲方无权请求返回所付设计费。乙方不履行合同，乙方双倍退还甲方所付设计费。

2. 乙方不按本合同约定时间交付甲方设计图，每逾期一天，甲方处乙方本合同总价款的 2% 的违约金，乙方设计文件不能达到本合同约定设计标准及要求，甲方处乙方本合同总价款的 2% 的违约金。甲方不能按时确认乙方设计图，乙方按拖延的时间顺延设计工期。乙方设计图满足设计标准及要求时，甲方如不按时支付设计费用，每逾期一天，甲方向乙方支付设计费总价款的 2% 的违约金。

第六章　其他

1. 甲方维护乙方设计成果的所有权，不得将乙方设计图转让给第三方重复使用，也不得未经乙方

书面同意重复利用乙方设计图。

2. 乙方免费承担后期施工工程范围内的工程设计和变更。

3. 本合同未尽事宜，甲、乙双方协商解决，协商不成，任何一方均可向本合同签约地人民法院起诉。

4. 本合同一式六份，甲、乙方各执三份，具有同等法律效力。

甲方（盖章）：   乙方（盖章）：

地址：   地址：

法定代表人：   法定代表人：

联系电话：   联系电话：

开户银行：   开户银行：

账号：   账号：

日期：   年 月 日   日期：   年 月 日

第6章　休闲设施设计

城市休闲设施是城市生产生活的基本保障，目前，国内对于公共服务设施的设计研究主要集中在公共服务设施配建指标体系的构建、借鉴西方区位理论建立公共服务设施空间模式、经济属性分类以及建设方式的探讨等方面。集中关注设施空间的规划研究而忽略了非设施体系自身的构建，特别是改革开放以来，随着我国政府职能的转变，公共服务及城市公共服务设施限于体制障碍约束，已不能满足不同阶层人群对公共服务设施的需求，缺少进一步细分人群，制约了"社会公共服务均等化"目标实现。当前，在国家新型城市化背景下，城市规划更应强调以人为核心，在城市转型下探索更具有针对性的公共服务设施供给。不同年龄阶段的城市居民对于住区户外健身娱乐空间的使用频率的高低以及依赖性的强弱是存在着明显不同的，儿童和老年人无论在使用时间上还是在使用人数上都是最多的。有调查发现，老年人在户外健身锻炼的时候，更偏向于安静、舒适性强，绿化景观好的户外健身娱乐环境。中年人则对户外健身娱乐活动空间环境的适用性、愉悦性及文化性关注较多。而儿童和青少年最为关心的是户外的健身娱乐空间是否具有足够的新奇感、趣味性、娱乐性及刺激性等环境特征。本章将面向人性化的公共服务设施规划研究探讨城市各层面的休闲设施的设计。

6.1　成人健身设施设计

随着人们城市生活水平的提高，城市居民健康意识的增强，成人健身娱乐休闲设施的设计变得尤为重要。目前，成人设施形式种类多样，根据项目不同可选择不同的材料，可采用木材、金属、聚乙烯、橡胶等材料制做。在使用与安全要求上应该满足结构坚固，避免构造上的硬棱角以及异样凸起物，以防绊伤、划伤；在设施的表面应做防滑、防腐等处理；设施的场地地面应作排水坡度或排水设施，宜选用柔性、防滑的材料，如草地、橡胶软垫、砂土地面等；在场地起坡处或台阶上下起始点应有明显的标志；针对不同地区的气候条件，在保证日照的前提下，设置遮阳设施；设置时应注意满足各单项活动设施的最小缓冲间距。选址适宜结合公共绿地设置，可重叠利用某活动场地的边缘空间布置，一般不易产生视线干扰的设施距离最近的住宅窗口不小于8m，易造成视线干扰的设施距离最近的住宅窗口不得小于10m。

青少年通常是户外游乐设施设计考虑中最少关注的人群，为成年大龄孩子做的户外场地设施的确较困难，现今的青少年早熟现象反映了许多客观的问题，心智却未能成熟确爱模仿成年人的生活方式和行为，身体虽已长成成年人，同时心理上又需要有父母社会的关爱，在这样的复杂心理下，在许多的游戏厅、网吧中经常能够发现这样自认为长大了的大龄孩子，对于他们正确娱乐方式的引导是我们设计师乃至社会不可推卸的责任。青少年期望长大成熟，利用这种心理可以在户外娱乐空间场所的建设中，为他们提供较私密的个人空间或提供以安全可靠为前提下的冒险刺激的娱乐活动，让青少年的某些心理在娱乐中得到满足和宣泄，培养较为健全的人格和心智。在为青少年提供的户外游乐空间场所中，虽然青少年需要一些私密的空间，但在形式处理上要做到较多的空透与亮化，在日常的管理中也应有专人巡视，避免这样的场所会成为不良少年的聚集点。同时，对于设施绿化在选择上还应该注意到耐用性和防有意碰撞的因素。青少年户外游乐设施的建设要面临这样的问题，青少年游玩游乐已不再受父母的支配，大多三五成群的自主寻找游乐的方式和器械带有几分冒险，刺激的活动是较能吸引他们的，但这要有安全作为前提。例如，比儿童户外活动空间更宽广，更复杂的活动场所，利用地下俯冲、滑行、躲藏或是利用自然条件在土里挖掘，在灌木丛中探险，等一些益智类游戏活动。可将他们课本中学到的物理知识原理，杠杆、滑轮、离心力、回声等知识运用到娱乐器械中去。

中青年承担着来自工作和家庭的双重压力，所以只有足够舒适、安静怡然且具吸引力的户外健身娱乐空间才能把身心疲惫的他们从家中带出来，参加体育运动锻炼。

6.2 儿童游戏设施设计

儿童的健康成长离不开一个高质量的游戏环境。游戏是儿童的第二生命，是促进儿童智力、体力发展的重要手段，是培养儿童的集体感、责任感和合作精神的有效途径。对城市儿童来说，街道、广场、公园等开放空间是孩子们经常光顾并且较为喜欢的游戏场所。儿童不仅在家庭中处于重要地位，而且其成长和教育也引起了社会各界的高度重视。儿童的生理、心理特征是儿童游戏场所设计的重要依据，决定着设施、空间设计和合理分区。以下是一些数据参考

6.2.1 儿童的生理尺度

新生儿出生时，身长平均是50cm左右，一周岁约为75cm，以后每年越增长5cm，按"年龄×5+75"的公式来计算得出平均身高。幼儿期1~3周岁约75~90cm；学龄前期4~6周岁约95~105cm；学龄期7~14周岁约110~145cm。

根据皮亚杰的理论，儿童从婴儿到青春期的发展可以划分为以下四个阶段：

1. 感知运动阶段（Sensory-motor level）

这一阶段儿童的认知发展主要是感觉和动作的分化。从出生至两岁，大致处于这一阶段。出生婴儿只有先天的遗传性无条件反射，随后才逐渐发展出通过组织自己的感觉与动作以应付外部环境刺激的能力，并在接触外界事物时能利用或形成某些低级行为图式。到这一阶段后期，感觉与动作明显区分，手段与目的逐渐分化，思维开始萌芽。

2. 前运演阶段（Pre-operational level）

这一阶段（2~7岁）儿童的各种感觉运动图式逐渐内化为表象或形象图式。

特别是语言的出现和发展，使儿童日益频繁地使用表象和词语来表征外部事物，从而扩大了儿童生活和心理的范围，但他们的词语或其它的象征符号还不能代表抽象的概念，只能在不脱离实物和实际情景的场合应用，即思维仍受具体的直观表象的限制。但在这一时期，他还没有所谓"守恒"和"可逆性"，只能从自我考虑问题，不能从多方面考虑问题（如只能从自己身体的标准辨别左右，而不能正确辨别对面人的左右），这就限制了他掌握逻辑概念的能力。

3. 具体运演阶段（The stage of concrete operations）

具体性是具体运演阶段（7~12岁）的最主要特征。儿童在这个阶段中随着抽象概念的形成，已开始具有逻辑推理能力。但是这时的逻辑推理还离不开具体事物的支持，否则儿童会感到困难，所以这种逻辑推理能力只是初步的。儿童开始出现"守恒"，开始能独立组织各种方法进行正确的逻辑运算（如分类等），这一时期的运算，主要属于群集运算阶段（分类和序列）。

4. 形式运算阶段（Formal operations）

儿童在12~15岁之间开始进入形式运算阶段，这一阶段的主要特征是：思维形式与思维内容开始区分；能运用假设进行各种逻辑推理；有特定的形式运演结构形式。这时儿童根据假设对各种命题进行逻辑推理的能力在不断发展，开始接近成人的思维水平。

针对这样的年龄分组与相应的年龄行为特征可以总结出不同年龄阶段的儿童在户外活动的内容和方式上会表现出一定的差异。年龄是儿童游戏环境设计中需要重点考虑的重要因素。不同年龄的儿童有不同的活动特点，他们会寻找属于自己的游戏活动空间及活动设施。0~3岁的儿童处于幼儿时期，独立的活动能力有限，所以进行任何户外活动时需要家人的陪护，他们大多喜欢玩沙子，水池等相对简单的

个体户外游戏活动；4～6 岁的儿童大都喜欢荡秋千、跷跷板、攀爬等富于多变的游戏活动，同时这个阶段游戏的小伙伴也会随之增多；7～9 岁阶段的儿童独立活动的能力已获得一定的提升，开始有群聚性、性别差异化等特征，男孩子开始接触一些球类运动（足球、篮球、乒乓球等），女孩子则开始进行一些简单的器械活动（跳皮筋、跳绳等）。9～12 岁，这个年龄段的儿童活动能力得到全面发展，他们会选择比较大型的游戏场地进行不同体育活动。青少年时期，他们的智力和身体素质方面发展已经相对成熟，他们开始参与一些时尚的健身活动，例如滑板、街舞、街球、小轮车等，也会对活动空间有着更高的要求。根据儿童的喜好可将儿童游戏场所的设施分为以下两种类型：

（1）专设的儿童游戏场所设施，指专门为儿童建立的、以户外活动为主的，供儿童游戏、娱乐并渗透文化科学、普及知识教育的游戏场所设施。这种类型的游戏场主要有以下四种类型：

a. 传统型游戏场：在平坦的场地上设置游戏器具，如跷跷板、滑梯、秋千、攀爬架和旋转木马等，这些游戏器具多以水泥固定，安置成排，提供功能游戏。

b. 设计型（现代型）游戏场：由专业的建筑师或设计师所设计，使用制造厂的设施（通常是木材、昂贵石材），以成人的美感眼光为依据来设计建造的游戏场。

c. 冒险型游戏场：这类游戏场通常有外围藩篱围护，排列堆叠着建筑材料和工具，并提供炊事地点和饲养小动物的场所，必须有一个或一个以上的游戏领导者在协助儿童的需要。

d. 创造型游戏场：它结合了以上三种游戏场的特点，以便符合社区和学校的需要。创造型游戏场在正式的传统的游戏场和松散的冒险型游戏场间作调整，可依据儿童游戏的需要和儿童游戏的多寡而调整游戏器具，游戏器具的范围由制造厂制造的器具、手制的器具到松散的材料。

（2）自发的儿童游戏场所相对于专设的游戏场所，自发的儿童游戏场所具有一定的随机性，不局限于专设的游戏场地。儿童是游戏的天才，任何能激发儿童游戏活动的城市空间都可能成为他们的游戏场所，比如象住宅的前庭后院、城市街道、广场等场所。开放空间中儿童活动场地往往包含了上述两种游戏场所，这两种类型的游戏场所在用地规模、可达性、儿童的参与形式等方面有着各自的特点，因而在空间的规划设置上应根据其各自的特点相应组合、创新。

6.2.2　游戏场所的类型分析

根据游戏空间边界控制和空间划分，可以将场所分为单一空间和复合空间两大类：

1. 单一空间

一些小型的游戏场所多属于单一空间类型，领域内没有空间划分，边界控制的强度很小，儿童可以自由出入，只要有一个小空间就可以开展游戏活动。单一空间的儿童游戏场所常见于一些规模较小的居住小区以及街头小游园。常见的"沙坑＋游乐设施"，沙坑以外的范围不属于游戏场所，该游戏场所的边界就是沙坑边缘，边界围合的范围就是该游戏场所的领域。

单一空间一般有三种方式存在：

（1）开敞空间：四周均设出入口，边界连续性弱，设计时以边界围合为依托，相对出入口位置和数量周边布置适当的游戏区。由于空间的共享性突出，游戏内容按特点合理布局，尽量减少互相干扰。同时制约儿童尽量在内部活动，减少受外界影响。

（2）半开敞空间：两个方面设出入口，边界连续性增强，设计时沿长边配合空间的方向性布置，动与静等不同性质游戏分开设置，尽量减少可能的穿越交通的干扰。

（3）半封闭空间：一个方向开放、方向性极强，游戏分区配合空间的方向性周边布置，尽量形成环形游戏，边界连续性较好，空间具有内向性格，对内、外约束力增强。

2. 复合空间

城市公园中的儿童游戏场多属于复合空间。如重庆市动物园内儿童游戏场，设施布置成周边式，中间留出公共开放空间，主要用作交流、休息，属于共享空间，而四周每种设施占不同空间，对于每个参与游戏的儿童其意义仍然是共享空间，不专属某一个人，而是属于活动中的所有人。在复合空间较好的空间划分能使游戏相互干扰降到最低限。在同一个游戏场所内，活动内容有动有静，中间开辟开放空间，既可作为两个空间的过度，又可用作休息空间。复合空间又可以分为以下几种类型：

（1）道路连接空间的复合形式：各使用空间之间没有直接的连通关系，而是借道路来联系。这种组合形式由于是游戏空间和交通联系，空间划分明确，因而既可以保证各使用空间的安静和不受干扰，同时又能通过道路把各使用空间连成一体保证必要功能联系，这种空间复合形式适合于儿童公园、城市公园内游戏场类型。

（2）广场连接空间的复合形式：各使用空间没有直接的连通关系，而是借用一广场来联系。广场提供人流集散交通联系用的空间，它将各联系空间连成一体，这种组合形式一般以广场为中心，各使用空间呈辐射状态与广场直接连通，从而使广场成为大量人流集散的中心，通过这个中心既可把人流分散到各主要游戏空间，又可把各游戏空间人流汇集于此，起到交通和人流分散的作用，城市公园内游戏场可以见到此种空间组合形式。

（3）空间直接串联的复合形式：空间直接串联贯通，按一定顺序连接成为一个整体，这种空间组织形式，一般各空间联系紧密而且有一定的秩序。游戏场中设置有相关联的技巧活动的排列，幼儿游戏与小学儿童活动区排列，或动静按顺序排列等较适合用此类形式。游戏场的空间划分是根据游戏场儿童主要游戏流线所决定的。有些游戏场主流线只是各种流线中的一种，这时，就需要考虑其他流线的空间布置，因此游戏场往往是采用综合几种类型的空间组合形式（图6-1、图6-2）。

图6-1　跷跷板机

图6-2　儿童综合器-1

6.3　老人活动设施设计

城市的发展，以人为本的概念深入，城市各处角落老年人活动设施不断增加，逐渐在改善老年人户外活动条件。但依然还是有些设施的种类及数量没有满足老年人活动的需求，特别是一些低层次活动设施超负荷工作。街道小区内的老年人活动室面积小，设施条件差，冬季采暖夏季通风难以保证，或一室多用致使大量老人无法前往，只好四处游荡。一些高层次活动设施的管理也存在一些问题。如"老年人活动中心"的参加者局限性较大，各部门组织管理的"老干部活动室"，因部分老人居住较远而不能经常前往导致了设施的闲置，和老年生活的"失落感"。

6.3.1　城市老年活动设施现状

现今，城市有近十分之一的人迈进老年龄坎，这种社会进程的新问题为城市环境提出了新的要求，满足老年人的生活必须，为老年人提供相适应的生活环境。改善老年人生活环境，是十分有必要的。老年人随着年龄增大，体质退化、器官功能降低、各部分机能衰退。从生理上分析，老年人需要到公共绿地呼吸新鲜空气、晒太阳、锻炼身体、愉悦身心、增进身体健康。再者，老人们从昔日参与社会的活动中退了出来，逐渐脱离了社会，不再参与社会事务；由于退休前后的鲜明对比，老年人不可避免地产生了孤独感、失落感。在社会家庭方面，由于人们的生活节奏加快，工作紧张，人与人之间来往减少，子女忙于工作很少有时间陪伴老人，且大多数子女不与老人同住，所以老人退休在家，尤其一些独身的老人，则更感孤独。为了更好地安度晚年，享受生活，老人们需要有一定的户外活动空间进行消遣活动和娱乐活动。老年人的大部分空暇时间都用来进行户外的健身娱乐活动，户外活动空间也是他们生活主要内容的重要载体，他们通过体育锻炼来使自己的身体健康并保持良好的精神面貌，让自己的生活更加充实和快乐。

活动设施内容的设立要根据老年人行为特征，为老有所为，老有所学，老有所乐提供条件。老年人行为可分为文化教育、娱乐游憩、体育休养、工作生活。其活动内容构成了设施内容的组成。文化教育的老年人大学，娱乐游憩的老年活动中心、活动室、城市绿地，老年公园等。体育康复的体育场、体育俱乐部、疗养院等。工作生活的老年日托所、老人就业所等。在目前的一些公共设施中，对老年人的考虑并不是很充分。存在着一些普遍问题：

1. 功能性不足

现有城市中的许多公共绿地在规划设计时明显对老年人考虑不够，许多城市绿地在设计时过于强调其美化的作用，而忽视了老年人使用功能。

2. 活动场地狭小

许多老旧小区、尤其老居民区的绿地，使用者以老年人为多，利用率较高，可是活动场地面积狭小，人均不到 $2m^2$，场地内拥挤不堪。

3. 互相干扰

由于活动场地有限，虽老年人的爱好不同，但都难得其所，常见街头绿地内，这边吹拉弹唱、大扭秧歌，旁边却是下棋、练气功、打牌、打麻将者，互相干扰、各不相让，老年人在其中活动亦有苦难言。

4. 缺少活动设施

公共绿地缺少必备的活动设施，常见老人们压腿、押腰、拔单杠等都以小树作为体育器材，使得一些漫画家以此画了许多"救救小树"的作品。

5. 服务半径不合理

很多城市公共绿地距居民区较远，规划布局不合理。尤其在一些中小型城市，老年人步行远路吃力，所以常见许多游园内停着大量三轮车，车占地，车挤人，使得原本很有限的场地面积更加局促，有的只好挤进草坪，破坏了绿地。所以我们应该在城市建设是系统规划中应对老年人活动场地给予足够重视。

6.3.2 老年活动区域设施设计

1. 保证足够的活动场地比例

《公园设计规范》（CJJ 48-92）中规定，居住区公园、居住小区游园、带状公园、街旁游园中的园路及铺装所占比例分别为 10%～20%、10%～20%、15%～30%、15%～30%；在以上几种公共绿地中，应根据其所在地段居民年龄结构确定相应比例，以保证老年人活动的需要；切忌为追求形象需要，挖掉铺装地面，换上草坪，再插上"游人禁止入内，违者重罚"的警示牌。

2. 组织宜于开展相应流动的空间

公共绿地中的公园、街头游园等服务功能较强，为满足不同年龄结构的需要，可进行集中分区，一般分为儿童活动区、青少年活动区、老年人活动区及相应各景区；对于老年活动区宜与以观景为主的区域融为一体，并与其他各区相互联系又有所隔离。不同的年龄段所经历的时代不同，身体条件不同，老年区还应根据不同的年龄段的需要再进行相应划分。

老年活动区宜分成动态活动区和静态活动区。动态活动区以健身活动为主，可进行球类、健类、武术、跳舞、慢跑等活动，在活动区外围应有树荫及休息场地，如亭、廊、花架、座凳等，以利于老年人活动后休息。静态活动区主要供老人们晒太阳、下棋、聊天、观望、学习、打桥牌等，可利用大树荫、廊、花架等，应保证夏季有足够的遮荫，冬季有充足的阳光。动态活动区与静态活动区应有适当的距离，但亦能相互观望。

老年活动区还有"动""静"之分。"动"主要指老人们所开展的扭秧歌、戏曲、弹唱、遛鸟、斗虫等声音较大的活动，"动"区与动态活动中要求的空间环境不一样，所以它们与其他各区应有明确分隔，以免动区干扰较为清静的活动。其中动区的选位布局极为重要，一般参与动区活动的老人较好热闹，具有表演欲，应为他们提供相应的表演空间，并有相应的观众场地。

3. 各种活动空间

集体活动空间，前面提到的动态活动、静态活动及较为热闹的活动都属于集体活动，它们需要的空间尺度较大，空间应较开敞，有足够的面积，空间是开放的，生动热闹的，可增加老人们交往的机会，场地宜平坦防滑。

小群体空间，有的老人出于心理或者习惯原因，喜欢同趣味相投的三五个人一起活动，包括动、闹、静，形成一个小群体，这样就应为他们提供一个相应的活动空间。小群体空间不宜过大，一般在 $10m^2$ 左右即可，空间应具有相对独立性，但不宜封闭，有一定的遮荫以及坐憩处。

坐息空间，以停坐休息为主，如晒太阳、聊天、养神、观赏、读书、听广播等也是老人们从事室外活动的一项主要内容。空间应有一定的范围要素，至少有一面作为背景，可以用植物、建筑、地形、水面等作为界面要素。坐凳也要采用多种形式，以增加空间的趣味性。坐息空间中应创造"人看人，人看物"的视野范围，可使老人感觉到在参与社会，产生兴趣，比如看儿童玩耍、行人来往、买卖生意、车辆行驶，成为观察社会生活的观望点。当然在坐息空间中阳光与遮荫在不同的季节同等重要。

步行空间，许多老年人把步行既作为锻炼，又作为漫步消遣。在公共绿地中园路作为一种步行空间其利用率相对较高。在进行园路设计时，平曲线、竖曲线应蜿蜒并富于变化，但由于老年人的视力及记忆力减弱，方向判断力差，所以游路的取向及位置应容易辨别，并在道路转折处、出入口处安排有明显特征并有吸引力的特征物，如建筑小品、雕塑等地面标志。

坡道空间，应避免高差变化过急，一般不要设置台阶，在地形变化处，以平坦坡道较好，坡度不要超过 8%，且坡长不宜过长，这样对于使用轮椅的老人也可适用；路面注意防滑，不宜采用卵石、碎石或凹凸不平的地面，在适当部位，宜提供坐息之地，供散步后休息、观景、聊天。

私密空间，秘密空间宜位于风景较佳的静处，具有一定的相对封闭感，避免被主要人流穿过或很容易被别人看到。有些老年人由于自己的性格或爱好，喜欢独坐不愿被别人打扰，希望有自己的私密空间独享其乐。私密空间还可以结合一些人文景观设置，如进行垂钓、读书、写生、打拳等活动或静赏一些艺术品也很有情趣。所以在城市公共绿地场所中设置一些个人的、私密的空间也是必要的。

庭院空间，在公园中设置一些有意义的庭院也是十分必要的，尤其在城市中心，居民区较集中的地区。庭院可以由建筑、植物、地形及水体围合而成。庭院空间很容易成为老人们住所之外的家，其相对围合性加之艺术水平较高的建筑空间、园林空间布局，使室内外空间相通，是一种内外向兼融的空间环境。据建筑师测定，为获得开敞与封闭感的平衡，庭院内的仰角不得大于 40°。庭院可结合周围的建筑举行一些有意义的活动，如画展、花展、树石盆景的展出。

4. 必要的服务设施

不少老年人在天气较好的日子里，白天大部分时间是在室外度过的，在公共绿地中应为老年人设置必要的服务性建筑，老人易失禁，厕所、洗手间应必不可少，且应尽量靠近老人活动区，不宜过于隐蔽，通往道路不宜过窄，一般应在 1.5m 以上，室内注意防滑，并设置扶手以及有放置拐杖的地方，其他如饮水站、茶室、小卖店、管理服务办公室也宜注意相应位置，以备老人方便使用。

老人们需要的设施在公共绿地中也不宜忽视，如一些简单的体育设施单杠（高度宜低）、压腿杠、球网、教练台等，老人喜欢退休后舞文弄墨，也热衷搞展览互相品评，所以一些必要的展出场地、设施应相应设置，但不必特别豪华，一二排展览栏则可以达到令人满意的效果；其他如挂鸟笼、栓宠物、存车、寄存、电话等设施也应设置。

5. 有寓意的景观

在公共绿地中宜设置一些有助于激发老人生命激情的景观，通过景物引发联想，唤起老人的活力或引发他们美好的遐想，调剂心情。一些有特点的建筑、建筑上的匾额、对联、景石、碑刻、雕塑、建筑小品、植物等设计构思恰当都可以获得较好的效果。如植物中老茎生花的紫荆、深秋红叶、花开百日的紫薇以及青松、翠竹等都可以激发老人们的遐想，焕发其生命活力；还可以利用文学艺术、造型艺术、空间艺术等手法创造出丰富的意境。

6. 注意安全防护要求

老年人各项生理机能下降，对安全要求高于年轻人，在各要素设计时应注意老人的安全，水体附近应防滑、平坦、有足够的平地面积，尤其在钓鱼区更为重要，水体近岸处宜浅，桥上的栏杆高度应在 90～110cm 之间。主要供老人使用的道路不宜太窄，不宜用步石、汀步，路上不能有横向凸出物。温带冬季需要阳光，休息座椅附近应种植落叶树，冬季要保证无风而日丽，适于老人在此避寒。

6.4 球类场地设施设计

1. 乒乓球场设计标准

一般乒乓球比赛场地不应小于长 14m、宽 7m、高 4m。

2. 羽毛球场设计标准

羽毛球场为一长方形场地，长度为 13.40m，双打场地宽为 6.10m，单打场地宽为 5.18m。球场上各条线宽均为 4cm，丈量时要从线的外沿算起。球场界限最好用白色、黄色或其他易于识别的颜色画出。按国际比赛规定，整个球场上空空间最低为 9m，在这个高度以内，不得有任何横梁或其他障碍物，球场四周 2m 以内不得有任何障碍物。任何并列的两个球场之间，最少应有 2m 的距离。球场四周的墙壁最好为深色，不能有风（图 6-3）。

图 6-3　羽毛球场

3. 篮球场设计标准

整个篮球场地长 28m，宽 15m。长款之比为 28∶15。篮圈下沿距地面 3.05m。篮球标准如下：标准男子比赛用球：重量 600～650g，圆周 75～76cm。标准女子比赛用球：重量 510～550g，圆周 70～71cm。青少年比赛用球：重量 470～500g，圆周 69～71cm 儿童比赛用球：重量 300～340g，圆周56～57cm。

球场具体标准如下：是一个长方形的坚实平面，无障碍物。对于国际篮联主要的正式比赛，球场的丈量要从界线的内沿量起。对于所有其他比赛，国际篮联的适当部门，有权批准符合下列尺寸范围内的现有球场：长度减少 4m，宽度减少 2m，只要其变动互相成比例。天花板或最低障碍物的高度至少 7m。球场照明要均匀，光度要充足。灯光设备的安置不得妨碍队员的视觉（图6-4）。

图 6-4　篮球场

4. 网球场设计标准

国际网联和国家体委颁布的《网球竞赛规则》中规定，一块标准网球场地的占地面积不小于 36.6m（南北长）、18.3m（东西宽），这一尺寸也是一块标准网球场地四周围挡网或室内建筑内墙面的净尺寸。在这个面积内，有效双打场地的标准尺寸是：23.77m（长）×10.98m（宽），在每条端线后应留有余地不小于 6.40m，在每条边线外应流有余地不小于 3.66m。在球场安装网柱，两柱中心测量，柱间距是 12.80m，网柱顶端距地面是 0.914m。

　　如果是两座或两座以上相连而建的并行网球场地。相邻场地边线之间的距离不小于 4.0m。如果是室内网球场，端线 6.40m 以外的上空净高不小于 6.40m，室内屋顶在球网上空的净高不低于 11.50m（图 6-5）。

图 6-5　网球场

5. 足球场设计标准

　　比赛场地应为长方形，其长度不得多于 120m 或少于 90m，宽度不得多于 90m 或少于 45m（国际比赛的场地长度不得多于 110m 或少于 100m，宽度不得多于 75m 或少于 64m）。在任何情况下，长度必须超过宽度。

　　画线标准：比赛场地应按照平面图画出清晰的线条。线宽不得超过 12cm。较长的两条线为边线，较短的两条线为球门线。场地中间画一条横穿球场的线，为中线。场地中央应当做一个明显的标记，并以此点为圆心，以 9.15m 为半径，画一个圈为中圈。场地每个角上应各竖一面不低于 1.50m 高的平顶旗杆，上系小旗一面；相似的旗和旗杆可以各竖一面在场地两侧正对中线的边线外至少 1m 处。

　　球门区标准：在比赛场地两端距球门柱内侧 5.50m 处的球门线上，向场内各画一条长 5.50m 与球门线垂直的线，一端与球门线相接，另一端画一条连接线与球门线平行，这三条线与球门线范围内的地区为球门区。

　　罚球区标准：在比赛场地两端距球门柱内侧 16.50m 处的球门线上，向场内各画一条长 16.50m 与球门线垂直的线，上端与球门线相接，另一端画一条连接线与球门线平行，这三条线与球门线范围内的地区为罚球区。在两球门线中点垂直向场内量 11m 处各做一个清晰的标记，为罚球点。以罚球点为圆心，以 9.15m 为半径，在罚球区外画一段弧线，为罚球弧。

　　角球区标准：以边线和球门线交叉点为圆点，以 1m 为半径，向场内各画一段四分之一的圆弧，这个弧内地区为角球区。

　　球门标准：球门应设在每条球门线的中央，由两根相距 7.32m、与两面角旗点相等距离、直立门柱与一根下沿离地面 2.44m 的水平横木连接组成，为确保安全，无论是固定球门或可移动球门都必须稳定地固定在场地上。门柱及横木的宽度与厚度，均应对称相等，不得超过 12cm。球网附加在球门后面的门柱及横木和地上。球网应适当撑起，使守门员有充分活动的空间（图 6-6）。

6. 排球场设计标准

　　排球比赛场地为 18m×9m 的长方形，四周至少有 2m 空地，场地上空至少高 7m 内不得有障碍物。场地中间横划一条线把球场分为相等的两个场区。所有线宽均为 5cm。场地中线上空架有球网。网宽 1m，长 9.50m，挂在场外两根圆柱上。女子网高 2.24m，男子网高 2.43m。球网两端垂直于边线和中线的交界处各有 5cm 宽的标志带，在其外侧各连接一根长 1.80m 的标志杆（图 6-7）。

图6-6　足球场

图6-7　排球场

6.5　室外泳池设施设计

现代室外游泳池的选址需要结合城市居住区设计总体思路统一安排，如在居住小区中，适宜结合城市小区的中心绿地中设置，可设置在临近小区或住区道路，周边可设置植物或其他围护设施与周边环境相分隔；游泳区距离最近的住宅窗户不小于10m；游泳健身区域远离噪声源。

一般游泳池分为成人游泳池、儿童游泳池或综合游泳池，成人游泳池水深1.2~1.8m，儿童游泳池水深0.6~0.9m，池岸宽度以3~5m为宜。

1. 室外活动场地及设施的设计要点

（1）游泳池平面尺寸21m×50m，水深1.8m；周边至少应保证5m宽的缓冲间距。

（2）泳道宽度2.5m，最外一条分道线距池边至少500mm。

（3）池壁和池底应按规格设置标志线，两端池壁应设置浮标挂钩。

2. 游泳池的配套设施的设计要点

（1）池壁应设攀梯或台阶，攀梯不得突出池壁，数量按池长决定，每隔25m宜设一座；若做为正式比赛场地使用，游泳池长端池壁可设电子触板，触板厚约9~10mm。

（2）若设置广播设备及电源插座，应有必要的防水、防潮措施。

（3）应设消毒洗脚池、冲淋、更衣室等附属设施。消毒洗脚池长度不应小于 2m，宽度与进入泳池区域的通道相同，深度不应小于 200mm。

3. 游泳池的使用与安全的设计要求

（1）宜长轴南北向布置。

（2）池壁一般贴白色马赛克，池底贴白色釉面砖，泳道标志线为黑色釉面砖。

（3）池壁与平台间应设置构造合理、便于清扫和维护的溢水槽，溢水槽边缘宽度以 70mm 为宜，槽底应有倾斜坡度，槽上应设溢水箅子，若池壁两端设有触板时，可不设溢水槽。

（4）池岸材料应注意防滑，易于清洁，铺装有一定排水坡度，溢水槽作为溢流回水时，不应排入池岸的脏水。

（5）池岸、池底的阴阳交角均应按弧形处理。

（6）池岸应设召回线和转身标志线立柱插孔。

（7）在池岸与水池交接处应有清晰可见的水深标志。

（8）池壁池底构造应安全、可靠，不得产生下沉、漏水和开裂等现象；宜设伸缩缝，伸缩缝可采用橡胶或紫铜片作止水带。

（9）池壁应设水下照明，水下照明灯具上口宜布置在水面下 300～500mm，灯具间距宜为 2.5～3m（浅水池）和 3.5～4m（深水池），灯具为防护型，并应有可靠的安全接地措施。

（10）场地应设照明，光源高度不小于 5m。

（11）宜设置休息座椅（图 6-8～图 6-9）。

图 6-8 儿童泳池

图 6-9 成人泳池

第7章　服务设施设计

服务设施不仅是为人们提供户外活动的便利，还包括人的思想交流、情绪放松、休闲观赏等综合的休息设施。城市环境中公共服务设施的范围很广泛，目的是满足人们的需求，提高人们户外活动与工作的质量。将艺术审美、愉悦人心、大众教育等观念融入环境中，使休息服务设施更多地体现社会对公众的关爱、公众与公众间的交流以及公众间利益与情感的互相尊重，这便是多元化设计的发展趋势。

7.1　公共休息座椅设计

一张设计优良且放置适宜的座椅可以成为公共空间中的活动中心。尽管人们使用座椅的最基本目的是为了获得方便和舒适，但是许多座椅仍旧受到不同程度的冷落。在一些城市中，公共休息座椅问题似乎更严重。例如，一些座椅因为被放置在人迹罕至的区域而成为某些蓄意破坏公共财物的人的发泄对象，而另一些长椅则变成了街头流浪汉的睡床。

在设计之前，我们必须做出一个非常重要的决定：在既定区域内，人们是否需要座椅以及人们是否会使用它。这就需要设计师详细地考虑这一区域，分析区域内既有的座椅类型以及潜在的座椅使用者，如办公楼里的公共人员或商场购物者等。此外还需细心观察现有情况下人们选择作为的地点，如台阶或建筑物的外边缘等。这些来自于现场的资料对于我们决定是否在这一区域内设置座椅、在哪里设置它们、设置多少以及设计什么类型的座椅都是非常重要的。

7.1.1　座椅的布置

座椅应放置在人群密度大的地点。例如在那些等候出租车、公交车、地铁等乘客的旁边，在百货商场的外面，在办公楼大楼的入口区域，在快餐店或其他出售食品的商店附近，在可以看到人们活动的地方。不适宜设置座椅的地点则是那些较少有，甚至没有社会活动的地方。

（1）具体地讲，以下一些座椅设置原则可供我们参考：沿街设置的座椅不能影响正常的城市交通，尤其是不能影响人行道的正常交通。它们与人行道上主要的人流路线应保持足够的距离，以便留给行人足够的步行空间。当然座椅也不能离人行道太远，否则它们的使用频率将大幅度减少。

（2）座椅应尽可能与其他城市设施成组放置，例如公共汽车候车亭、电话亭、报刊栏、垃圾箱、饮水器等。

（3）座椅应尽可能避免面对面地设置。这样做一方面可以防止有人因为玩游戏而长时间占用座椅，另一方面与陌生人面对面、眼对眼会让人感到极不舒服。在后一种情况下，人们一般会扭过头去看其他的街景或者坐在座椅的边缘处以避免正面相视。如果我们碰到必须设置一对座椅的情况，可以考虑将它们成角布置，以90°至120°之间最为适宜。这个角度可以让人们非常自然地开始攀谈，如果不愿意交流也很容易各坐各的，无需尴尬。

（4）座椅应尽可能避免一字排开，因为这样设置会使一组人很难开始交谈。当然，如果某一区域内有大量的路人，又或者有一处极好的风景，可以考虑将座椅以一排的方式来设置。

（5）在残疾人可能经常出现的区域，座椅的两侧及前方应给轮椅留有足够的空间，这样坐在轮椅上的人可以轻松地与座椅上的人交流，而不会占用人行道太多的空间。对使用拐杖的人，也应如此考虑，因为他们坐下后需要把拐杖放在身前或椅侧。

（6）座椅的设置可以考虑给使用者以多重的选择，或坐在阳光下，或坐在树荫下，或坐在背风处等。这一原则当然只适用于那些可移动的或轻质的座椅。

对于徜徉在公共空间中的人们来说，最好的座椅就是那些可以任意移动的座椅了，可以移动的座椅并非适合于任何一个场合，但是它仍然受到大家的欢迎。

首先，这些可以移动的座椅往往比那些固定的座椅坐起来舒服；其次，这些座椅大都造价低廉，从某种角度上讲，十张可移动座椅的造价才抵得上一张固定座椅的花费；再次，人们可以按照自己的意愿来安排摆放到树荫里，去凑个热闹、多一个聊天的伙伴或者留一点安静给自己。这种可以选择的自由是非常吸引人的，人们可以把座椅搬到让自己感到舒适的角角落落。当你离开的时候，可以将它物归原处，也可以把它就放在原地，自然会有人继续按照个人的喜好来安排它的位置。

但是，可移动的座椅也给人们带来烦恼——面临被偷窃的可能性。如果我们把可以放置座椅的公共空间缩小、同时安排适当的管理人员，这些问题也可以迎刃而解了。

7.1.2　座椅的设计

设计座椅时首先要考虑的因素是舒适度。不同区域内的座椅需要不同的舒适度。例如，位于商业步行街上的座椅和公园内的座椅，它们对舒适度的要求是不一样的。步行街上人头攒动，人们提着大包小包，行色匆匆；而公园里的人们悠闲自得，可能整个下午都会在那里慵懒地晒太阳，此外，舒适度也和其他一些因素有关。例如，在某一区域内座椅的使用者主要是青少年，而孩子们通常会坐在座椅的靠背或扶手上。这样，那些由宽大且厚重的木板构成的座椅也许更适合孩子们，因为它们沉重而结实，虽然把两块厚木板换成十根细木条的座椅会让人更舒适些。所以，在为某一特定区域设计座椅时我们需要综合考虑所有的因素。

其次，在设计座椅时还需要考虑外观的因素。座椅必须与它所存在的环境相得益彰。一个城市有自己的性格，城市中不同的区域有自己的个性，区域内不同的街道有自己的特色，而座椅可以看成是这种个性或特色的延伸。设计优良，将环境装修得恰如其分的座椅会引起区域内人们的共鸣，大家喜爱它们就会更爱护它们。反过来，这对于座椅免受破坏也是一种促进。通常情况下座椅的设计原则包含以下几个考虑因素：

1. 座面部分

（1）为了使座椅更加舒适，靠背与座面之间可以保持95°~105°的夹角，而座面与水平面之间也应保持2°~10°的倾角。

（2）对于有靠背的座椅，座面的深度可以选择30~45cm之间；而对于没有靠背的座椅，座面的深度可以在75cm左右。

（3）45cm的座面高度可以提高座椅的舒适度。

（4）座面的前缘应该做变曲的处理，尽量避免设计成方形。

（5）最令人感到舒适的座面材料可算是木材，它富有弹性，在室外即不过冷也不过热，令使用者倍感舒适。

（6）如果座面是由宽度较小（如5cm左右）的木条成组拼接构成的，这些木条可以形成起伏的曲线以增加舒适度；而另一些座面则是由较宽的木条（如20cm左右）成组拼接构成的，虽然后者在舒适程度上不及前者，但在蓄意破坏公共设施较为频繁的地区，选择后者会更合适。

（7）对于座椅的长度，则应视具体情况来决定，一般可以为每位使用者保留60cm的长度。

2. 靠背部分

（1）为了增加座椅的舒适度，座椅的靠背应微微向后倾斜，且形成一条曲线。

（2）座椅靠背的高度可以保持50cm，这样不仅可以使使用者的后背得到支撑，连肩膀也会感到有所依靠。

（3）没有靠背的座椅应该允许使用者在两边同时使用。

3. 椅腿部分

椅腿绝不能超出座面的宽度，否则人们极易被其绊倒。

4. 扶手部分

扶手的作用是多方面的，它既可以帮助使用者站起来离开座椅，又可以将座椅分割成几个部分以便于更多的人同时分享它。用扶手来做座椅的分割物可以使人们在群体中同时感受到私密性。当然，扶手的边缘也不应超出座面的边缘，它的表面应该是坚硬、圆润、且易于抓握的（图7-1～图7-2）。

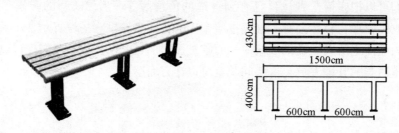

图7-1　带尺寸休闲座椅-1

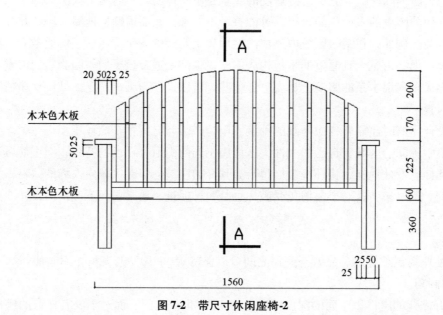

图7-2　带尺寸休闲座椅-2

7.1.3　座椅的维护

由于种种原因，在许多城市里我们经常会看到一些残破不堪的座椅被遗弃在路边，没有得到及时的修理和保养。这些无人问津的座椅往往会使人们对这一区域的印象大打折扣，甚至对整座城市也含有偏见。但是，座椅的维护并不仅仅是市政部门的事情，它关系到市民的素质，对设计师也是一种考虑。

1. 座椅的材料

座椅的材料应该精心地选择，它们必须要抵挡日晒雨淋、大气污染，还有人为破坏。座椅的材料是多种多样的，木材、石材、混凝土、钢铁、陶瓷以及塑料等，但最令人感到舒适的材料依然是木材。

（1）木材。木材具有肌理效果，触感较好，加工性好。木材用于公共座椅的座面时，因其长期处于室外环境，深受日晒雨淋和大气污染的损害，耐久性差，因此必须选择既经济又具有一定的耐久性的木材。木材可以经加热注入防腐剂处理而具有较好的防腐性。如果座椅的座面和靠背部分主要是由木质的长板条构成，那么这些板条应该多生产一些以备将来维修时更换（图7-3）。

图 7-3　木质休闲座椅

（2）石材。一般以花岗岩、大理石及普通的坚硬石材为主。石材不仅质地坚实，而且耐腐蚀，抗冲击性强，装饰效果好。石材由于加工技术有限，一般以方形为主，不设靠背。石材的选择按照设置场所、使用的不同而异（图 7-4）。

图 7-4　石材休闲座椅

（3）混凝土。混凝土坚固、经济、加工方便，在公共座椅中得到普遍应用。但是混凝土吸水性强，触感粗超，容易风化，因此经常与其他材料配合使用。如与砂石渗合磨光，形成平滑的座面等（图 7-5）。

图 7-5　混凝土休闲座椅

77

（4）金属材料。在公共座椅使用的金属材料中，多是钢铁和铝材，其中尤以钢铁居多。钢铁具有良好的物理、机械特性、资源丰富、价格低廉、工艺性能好。以公共座椅为代表的环境休息设施虽然大量使用钢铁，但是对于材料性能的要求并不过高，为此经常使用的钢铁材料仍以生铁为主。但由于金属热传导性高，冬夏时节，表面温度难以适应座面要求。随着加工技术的进步，可以将金属制成网状结构，再与小径的钢管配合起来，自有一种轻巧飘逸的感觉（图7-6）。

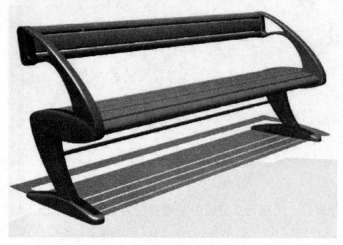

图7-6　金属休闲座椅

（5）陶瓷材料。陶瓷材料表面光滑，耐腐蚀，又具有一定的硬度，适于制作公共座椅，特别是在适宜环境的衬托下，更显其古拙纯真的特点。但是由于烧制过程中容易变形，难以制作较复杂的形态（图7-7）。

图7-7　陶瓷休闲座椅

（6）塑料。塑料具有可塑性和可调性，可以使用较简单的成型工艺制成复杂的制品，并可在生产过程中通过改变工艺、变换配方等方法来调整塑料的各种性能，以满足不同需要。另外，塑料还具有重量轻、不导电、耐腐蚀、传热性低、色彩丰富等优点，适合应用于公共座椅等休息设施，特别适宜作为可移动座椅的材料（图7-8）。

2. 座椅的连接设计

座椅的连接设计更是需要巧思妙想。一方面，过于坚固的结构虽然可以使座椅更为牢固和耐用，但同时也增加了拆卸维修和更换零部件的时间与精力；另一方面，如果全部使用螺栓等固件来做各个部位的连接件，虽然简化了拆装却可能使得座椅的维修更加频繁，甚至容易引起人为破坏，在两者之间要取的完美的平衡需要设计师付出更多的努力。

图 7-8　塑料休闲座椅

3. 座椅的表面处理

座椅的表面处理也是非常重要的一环，它关系到座椅的耐腐蚀和抗腐蚀的能力。除了传统的喷漆工艺外，还可以选择其他的解决方法，如使用铝合金材料或镀锌钢板；或对木材进行染色来取代喷漆；或直接使用混凝土材料（主要是用作座椅的支撑部件）。

7.2　公共照明灯具设计

光照本身具有透射、反射、折射、散射等特性，同时具有方向感，在特定的空间能呈现多种多样的照明效果，如强与弱、明与暗、凝重与轻柔、苍白与多层次等，这些不同表现力的照明赋予人们不同的心理感受。室外环境的照明不仅需要考虑不同环境对照明方式的要求，还要考虑灯具的审美效果，即灯具本身的造型。灯柱的布局常具有空间的界定、限制、引导作用，与环境空间整体的视觉效果共同构成一个光环境。欧洲有些小城市的街灯光色柔和迷人，营造一种富有诗意的浪漫氛围。城市照明可分为隐蔽照明和表露照明。隐蔽照明是把光源隐藏起来，利用反光映照出物体的轮廓，如建筑物的外表造型变化、艺术小品光照下的特殊效果等；表露照明主要以灯具的欣赏性为主，以不同的单体或群体组合形式艺术化的灯具雕塑来美化城市的上空，晚间又能显示独特的光照效果。这种照明设施在设计时应注意：①掌握空间的形态特征，从不同角度映射，创造出最诱人的效果；②光源布置应主次分明，有明暗的层次变化；③应考虑多种灯具组合的映射效果，同时还要考虑投光器的位置造成的不同光影效果，以使行人在远处能看清空间形态，近处能看清环境细部。

7.2.1　道路照明

街道照明由实用性逐渐向艺术与实用并重发展。街道照明要考虑光的亮度与色彩、光照的角度、灯具的位置和独特的造型等，即使在白天灯具造型也会成为城市上空不可缺少的点缀要素之一。

道路灯一般从上向下照射以照亮路面，使得地面环境在夜间仍然显得明亮，行人夜晚行走也很安全。其基本要求是对路面的均匀照射，不要引起黑暗死角，为取得这种效果，光源间必须有适当和准确的联系，尤其在拐弯地段更要注意照明的基本要求。街道的照明形式有：

1. 柱杆式照明

适宜高度为 3.6m 左右。这类照明与路面的关系较密切，损光性小，经济实用且使用灵活，可根据道路类型、道路宽度的变化进行配置，如单侧、双侧对称、双侧交叉等不同方式的配置，形成独特的照明环境。

2. 悬臂式照明

安装高度为7m以上。分单侧、双侧对称、多侧式方式配置，光效率要求高，应考虑路灯的间距、灯源的采用及配置方式。不同道路有不同的照明要求，应很好地加以控制。严格按照各类道路类型及有关照明标准执行，同时加强道路的方向感和引导性、对街道安全、街道特色的塑造和人们室外空间质量的改善均有重要意义（图7-9～图7-10）。

图7-9　道路照明-1

图7-10　道路照明-2

7.2.2　环境照明

1. 广场照明

广场是城市的象征，展现了城市的风貌。现代城市的广场形式越来越多，其文化内涵越来越受到人们的关注与重视。照明作为广场不可忽视的环境要素，不应以单一的方式运用而应使各种照明形式互相配合。根据环境特质、空间结构、地形地貌、植物的尺度、质感等要素，以多样化的局部照明形成整体性的照明效果，更好地烘托广场的气氛，塑造广场特有的个性。如天津银河广场的灯光设计，采用白色、金黄色光源和东西侧光帘幕灯光烘托出天津博物馆，宛如一只待飞的银色天鹅，给人凝重和美感。绿地广场中的庭园式灯饰和绿色泛光照明结合，与中心广场、喷泉广场中的灯光一起，形成五光十色、流光溢彩的立体灯光群的光环境，使银河广场成为天津市中心一颗灿烂的明珠。

广场照明形式一般有：

（1）高杆柱照明：适合于照射绿地和人们聚集的区域，应选用显色性良好的光源照明。

（2）中杆柱照明：照射广场周围的环境，一般是扩散型灯具的泛光照明，以白炽灯的温暖色光为宜，创造一种亲切的氛围。

（3）低杆及脚灯式照明：应用于绿化区域、坡道、台阶处，设置90cm以下的低杆灯、光源灯的光源低、扩散少，易于营造柔和、安定的环境，使植物树丛产生明暗相同的光照效果，别具一番情趣。

（4）环境小品的装饰性照明：主要起衬托、装点环境和渲染气氛的作用。如在广场中的雕塑、喷泉、纪念碑等环境设施周围给予恰当的投光照明，尤其以隐藏式照明为主，以光照映照出物体轮廓，有力地表现其文化特质。以不同的单体形式或群体组合，营造夜间独特的灯光景观，这些灯具在白天以艺术小品形式出现在城市的环境中。

在考虑投光照明时还应考虑被照射物表面材质的反射率及与周围环境产生的明暗关系，无论采用何种照明形式，公共照明都需注意：①对场地性质的把握。②对动态的人员、车辆活动、静态的地面的铺装与绿化的把握。③对建筑和所有被照物体的研究，以及与周围景物的协调关系（图 7-11）。

图 7-11　广场照明

2. 休闲环境照明

现代城市中的自然景观越来越少，城市居民已经厌倦城市的喧哗与拥挤，想投入大自然的怀抱，享受大自然的阳光、空气与鲜花。人们注重在城市的人工景观中重现大自然的美景，运用象征、融汇、借景等手段，利用点、线、面的空间布局塑造自然休闲的活动区域，在有限的空间中让人领略大自然给人带来的清新愉悦的美感，为人们的户外活动创造良好的休闲环境和文化氛围。园林休闲区的照明设施与其他设施一起，如绿地、花坛、喷泉、壁雕、服务设施等，共同组成尺度适宜的小环境，为人们提供休息、娱乐的场所、不仅为人们提供照明、同时还满足人们精神的需要。

园林休闲区的照明应根据不同功能配合不同的照明方式，重点景观重点规划，偏僻角落的照明也要予以重视，以体现整体的照明氛围，如绿地的照明宜采用乘灯、荧光灯等泛光照明，保持夜间绿地的翠绿与清新。合理、科学地组织光源也尤为重要，如表现树木时应采用低置灯光和远处灯光的结合。重点景区可以利用灯具配合泛光照明，并考虑灯具的照明特征以及灯具对整个环境空间形态上的影响，灯的照度、亮度与光的方向都要根据生态空间进行布局，以免过多地照明形成"光污染"。灯杆的高度应和树木的高度结合考虑，使用灯光更富有表现力，以提升园林空间的品质。

7.2.3　装饰照明

1. 氛围照明的渲染

商业街是人们购物、娱乐等的重要场所，也是社会信息传递最敏感的地方。商业街的照明随着科技的发展、社会的进步不断得到创新，它以繁荣商业文化为前提来表现社会的活力，同时也保证了人们的需求，也提高了环境的美感。商业街的照明对光源的选择很讲究，因为它涉及商业建筑、公共设施、商店招牌、广告宣传等的照明。在某些传统的商业环境中，有些现代的公共设施常与周围的环境不协调，这就需要在形态设计中充分考虑环境因素，有些现代的公共设施常与周围的环境不协调，这就需要在形态设计中充分考虑环境因素，无论是传统风格还是简洁朴实的现代风格，都需使其融入环境、避免喧宾夺主。如路灯等照明设施，对周围环境具有较大影响，这就更需优化设计以减少对环境的破坏，将电线埋入地下、电杆的形式处理尽量采用木材、铸铁等材料、精工细琢以与环境和谐。对于一些已过时但仍可利用，与周围环境密不可分，又有较高文化价值的公共设施应予以保留，当人们解读它们时，便会在怀旧中得到某种程度的认同。根据商业街的传统特色和区域特点，选择与商业街和谐的照度、色温度、显色性较高的光源，营造特定的人文氛围是商业街照明应注意的。商业街的照明形式有三种：

（1）固定式、悬挂式照明：固定式灯具采用一定的形状、一定的距离；悬挂式灯具多用于建筑的四角，显示建筑的轮廓和增加建筑的装饰性以构成整体的空间氛围（图7-12）。

图7-12　建筑轮廓照明

（2）投光照明：应用于建筑表面的有一定角度的照明，以呈现建筑表面凹凸立面的变化，并给建筑群体一定的色彩，形成统一的色调，有效突显夜间建筑的美感，渲染商业环境的氛围。投光需要安放灯罩或格栅以避免眩光，一般放置在比较隐藏的位置（图7-13）。

图7-13　投光照明

（3）霓虹灯和挂灯式的装饰性照明：各种霓虹灯沿建筑轮廓边缘或商店招牌、广告牌边缘进行设置，可突出建筑形体，也可以突显商业信息，营造热烈、活泼的夜环境、光照会使商店内外的各种物品闪烁出一层光亮的效果，显得生机勃勃（图7-14）。

2. 照明灯具的造型

灯具照明指在环境空间中利用灯具的造型、色彩和组合，以欣赏灯具为主的照明方式。灯具照明能改善环境效果，强化夜间视觉景观、创造点状的光环境。照明灯具设计应注意以下两方面事项：

（1）合理布置：灯具照明设计中合理布置灯具的位置十分重要。灯具在夜间会成为唯一的视觉焦点，其位置决定了夜间整个环境、形态的布局形式。例如，上海杨浦、南浦大桥、黄浦江大桥、均采用点状照明形式，由于位置适合、间距相宜、远看如璀璨明珠，在夜间将大桥雄姿勾勒点缀得十分壮观、神采飞扬。

图 7-14　招牌照明

（2）灯具的表现力：灯具本身应具备较强的表现力，表现在造型上可以和水池、雕塑、建筑和景观等紧密结合。1977 年，以贝律铭建筑师事务所为首的景观设计公司及照明顾问公司组成的设计师们，为美国丹佛十六街进行设计，核心内容为地面、植栽及灯光。这是一次整体性的策划实施、三角状水母灯在铝罩内部设有上下照明的石英灯，不单照亮了地面也往上照亮了树木；围绕铝罩的类似圣诞树的小灯，被罩在透明圆罩内；还有安装红绿灯的三角铁盒子。这是一种集功能、安全和节庆为一体的灯具设计，更有意味的是，铝罩内下照明的光经过三角铁盒子，在地面形成的三角阴影、构成虚实相生、境界错综、明暗相宜、适人心怀的照明环境（图 7-15）。

图 7-15　三角状水母灯

7.3　公交车站、地铁车站设计

公交车站、地铁车站的候车廊与候车亭是城市文明，城市经济发展的一面镜子，有人说评价一个城市的文明与经济发展水平，只要看看人们的候车环境即可。作为公交系统的节点设施，保障公共汽车的顺利停靠，人们轻松地停留以及保证人们上下车的安全很是关键。由于乘客的流动性大，在候车廊及候车亭停留时间不长，改善候车环境，强调人性化的设计，创造方便、简洁、快捷的环境非常重要。目前的公共候车环境还存在许多明显的不足，如遮风避雨设施的不足，座椅的缺乏、语音报站或电子显示系统的缺乏等。

7.3.1 候车廊与候车亭功能的设计要求

候车廊与候车亭的功能主要是遮风挡雨，无论欧美国家还是亚洲国家都将这一功能列为第一位。候车廊与候车亭顾名思义是乘客等候公共汽车的地方，因此要划分和预留其应有的空间范围，有条件应增设一些供乘客短时间休息的公共座椅。这类候车廊与候车亭的座椅一般有坐与靠之分，所谓座椅即可以完全坐下的椅子，而靠椅是可以站立倚靠，方便候车人作短时间休息。这类椅子体量较小，适宜空间较小，一般在人流较多的候车亭使用。路线标识是候车环境不可缺少的功能，每个候车廊与候车亭除有自己的站和过往公交车在本站停靠的车次标牌外，还要有车次上行与下行的站名、目的地和发车始末时间，标识应十分清楚、明了。还可以在路线标识处增设电子信息站牌、自动报站系统、时钟等，向候车人预告即将到站的车次与时间，十分方便。同时还应铺设盲道以满足残疾人的需求。

7.3.2 候车廊与候车亭造型的设计要求

候车廊与候车亭的设计在造型、材质及色彩的运用上要注意易识别性，按交通站点要求设置，并处理好与城市、区域特色与个性的关系，还要保持与其他设施之间形成合理布局。由于候车廊或候车亭顶部的遮篷面积较大对环境有很大影响，所以造型应力求简洁大方并富有现代感，同时还要关注其俯视效果与夜间的景观效果，使其最大程度地与所在地环境融合。候车廊与候车亭一般采用耐腐蚀、耐破损、易于清洗的材料、大多以不锈钢、铝材、玻璃、有机玻璃等为主。候车亭的设计还应采用环保、节能的材料和能源，如太阳能低压供电系统等，以顺应国际上对公共设施环保的观念。所设候车廊的长度一般不超过标准车长的1.5~2倍，宽度不少于1.2m。在满足功能的前提下，造型独特的候车廊与候车亭能够成为环境的亮点，非常引人注目。在公共交通枢纽中心、始发站等还需设售货亭等其他配套设施以方便乘客（图7-16）。

图7-16 公交车站

候车廊与候车亭的造型主要分为两类：

1. 半封闭式

主要特点是从一侧或两侧的顶棚到背墙均采用隔离板与外界分隔。在隔离板面上可配以公益广告或海报，增加环境的繁华与文化的气息，或附上交通方位图，方便乘客确定自己的位置。还可以采用通透的玻璃，使乘客能清楚看到四周环境的变化，但又不受风雨的干扰，或者中间设有隔断、乘客能自由穿行，多样化的板面产生多样化的设置，丰富候车环境。面向车道的前侧空间一般不设隔板，方便乘客上下车及查看车次。小型的候车亭内设有休息座椅、车站牌以及其他的公共设施、空间划分很明确，这种类型在欧洲多见，除体现其防风挡雨的功能外，更体现了其人性化的设计。

2. 顶棚式

主要特点是车亭四周通透、仅有顶棚和支撑顶棚的立柱，立柱之间设有座椅或广告牌。这类候车亭的优点是通透方便查看，尤其是在上下班人流多、车次多、街道窄的情况下，这类候车环境较为适用（图7-17）。

图 7-17　地铁车站

7.4　公共卫生间设计

公共卫生间设施一直是社会大众关注的热点问题，通过对不同性别、年纪、职业的使用者在使用公共厕所过程中遇到的实际问题进行分析，总结得出目前的城市公共厕所外观不够醒目，以致人们要方便时极难寻找；数量较少，不能满足人们的需求；卫生状况差，脏乱的厕内空间与无人打扫的洁具，极大地影响了人们使用公共厕所的舒适程度；功能性单一，缺少休息、化妆、设备存储等功能；人性化设计不足，配套服务设施不完善，特别是针对特殊人群（残疾人、孕妇、老人、婴幼童等）的使用设施设计还不到位；室内卫生洁具的细节处理也还做的不够深入等问题。

针对这些现状问题，开展城市公共厕所优化设计就显的极为重要。放眼世界，美国、西欧、日本等发达国家都有各自的厕所文化，并且在 2001 年于新加坡成立了世界厕所组织，致力于全球的厕所和公共卫生的发展问题，至今已在十多个国家和地区成功举办。通过每年举办一次的厕所峰会，将难登大雅之堂的公共厕所问题，发展成为全世界共同关注的主流议题。2011 年在我国海南举行的世界厕所峰会与厕所设计大赛，加速促进了我国社会大众对世界先进厕所文化的认知，也为广大建设者提供了一系列优化的设计方法。

7.4.1　外观设计

传统的城市公共厕所在外形设计上一般都是中规中矩，辨识度不高且缺乏美感。如果能将城市公共厕所设计成有个性的公共艺术空间，一方面方便人们识别，另一方面，艺术美感强的厕所也能增加人们如厕的舒适度和愉悦感，使公共厕所不仅仅只是满足人们的功能需要，而且能够以其艺术感的存在提升自身乃至整个城市的形象。蛋壳公共厕所见图 7-18，可爱的外观设计完全突破了人们对公共厕所必须四四方方的刻板印象，其原型来源于鸡蛋，随后结合空间想象力以及结构的考虑，分成两部分。好似破裂的蛋壳，将较大的空间作为主厕，小部分作为洗手间。蘑菇公共厕所见图 7-19，通过外观改造设计，节约现代都市建设中紧缺的土地资源。它将传统公共厕所的使用空间移到 2 楼，1 楼的空闲区域方便车辆停靠，同时外观造型十分新颖。魔方公共厕所见图 7-20，利用绚丽的魔方外观色彩设计使其具有较强的视觉识别性，在高楼林立的城市空间中极其方便人们寻找，也为现代都市增光添彩。公交站台公共厕所见图 7-21，将公共厕所与公交站台相结合，可以使人们在紧急情况下就近解决方便问题。同时还应在城市公共厕所附近的各个路口设置醒目的指示路牌，方便人们寻找。公共厕所指示牌见图 7-22，设计出远、中、近处 3 种同高度的公共厕所指示牌，方便人们尽快找到公共厕所。

图 7-18　公共厕所-1

图 7-19　公共厕所-2

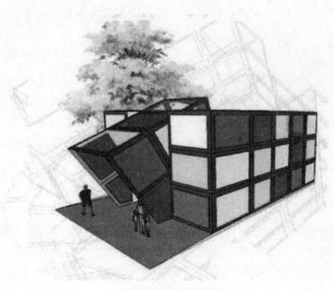

图 7-20　公共厕所-3

图 7-21　公共厕所-4

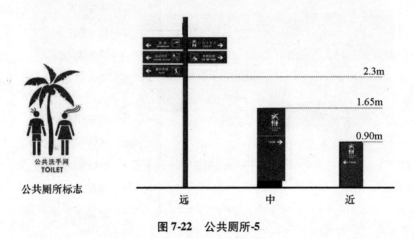

公共厕所标志

图 7-22　公共厕所-5

7.4.2　卫生洁具设计

城市公共厕所的人流量很大，让人愉悦的外观设计只是走出了公共厕所设计的第一步，人们更为关注的是它的卫生状况。除了管理部门做好清洁卫生工作，设计者也应该重点考虑如何让公共厕所变得更加干净卫生。事实上，卫生洁具设计上的细节改变就可以达到这样的功效。现在很多公共厕所已经做到了这一点，为了降低交叉感染的几率，最大限度的减少直接接触，洗手池的出水系统和蹲便器的冲水系统，淘汰了直接用手接触的龙头或者按钮，采用感应式或者脚踏式的设计。设计者还可以在洁具设计的其他细节方面进行更多改良的探索。节水型清洁小便池见图 7-23，将洗手池与小便器进行了一体化设

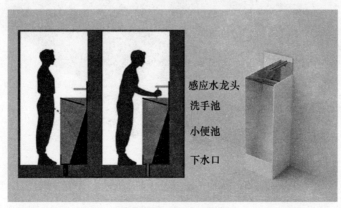

图 7-23　公共厕所-6

计，小便器上方即是洗手池，两者形成一个有机整体。使用者小便后直接通过上面的感应水龙头洗手，洗手的水顺着倾斜的玻璃板流到下面的小便池中，洗手的水承担了便器的冲水功能。除此之外，这款设计还有其他人性化的小细节。贴心的在小便池两侧设立挡板，防止小便溅到地面上。在洗手池上方设立侧挡板，防止水花四溅。通过这样一些细节的设计，就可以达到卫生舒适和节约环保的双重效果。

7.4.3 多功能分区设计

一个功能齐全的城市公共厕所必须从人性化的角度，考虑到不同人群的需求，才能设计好内部的各个使用空间。公共厕所系统架构见图7-24，多功能城市公共厕所的系统构架应含有男女厕所间、第三卫生间、设备间、管理间等设施。这些区域都应该进行合理布局，才能发挥公共厕所的最大使用效率。多功能公共厕所见图7-25，公共厕所空间设计上以男女厕所间为核心，其中男厕所间内应设立小便池区、

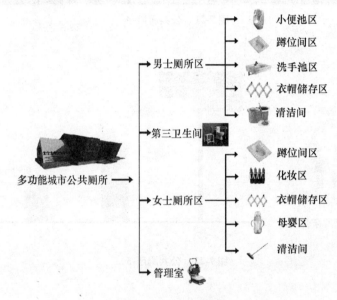

图 7-24　公共厕所-7

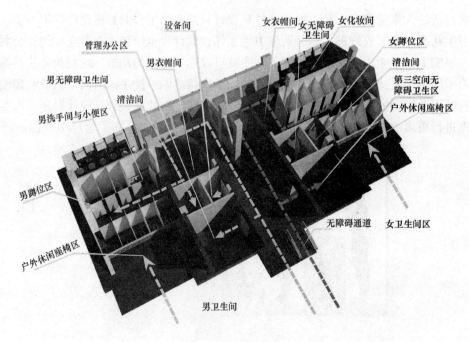

图 7-25　公共厕所-8

大便蹲位区、无障碍坐便区、洗手区、男儿童坐便区；女厕所间内应设立蹲位区、无障碍坐便区、化妆区、婴儿护理区、女儿童坐便区。在地理条件充裕的情况下，还应设计第三卫生间方便特殊人群使用。如还能有多的地方还可布置设备间、管理室等。进行多功能城市公共厕所设计也体现平等尊重的人文主义精神，即对特殊人群和各个特定社会群体的特殊关怀，全面尊重不同年龄、不同身份、不同文化、不同性别、不同生理条件使用者的人格和心理需求。如能将这样一个功能完善的公共厕所安置在城市的购物中心、公园广场、车站港口等人口流量大，人口密度高的区域，人们再也不会因要上厕所而排队，同时又能解决了不同人群的各自需求。

7.4.4　无障碍设施设计

城市公共厕所中的无障碍设施设计旨在为老弱病残孕群体如厕提供便利，根据对特殊使用人群实地调研分析后，得出所需的无障碍设施。其中无障碍通道设计是将入厕口的台阶分隔一部分，将其制作成坡道，在坡道的两侧设立残疾人士专用栏杆，方便残疾人士通行，无障碍通道设计案例见图 7-26。无障碍卫生间设计是将男女卫生间内各做一个面积较大的蹲位间，将蹲位器更换为专用坐便器，并在坐便器的两侧设立扶手架方便老弱病残孕群体使用，无障碍卫生间设计案例见图 7-26。对于腿脚不方便的男士也可设计一个专门进行小便的无障碍小便池，在使用时只需将小便池上方的扶手拉伸下来支撑双臂，进行小便，无障碍小便池设计案例见图 7-26。第三卫生间一般设置在面积比较大的公共厕所中，它布置在公共厕所的大门入口处，方便老弱病残孕人士与看护人员一同进入。第三卫生间单独形成一个空间，不受外界干扰。室内地面应选用防滑地砖，设置专用坐便器，专用洗手台，专用栏杆、支架，并且室内具有良好的采光、通风设施，第三卫生间设计案例见图 7-26。在公共厕所中设计合适的婴幼儿专用空间，由于婴幼儿尚未形成独立的生活自理能力，设立一处婴儿护理区是十分重要的。同时在婴幼儿专用空间内配置护理镜、婴儿护理池、毛巾架、储物架等，方便给婴儿清洗和换尿布，女性卫生间婴儿护理台设计案例见图 7-27。也可以在女性蹲位间中设计入墙式的更换尿布的拉板，拉板上最好设置固定婴儿的扣带保护婴儿的安全。这样母子就能同时进入厕所。如果有条件还可以设置专门的区域作为哺乳区，方便妈妈给婴儿喂奶。在公共厕所中专门设计一个婴幼儿使用专区，全面关注母亲与幼儿的生理和心理需求，充分尊重母子在公共厕所使用时的感受。这些设计都能为老弱病残孕等人士使用提供便利，对他们的心理给予了足够的尊重和关爱，充分体现了人文关爱的真谛，让生活在城市中特殊人群真正体会到入厕带来的快乐。

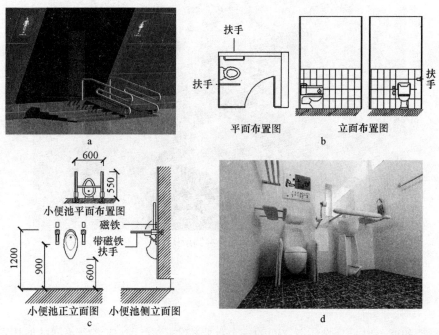

图 7-26　公共厕所-9

图 7-27　公共厕所-10

7.4.5　细致化设计

完备的配套设施对城市公共厕所而言也是非常重要的部分。现今人们的生活节奏日益加快，当人们进入到公共厕所中又发现缺少完备的服务设施，这会给使用者带来不便与尴尬。一个服务设施细致完善的公共厕所设计会为人们提供大量的便利。如布置：纸巾架，放置物品的挂钩或者置物架，特殊人群使用的各种扶手、支架，洗完手后的干手设置或者放置擦手纸巾的入墙式纸巾盒、洗手池配置的休息座椅等细微的配套设计，都会让使用者感受到设计者以人为本的人性关怀，提高城市公共厕所的使用舒适度。蹲位间储物架设计案例见图7-28，在公共厕所的每个蹲位间中设计一个置物架，方便人们存放自己的私人物品，为使用者提供一个安心便利的入厕空间。

图 7-28　公共厕所-11

7.5　护栏、台阶设计

护栏具有阻挡功能，也是分隔环境空间的一个重要构件。设计时应结合不同的使用场所，首先要考虑栏杆的强度、稳定性和耐久性；其次要考虑栏杆的造型美，突出其功能性和装饰性。常用材料有铸铁、铝合金、不锈钢、木材、混凝土等。护杆高度可分为：矮护栏杆（30～40cm）、分隔栏杆（90cm）、防护栏杆（120cm）（图7-29）。

图 7-29　护栏

扶手架一般设置在坡道、台阶两侧，高度为90cm左右，室外踏步级数超过了3级时必须设置扶手，以方便老人和残疾人士使用。

台阶在户外环境设计中起到在不同高度之间的连接和引导视线的作用，可丰富空间的层次感，尤其是高差较大的台阶附近应设照明装置，人员集中的场所可在台阶踏步上安装地灯。过水台阶和跌流台阶的阶高可依据水流效果确定，同时也要考虑老年人及儿童进入时的防滑处理（图7-30）。

图 7-30　台阶

挡土墙的形式根据户外环境用地的实际情况经过结构设计后确定。从结构形式上分为重力式、半重力式、悬臂式和扶臂式挡土墙。从形态上分有直墙式和坡墙式。挡土墙的外观质感由用材和加工工艺而定，它将直接影响挡墙的景观效果。

第8章 道路设施设计

本章详细阐述了道路设施设计的各个组成内容，依次介绍了机动车道设计、非机动车道设计、商业步行街设计、无障碍通道设计、街道停车场设计等，希望能给读者提供系统的理论知识指导。

8.1 机动车道设计

8.1.1 机动车道横断面的规划要求

城市机动车道横断面规划宽度称为路幅宽度，即规划的道路用地总宽度，由车行道、人行道、分隔带和绿地等部分组成。

1. 车道宽度

一般城市主干路小型车车道宽度选用2.5m；大型车道或混合行驶车道选用3.75m；支路车道最窄不宜小于3m，公共路边停靠车辆的车道宽度为2.5~3.0m。车道宽度取决于通行车辆的车身宽度和车辆行驶时横向的必要安全距离，即车辆在行驶时摆动、偏移的宽度，以及车身、与相邻车道或人行道边缘必要的安全间隙，通车速度、路面质量、驾驶技术、交通秩序有关，可取为1.0~1.4m。

2. 一条车道的通行能力

城市道路一条车道的小汽车理论通行能力为每车道1800辆/h。靠近中线的车道，通行能力最大，右侧同向车道通行能力将依次有所折减，最右侧车道的通行能力最小。假定最靠中线的一条车道的通行能力为1，则同侧右方向第二条车道通行能力的折减系数约为0.80~0.89，第三条车道的折减系数约为0.65~0.78，第四条约为0.50~0.65。

3. 机动车车行道宽度的确定

机动车车行道的宽度是各机动车道宽度的总和。注意的问题：

（1）车道宽度的相互调剂与相互搭配：对于双车道多用7.5~8.0m；4车道用13~15m；6车道用19~22m。

（2）道路两个方向的车道数一般不宜超过4~6条，过多会引起行车紊乱，行人过路不便和驾驶司机操作。

（3）技术规范规定两块板道路的单向机动车车道数不得少于2条。一般行驶公交车辆的一块板为次干路，其单向行车道的最小宽度应能停靠一辆公共汽车，通行一辆大型汽车，再考虑适当自行车道宽度即可。

8.1.2 机动车道横断面形式及应用

1. 断面形式

（1）一板二带式：一条车道两条绿化带，多用于"钟摆式"交通路段及生活性道路（图8-1）。

图8-1　一板两带式

（2）二板三带式：两条车道三条绿化带，适用于机动车辆多、夜间交通量多、车速要求高、非机动车类型较单纯、且数量不多的联系远郊区间交通的入城干道（图 8-2）。

图 8-2　两板三带式

（3）三板四带式：三条车道四条绿化带，适用于机动车辆大、车速要求高、非机动车多、道路红线较宽的交通干道（图 8-3）。

图 8-3　三板四带式

（4）四板五带式：四条车道五条绿化带，比较少见，占地较大，主要使用在城市快速路、城市景观干道（图 8-4）。

图 8-4　四板五带式

2. 城市道路横断面的选择与组合基本原则

城市道路横断面的选择与组合主要取决于道路的性质、等级和功能要求，同时还要综合考虑环境和工程设施等方面的要求。

8.1.3　机动车道断面设计的要点

1. 设计要求

（1）线型平顺，设计坡度平缓，坡段较长，起伏不宜频繁，在转坡处以较大半径的竖曲线衔接。

（2）路基稳定，土方基本平衡。

（3）尽可能与相交的道路、广场和沿路建筑物的出入口有平顺的衔接。

（4）道路及两侧街坊的排水良好。道路路缘石顶面应低于街坊地面标高及道路两侧建筑物的地坪标高。

（5）考虑沿线各种控制点的标高和坡度的要求。包括如相交道路的中心线标高、重要的工厂建筑物的标高、与铁路交叉点的标高、河岸坡度和河流最高水位、桥涵立交的标高等。

2. 设计要点

（1）最大纵坡：

考虑各种车辆的动力性能、道路等级、自然条件等，在混行的道路上，应以非机动车的爬坡能力确定道路的最大纵坡。自行车道路的最大纵坡以 2.5% 为宜。等级高的道路设计车速高，需要尽量采用平缓的纵坡。最大纵坡建议值：快速交通干道设计车速为大于 40 ~ 60km/h，最大纵坡为 3% ~ 4%；主要及一般交通干道设计车速为小于 40 ~ 60km/h，最大纵坡为 3% ~ 4%；区干道设计车速 30 ~ 40km/h，最大纵坡为 4% ~ 6%；支路设计车速为 20 ~ 25km/h，最大纵坡为 7% ~ 8%。对于平原城市，机动车道路的最大纵坡宜控制在 5% 以下。

（2）最小纵坡：

最小纵坡度与雨量大小、路面种类有关。路面越粗糙，最小纵坡越大，反之则可小些。如水泥混凝土路面、黑色路面、碎石路面等道路最小纵坡度应小于 0.3%，在有困难时可大于 0.3%。特殊困难路段，纵坡度小于 0.2% 时，应采取设锯齿形街沟或其他排水措施。

（3）坡道长度限制：

道路坡道的长度与道路的等级要求和车辆的爬坡能力有关，不宜太长，但也不宜太短，一般最小长度应不小于相邻竖曲线切线长度之和。

3. 机动车道路排水要求

城市机动车道路形式有：明式、暗式、混合式。雨水管网布置原则为利用地形，分区就近排入水体，沿排水区低处布置，合理选择与布置出水口（图 8-5）。

图 8-5　机动车道鸟瞰图

8.2　非机动车道设计

8.2.1　自行车道设计

1. 自行车道的宽度

一条自行车道的宽度为 1.5m，两条自行车道宽度为 2.5m，三条自行车道的宽度为 3.5m，每增加一条车道宽度增加 1m。两辆自行车与 1 辆公共汽车或无轨电车的停站宽度为 5.5m。非机动车道要考虑最宽的车辆有超车的条件。考虑将来可能改为行驶机动车辆，则以 6.0~7.0m 更妥。

2. 自行车道的通行能力

路面标线划分机动车道与非机动车道时，一条自行车道的通行能力，规范推荐值为 800~1000 辆/h。

3. 非机动车道在横断面上的布置

机动车道一般沿道路两侧对称布置在机动车道和人行道之间，为保证非机动车的安全及提高机动车车速，与机动车道之间划线或设分隔带分隔（图 8-6）。

8.2.2　人行道设计

人行道的主要功能是为满足步行交通的需要，同时也用来布置道路附属设施（如杆管线、邮筒、清洁箱与交通标志等）和绿化，有时还作为拓宽车行道的备用地。

图 8-6 自行车道

1. 人行道宽度的确定方法

1 个步行通道的宽度，一般需要 0.75m，在火车站和大型商店附近及全市干道上则需要 0.9m。通过能力一般为 800~1000 人/h；城市主干道上，单侧人行道步行通道条数，一般不宜少于 6 条，次干道不宜少于 4 条，住宅区不宜少于 2 条。

人行道宽度要考虑埋设电力线、电信线以及下水管 3 种基本管线所需要的最小宽度（4.5m），加上绿化和路灯等最小占地（1.5m），共需要 6.0m 左右。

2. 人行道的布置

人行道通常在车行道两侧对称并等宽布置。在受到地形限制或有其他特殊情况时，不一定要对称等宽，可按其具体情况做灵活处理。人行道一般高于车行道 10~20cm，一般采用直线式横坡，向缘石方向倾斜。横坡坡度一般在 0.3%~3% 范围内选择（图 8-7）。

图 8-7 人行道

8.2.3 道路绿化设计

宽度大于40m的滨河路或主干路上，当交通条件许可时，可考虑沿道路两侧或一侧成行的种树，布置成有一定宽度的林荫道（最小宽度为8m，多采用8～15m）。

行道树树种的选择原则是：树干挺直、树形美观、夏日遮阳、耐修剪，抗病虫害、风灾及有害气体等。

1. 行道树的占地宽度

行道树的最小布置宽度应以保证树种生长的需要为准，一般为1.5m。道路分隔带兼作公共车辆停靠站台或供行人过路临时驻足之用时，最好宽2m以上。绿化带的最大宽度取决于可利用的路幅宽度，除为了保留备用地外，一般绿化宽度宜为红线宽度的15%～30%，路幅窄的取低限，宽的取高限。人行道绿化有树穴、绿带两种形式，绿带一般每侧1.5～4.5m，长度以50～100m为宜，树穴一般为1.25m×1.25m。

2. 行道树的高度

道路的中央分隔带或机动车与非机动车分隔带上布置绿化，应注意树木高度不得影响驾驶员的视线，高度一般在1m以下。人行道上的行道树分枝点高度应为3.5m以上，高度不限，但要注意不影响道路照明（图8-8）。

图8-8　道路绿化效果图

8.3　商业步行街道设计

商业步行街道设计是街道路面、街道设施和周围环境的组合体，也就是人们从步行商业街上看到的一切东西，包括铺地、标志性景观（如雕塑、喷泉）、建筑立面、橱窗、广告店招、游乐设施（空间足够时设置）、街道小品、街道照明、植物配置和特殊的街头艺术表演等景观要素。步行商业街设计就是将所有的景观要素巧妙和谐地组织起来的一种综合艺术。

8.3.1　商业步行街道设计的内容

商业步行街主要是为人们提供步行、休息、社交、聚会的场所，增进人际交流和地域认同感，有利于培养居民一种维护、关心市容的自觉性；促进城市社区经济繁荣，减少空气和视觉的污染、交通噪声，并使建筑环境更富有人性味；可减少车辆，并减轻汽车对环境所产生的压力，减少事故。

8.3.2　设计的因素

1. 步行心理

首先，不同的使用者由于使用目的的不同而对商业步行街也有着不同的要求。购物者可能会非常关注步行商业街道建筑立面、橱窗、广告店招等；休闲娱乐者主要关注的是游乐设施、休闲场所；旅游者可能更关注标志性景观、街道小品及特殊的艺术表演等。步行时，如果视觉环境和步行感受无变化会使人感到厌倦。而缺乏连续性的景观变化又会使人惊慌失措。在步行商业街设计时，要避免使用过长直线，过长的直线特别是在景观无变化处，易形成步行单调，步行者易疲乏。因此，景观设计时应考虑其适应性、多样性及复杂性。

2. 色彩及视觉感受

人对色彩有着很明显的心理反应：红、黄、绿、白能引起人们的注意力，提高视觉辨识能力，多用于标志、广告店招等，突出步行街的商业气氛。另外，绿色植物可缓解紧张情绪，花卉可带来愉快的感觉。步行街景观是动态的，弯曲的步行商业街会使步移景异，始终牵着人们的视线而展开。因此，步行商业街要有适宜的空间尺度；设计时，要运用空间的收放、转折、渗透来增加景观的层次、趣味性和连续性。

3. 空间形态

步行街一般为线性带状空间，其长度远远大于宽度，具有视觉的流动性。人在街道中漫步时，会进行各种各样不同形式的活动，时而漫步前进，时而停留观赏，时而休息静坐。因此它可分为运动空间和停滞空间。运动空间可用于：向某处前进、散步、游戏比赛、列队行进或其他集体活动等。停滞空间可用于：清坐、观察、读书、等候、议会、讨论、演说、集会、沉思、娱乐、仪式、饮食等。运动空间应相对平坦，无障碍物，宽阔，并能利用高差巧妙地向停滞空间过渡和联系。停滞空间可相应设置长椅、树木绿荫、观景台、车站、雨棚等。两者有完全独立的情况，也有浑然一体的情况。停滞空间如果不从运动空间中分离开布置，就不能创造真正的安全环境。运动空间容易给人流动和延续的感觉，而停滞空间往往给人以滞留和安全感，运动空间引导顾客向两个方向流动，不宜使用者停留和汇集。

4. 组织艺术

人们不能孤立地设计步行商业街景观要素，而应把它们看做有机联系的整体，将步行商业街与自然美结合起来，使那些具有特殊风景或历史的步行商业街成为具有功能完善、审美意蕴、教育意义的综合体。

8.3.3　设计的原则

1. 遵循人性化原则

商业步行街具有积极的空间性质，它们为城市空间的特殊要素，不仅是表现它的物理形态，而且普遍被看成是人们公共交往的场所，它的服务对象终究是人。街道的尺度、路面的铺装、小品的设备都应具有人情味。

2. 遵循生态化原则

生态化倾向是 21 世纪的主流。步行商业街中注重绿色环境的营造，通过对绿化的重视，有效地降低噪声和废气污染。

3. 善于利用和保护传统风貌

许多商业步行街都规划在有历史传统的街道中，那些久负盛名的老店，古色古香的传统建筑，犹如历史的画卷，会使步行商业街增色生辉。在这些地段设计步行商业街时，要注意保持原有风貌，不进行大规模的改造。如南京夫子庙商业街、天津古文化街等都属于这种性质。

4. 遵循可识别性原则

构成并识别环境是人的本能特征。可识别的环境可使人们增强对环境体验的深度，也给人心理上产生安全感。通过商业步行街空间的收放、界面的变化和标志的点缀可加强可识别性。

5. 创造轻松、宜人、舒适的环境氛围

商业步行街是人流相对集中的地方，人们出入商场，忙于购物和娱乐，很容易产生心理上的紧张情绪，通过自然环境的介入，可以大大缓解这种紧张情绪，创造轻松、宜人、舒适的环境氛围（图 8-9 ～图 8-10）。

图 8-9　滨水式商业步行街

图 8-10　未来式商业步行街

8.4　无障碍通道设计

8.4.1　无障碍通道

1. 坡道和升降平台

（1）建筑的入口、室内走道及室外人行通道的地面有高低差和有台阶时，必须设符合轮椅通行的坡道，在坡道和两级台阶以上的两侧应设扶手。

（2）供轮椅通行的坡道应设计成直线形，不应设计成弧线形和螺旋形。按照地面的高差程度，坡道可分为单跑式、双跑式和多跑式坡道。

（3）双跑式和多跑式坡道休息平台的深度不应小于 1.50m。在坡道起点及终点应留有深度不小于 1.50m 的轮椅缓冲地带。

（4）建筑入口的坡道宽度不应小于 1.20m，室内走道的坡道宽度不应小于 1.00m，室外道路的坡道宽度不应小于 1.50m。

（5）建筑入口及室内坡道的坡度不应大于 1/12，室外人行通路坡道的坡度不应大于 1/16。

（6）坡道高度的限定：

每段坡道的高度，其最大容许值应符合坡道高度与长度的限定。

坡度（高/长）：1/12、1/16、1/20

容许高度（m）：0.75、1.00、1.50

水平长度（m）：9.00、16.00、30.00。

（7）在坡道两侧和休息平台只设栏杆时，应在栏杆下方的地面上筑起 50mm 的安全挡台。

（8）供轮椅通行的坡道面层应平整，但不应光滑。也不应在坡面上加防滑条和做成台阶式的坡面。

（9）自动升降平台占地面积小，适用于改建、改造困难的地段。升降平台的净面积不应小于 1.50m×1.00m，平台应设栏板或栏杆及轮椅进出口和启动按钮。

2. 出入口

（1）大、中型公共建筑入口的内外应留有不小于 2.00m×2.00m 轮椅回旋面积，小型公共建筑入口内外应留有不小于 1.50m×1.50m 轮椅回旋面积。

（2）建筑入口设有避风阁，或在门厅、过厅设有两道门，在两道门扇开启后的净距不应小于 1.20m。

（3）供残疾人使用的门，首先应采用自动门和推拉门，其次是平开门。不应采用旋转门和力度大的弹簧门。

（4）轮椅通过自动门的有效通行净宽度不应小于 1.00m，通过推拉门与平开门的有效通行净宽度不应小于 0.80m。

（5）乘轮椅者开启推拉门或平开门时，在门把手一侧的墙面，应留有不小于 0.50m 的墙面宽度。

（6）乘轮椅者开启的门扇，应安装视线观察玻璃和横执把手及关门拉手，在门扇的下方宜安装高 0.35m 的护门板。

（7）大、中型公共建筑通过一辆轮椅的走道净宽度不应小于 1.50m。小型公共建筑通过一辆轮椅的走道净宽度不应小于 1.20m，在走道末端应设有 1.50m×1.50m 轮椅回旋面积。

（8）走道的地面应平整、不光滑、不积水和没有障碍物。走道内有台阶时，应设符合轮椅通行的坡道。

（9）当门扇向走道内开启时应设凹室，凹室的深度不应小于 0.90m，宽度不应小于 1.30m。

（10）观演建筑、交通建筑及医疗建筑走道的两侧，应设高 0.85m 的扶手。

（11）主要提供残疾人、老年人使用的走道：

a. 走道的宽度不应小于 1.80m。

b. 走道的两侧必须设高 0.85m 的扶手。

c. 走道的地面必须平整，并选用防滑和遇水也不滑的地面材料。

d. 在走道两侧墙面的下部，应设高 0.35m 的护墙板。

e. 走道转弯处的阳角应设计成圆弧墙面或 45°切角墙面。

f. 在走道一侧的地面，应设宽 0.40～0.60m 的盲道，盲道内边线距墙面 0.30m。

g. 走道内不应设置障碍物，走道的照度应达到 200lx。

3. 扶手

（1）在坡道、楼梯及超过两极台阶的两侧及电梯的周边三面应设扶手，扶手宜保持连贯。

（2）设一层扶手的高度为 0.85～0.90m，设二层扶手时，下层扶手的高度为 0.65m。

（3）坡道、楼梯、台阶的扶手在起点及终点处，应水平延伸 0.30m 以上。

（4）扶手的形状、规格及颜色要易于识别和抓握，扶手面积的尺寸应为 35～50mm，扶手内侧距墙面的净空为 40mm。

（5）扶手应选用优质木料或其他较好的材料，扶手必须安装坚固，应能承受身体的重量。

8.4.2　无障碍停车车位

（1）在建筑物出入口最近的地段和在停车场（楼）出入最方便的地段，应设残疾人的小汽车和三轮机动车专用的停车车位（一辆小汽车的停车位置可停放两辆三轮机动车）。

（2）在专用停车车位的一侧，应留有宽度不小于 1.20m 的轮椅通道，轮椅通道应与人行通道衔接。

（3）停车车位的轮椅通道与人行通道的地面有高度差时，应设符合轮椅通行的坡道。

（4）在停车车位的地面上，应涂有停车线、轮椅通道线和轮椅标志，在停车车位的尽端宜设轮椅标志牌。

8.5 街道停车场设计

8.5.1 停车场的类型

按车辆性质可分为机动车和非机动车停车场（库），按使用对象可分为专用和公用停车场（库），按设置地点可分为路外和路上停车场，按设计形式则可分为广场式、地下式和多层式停车场（库）。

8.5.2 机动车停车场

设置原则为：①停车场（库）的设置应符合城市规划和交通组织管理的要求，便于存放。②各种车辆的停车场（库）应分开设置，专用停车场（库）紧靠使用单位，公用停车场（库）宜均衡分布。飞机场、体育场、游乐场等大型公共活动场所的停车场（库），根据建筑物主要出入口的分布分区布置，以利于车辆迅速疏散。③停车场（库）出入口的位置应避开主干道和道路交叉口，出口和入口应分开，不得已合用时，其宽度应不小于7m。④停车场（库）内的交通路线必须明确、合理，宜采用单向行驶路线，避免交叉。

为解决停车场（库）用地不足的问题，各国大城市的停车场（库）普遍向空间和地下发展，利用建筑物底层或屋顶平台设置停车场或修建多层车库和地下车库。多层车库按车辆进库就位的情况可分坡道式和机械化车库两类。坡道式又分直坡道式、螺旋坡道式、错层式、斜坡楼板式等。机械化车库采用电梯上下运送车辆。多层车库虽能节约用地，但建设投资较大。近年来，中国大城市中已开始修建多层或地下停车库。

国家建筑标准规范中对车库、停车场设计的标准规定分为四个等级，并没有规定所谓"标准车位尺寸"，而是规定了相应最低满足的尺寸，如车长不大于6m及车宽不大于1.8m的车，规范车与车之间间距为不小于0.5m，车与墙、车位端之间间距不小于0.5m；车长大于6m不大于8m，车宽大于1.8m不大于2.2m的话，车与车之间间距不小于0.7m等。回车路段的相应规范是满足一辆车一次性回转的需要，这实际上为不同类型的停车场提供了不同的尺寸松动。

因此对于一般以停小型车为主的停车场来讲，车位尺寸多采用（2.5~2.7）m×（5~6）m的尺寸，而单车道回转车道宽度不小于3.5m，双车道不少于5m，现在的停车场为安全起见或者可以停中大型车辆，多设置为6m以上。当前一般将车位尺寸预设为2.5m×5m。双向回转车道预设为5m（①大车停车位：大车停车位宽4m，长度7~10m，视车型定。②小车停车位：小车停车车位，宽度2.2~2.5m，长度5m。③旁边道路小车：单面停车5m宽，双面6m，大车8m）（图8-11）。

图8-11 机动车地上停车场鸟瞰图

8.5.3　自行车停车场

我国城市中自行车数量很大，因此自行车的停车场显得十分重要。现有的自行车停车场有三种类型：①固定的停车场。②临时性停车场，临时围地设置，供节假日或有大型集会和演出节目时大量自行车集中的地点使用。③街道两侧停车场，在具有经常性大量人流集中的地区设置使用（图8-12）。

图 8-12　自行车棚设计效果图

第9章 景观小品设计

著名的建筑大师密斯·凡德罗曾经说过:"建筑的生命在于细部。"在城市环境中,作为体量较小的园林景观小品也同样影响着城市的形象。城市设计构成元素包括节点、通道。景观设计可以看成微缩的城市设计。同样在设计中也存在一定的景观元素,它包括景观小品中常见的亭廊桥、花池、水景观、雕塑、指示牌等。在这里我们对景观小品进行分门别类的阐述,从而对于城市广场与环境设施有更为全面的了解。

9.1 亭、廊、榭景观设计

《园冶》(释名)中曾提到"亭者,停也。人所停集也。"亭,是一种中国的传统建筑,多建于路旁,供行人休息、观景或乘凉所用。亭的结构大多为敞开性结构,四周没有围墙。顶部可分为六角、八角、圆形等多种形状。

园中之亭,应当是自然山水或村镇路边之亭的重现,在山水道路旁,大多会设有亭,供来往行人驻足休憩,这些亭有半山亭、路亭、半江亭等,名字不一,却有着大致相同的功能。由于景观是一种艺术,其艺术形式是模仿自然的,因此在许多的环境中都设有亭。亭作为一种建筑个体,在景观中出现的亭子应当非常讲究其艺术形式,从形式上来分析,亭是多种多样的。《园冶》中曾提到,亭"造式无定,自三角、四角、五角、梅花、六角、八角到十字,随意合宜则制,为地图可略式也"。在众多形式的亭中,以因地制宜为原则,从而确定亭的平面,其形式便基本确定了。

9.1.1 亭

1. 亭子的形式美

亭,造型独立完整,有屋顶、柱身、台基三部分组成。由上至下分析,屋顶大多为木制结构,造型随角线的变化而变化。柱身往往采用方形柱或圆形柱,也偶见多角柱,如五角柱或六角柱等。台基则是起到了衬托的作用,稳固整个亭子。亭子的立面在尺度以及比例关系、材料、色彩、造型灯方面会依据所处的位置、环境进行设计。亭在景观中属于点景建筑,常常供游人休憩、纳凉、避雨、遮阳、观赏等。亭一般不设门窗,只有屋顶,没有墙体,具有四面迎风、八面玲珑的特点,形态千姿百态,丰富多彩,可单独成景,其屹立在山水之间,与环境相融合,使山水增色,与周边花架、景墙、坐凳、植物等组合成景。亭的设计不局限与自身的造型,而是与楼、台、廊、榭这些园林建筑组合在一起,有意识的穿插交错,使各建筑之间相结合,从而达到空间和谐统一。

2. 亭子的种类

《园冶》中对亭进行了简单的阐述,亭的种类也有很多种,单从亭的平面形态分,就可以分为圆亭、方亭、三角亭、五角亭、六角亭、扇亭等。从亭子屋檐的形状分,有单檐、重檐、三重檐、攒尖顶、硬山顶、歇山顶、卷棚顶等。亭在当代景观中被设计者使用的频率很高,随着设计者对于亭子功能的不同需求,亭子的形式也产生相应的变化。

(1)圆亭 这种亭子常常用斗拱、挂落、雀替等精美装饰。圆亭的外观柔美,柔和的外轮廓造型使得屹立于园林中,能够营造活泼生动的景观。圆亭以单个或组合形式出现,"万寿双环亭"由两个重檐八柱圆亭组合而成,结构严谨,造型端庄匀称,屋面覆盖孔雀蓝琉璃瓦,下层檐施三踩斗拱,上层檐施五踩斗拱，为典型的皇家园林建筑做法。据说为国内古代建筑仅有的一例。原建于西苑（今中南海），是乾隆六年（公元 1741 年），乾隆皇帝为其母亲五十大寿所建，所建平面形状寓意一对寿桃，取意"吉祥长寿"之意，1976 年移建于天坛公园西北隅（图 9-1）。

图 9-1　双环万寿亭

（2）三角亭　这种亭子的柱身部分有三根支柱，体积相对较小，显得轻巧精致，常常被用作点缀景观。杭州三潭印月的三角亭，不仅为游人提供休憩依靠的场所，还起到了点景的作用，与周边环境相融合，别有一番意境（图 9-2）。

图 9-2　三潭印月的三角亭

（3）多角亭　这种亭子最为常见，常见的多为正方形亭、五角形亭、六角形亭、八角形亭等。这种亭子形态上较为稳重均衡，可以单独成景，也常见与廊相结合。皇家园林中的多角亭使用较多，且亭子的屋顶多为重檐式，以便于突出皇家园林的规模宏大，气势恢弘，层次感丰富的视觉特点。北京圆明园的鉴碧亭，是一座方形亭，原建于嘉庆十六年（公元 1811 年）前后，绮春园宫门内，碧湖之中，方亭高敞，为圆明园内的观景佳处。1993 年在原址修复重檐方亭，建筑面积 256m^2（图 9-3）。

图 9-3　圆明园的鉴碧亭

3. 亭子的选址

亭在景观环境中可以立足观景，因此亭子的选址要考虑其多方面因素。①考虑游人的使用需求，应建在游人途径频繁的位置，供游人驻足休憩，观景赏景之需；②亭子属于景观环境中的建筑构筑物，亭子若置于依山而建的环境之中，借助山势而远眺，不仅给游人带来观景的便利，更成为山中一景，使山更具有灵气和生气，让游人流连忘返。亭子除了依山而建，往往还可以傍水而建，与依山而建不同，建在水中的亭子，往往与水面平齐，让亭子的投影映射在水面中，丰富了水上的画面层次。

9. 1. 2　廊

"廊者，庑（堂前所接卷棚）出一步也，宜曲且长则胜。"——廊是从庑前走一步的建筑物，要建的弯曲且长。"或蟠山腰，或穷水际，通花渡壑，蜿蜒无尽。"——意为或绕山腰，或沿水边，通过花丛，随意曲折，仿佛没有尽头。廊主要最为景观中联系的手段，有很强的"黏结能力"。

1. 廊的特点

"虚的建筑，两排细细的列柱顶着一个不太厚实的廊顶"这是对廊这种建筑的一个形象的表述。廊是指屋檐下的过道、房屋内的通道或独立有顶的通道，包括回廊和游廊，具有遮阳、防雨、小憩等功能。廊像是一种帷幔，有廊的一边可以欣赏到另一边的景色，这种若隐若现，恍恍惚惚的感觉，将廊两边的空间通过这个似连非连的建筑相连接，起到连接空间的关联作用，同样也带来了分割大空间的作用。廊是建筑的组成部分，也是构成建筑外观特点和划分空间格局的重要手段。除了在空间上起到了分割和连接的作用，廊还具有供人休息娱乐、交通道路的使用功能，当廊建在水面上，山宇间，还能为景色平添几分雅致，成为景中景。

2. 廊的类型

依照廊的剖面形状来分析，廊可以分为四种类型：双面空廊（两边通透型）、单面空廊、复廊（双面空廊中间有一道墙型）、双层廊（上下两层），解释如下：

（1）双面空廊：两侧大多为列柱。没有实体的墙，通过廊，可观赏到两面的景色。这种样式的廊，可用于直廊、回廊、曲廊、抄手廊等，不论在风景层次深渊的大空间还是在曲折精致的小空间中都可受用。

（2）复廊：在上面提到的双面空廊中间夹一道墙，就成了复廊，还有些地方称之为"里外廊"，在复廊的内侧大致分两条走廊，所以这就需要有足够跨度的廊。一般这些墙面上会有各种式样的漏窗，通过漏窗可以看到通透的园内景色，例如苏州的沧浪亭就是很好的例子。

（3）单面空廊：是一种在双面空廊的一侧的柱子之间垒成整面墙或者半墙，当然还有一种是由完全依附于另一建筑物旁边的廊。这样的单面空廊的廊顶有时做成单独的坡度，这是为了在雨季可以更好地排水。在单面空廊的墙面部分可镂空出形状各异的漏窗，甚至是校门，供游人观赏外面的水光山色，构成通透的景色。同时也有在墙壁上绘制出花鸟虫鱼、山水景色等画面，以供人在游走之间欣赏。典型的例子就是北海公园连接静心斋主要建筑物的单面空廊，它会随着山势的起伏迂回，使行走在廊道上的游人产生曲径通幽的感受，也会产生视觉上的享受（图 9-4 ~ 图 9-5）。

图 9-4 沧浪亭的复廊

图 9-5 北海公园的单面空廊

3. 廊的择址

廊在位置的择取上一般分为两种，一种是在园林小空间或小型园林中建廊，这些位置建廊道常常以墙的边界和建筑物边界为依附物，这样可以将建筑连接起来，围绕形成园中的各部分组景，从而形成向心式的布局形式，这种布局的优点在于可以将整个园中的各个景观衔接起来，并起到一定的划分空间结构的功能；另一种是在水景景观之上建廊道，一般称之为"水廊"，这种廊道有架在水面上，或者在岸边。位于岸边的水廊，廊基一般紧贴岸边，且地面与水面高度持平，这样在行走于廊道上的行人，宛如置身与波光粼粼的水面之上，成为水面倒影的一部分，别有一番景致。

廊，连接了景点与景点，是一种"引"且"观"的建筑。它是一种狭长而通畅能促使人发生某种期待与寻求的情绪，可达到"引人入胜"的造景目的，弯曲而通透的廊道外观，则可观赏到千变万化的景色，产生步移景异的变化，同时，廊道还产生了框景的效果。

9.1.3 榭

"榭者，籍也。籍景而成者也。或水边，或花畔，制亦随态。"——榭含有凭借、依靠的意思。是凭借风景而形成的，或在水边，或在花旁，形式灵活多变。

在园林景观中，榭是借助于周围景色的园林休憩的构筑物，常常建于水边或是花畔旁，形成借景的形式美。榭通常四面通透开敞，常常以长方形为主，鲜见正方形，一般多开敞或设窗、扇，以供人们游憩、赏景、远眺。榭多与廊、台等组合在一起，构成景观组合（图9-6~图9-7）。

图9-6　拙政园的芙蓉榭

图9-7　三苏祠的披风榭

9.2　花池景观设计

花池，是在特定种植槽中栽种花卉的景观形式。花池的主要特点在于其外形的轮廓形状可以是自然式的，也可以是规则式的，内部花卉的配置大多以自然式为主。因此，与花坛的纯规则式的布置不大相同，花池是自然式或由自然式向规则式过渡的一种景观形式。

自然式花池外部种植槽的轮廓以及其内部植物的配置都相对具有规则性，其内部的植物配置是自然式的。规则式花池常见于现代园林中，其形式灵活多变，有独立的，也有与其他园林小品相衔接的形式。常见的种类有许多，例如，花池与栏杆、踏步相结合，从而可以得到更多的绿化面积，为环境增添更多的舒适感以及宜人的景观环境。还有些是把花池与主要观赏空间和景点结合起来，将花木山石构成一个大的盆景，这类盆景称之为"花盆景式花池"。一般来说，规则式花池中的植物的选用更为灵活，除盆景式花池中的植物任按上述的规则式花池进行植物布景之外，其他大多采用鲜艳的草花以加强装饰效果。

花池的建造材料和施工工艺有很多种，其中有利用天然石头切割堆砌而成的，也有混凝土预制板砌筑的、土砖砌筑的以及塑料砌筑的等多种形式。表面材料有干粘石、粘卵石、洗石子、瓷砖和马赛克等。

与花池相似的还有花钵的设计，花钵是花卉布置的一种装饰容器，被广泛应用于公园、广场、步行街等室外布置中，其样式也多种多样。花钵十分讲究造型的美观，因为它自身就是一件艺术品，花钵中配置花卉后能够马上体现出立体空间的美感，起到点睛之笔的作用。花钵的制作材质大多采用玻璃钢、木料、石料、陶泥、玻纤与水泥的混合材质等。花钵的形体有组合式、拼装式、挂壁式等。形状由碗型、方形、长方形、圆形、半圆形等。花钵中所配置的花卉适宜用盆养花卉，去掉花盆之后，合并起来进行栽植，因其面积体量不大，通常采用1～2种园林植物品种配置较好，不宜杂乱无章。

目前的绿化中，植物造景较为突出的特点就是较多的使用串式花钵、组合式花钵、玻璃钢式花钵、木制花箱、花架等形式多样的立体花钵造型，增加植物造景的元素，丰富了立面的景观效果（图9-8～图9-11）。

图9-8　陶泥花钵　　　　　　　　　　　　图9-9　石料花钵

图9-10　玻璃钢花钵

图 9-11　木料花钵

9.3　水景景观设计

水作为最具柔性魅力的景观要素，是中西方园林景观创作中的最具性格变化的。在东方的园林景观创作中，常常以突出"理水"，强调再现自然界中水的脉络，以"泉、瀑、溪、涧、渊、潭、河、湖"等来体现水景要素的创作理念。在日本园林中，水常常被抽象化，形成枯山水景观，以砂砾代替水，通过改变砂砾的堆积形状来表示自然界中水的形态。西方的园林景观则与日本有所不同，往往是把水加以机械化，体现出水的活泼流动性，展现"戏水"的特点，例如广场前的大型喷泉等，都是在以各种形式的叠水和喷泉展示出水的景观效果。由于水具有可塑性，它所展示出的形态与不同地域、不同地区的文化紧密连接在一起。"智者乐水、仁者乐山"，这是中国人的山水观念，对于水，每个民族都有着不同的理解，但人们都以水为载体，展示着丰富多样的环境主题。现代环境设施中的水景设计，也正是结合了这样的一些特点，进行宜地宜人的设计。

9.3.1　水的特性

1. 水的自然特性

在大千世界里，水是无形的，它可以具有形、色、光、声、味等自然具有的属性，也可以是一种存在于环境设施之内的生动景观素材。因此，针对水这一特殊的自然特性，可以将它运用到景观设计中来，同样因为水的这些特性，可以使得景观的设计更生动，使设计的最终效果更好。

（1）水的流动性。

水是流动的，这样的流动特点不仅仅表现在水的存在状态，同时也体现出水的灵动与活力。在有高低落差的环境里，水就可以产生运动，它可以形成河流、瀑布、喷泉、水墙等多种自然景观。相比之下水，我们视觉上所观察认为的安静状态，不过是指那些运动变化较渺小、运动较平缓的水景观。比如我们常常见到的水塘、水池等。但是在其他物质的外力运用下，水依旧会产生波动的变化，例如鱼在水中游动。这样的特殊属性，让水的变化丰富多样，为设计带来很多想象空间。

（2）水的映射性。

水能映射出于水面相近的一切景物，在光的折射和反射下产生神奇的光影效果，能够在平静的水面投射出景物的倒影。例如在平静的水面上，风和日丽像一面镜子，映射出水面周边的树木、房屋、人物以及天空，此时此刻的水面与周边的景物形成了极富美感的画面，当微风吹过水面的时候，泛起层层涟漪，原本平静的画面被有规则的变化打破，形成了变化的景象，水的这种映射性进行巧妙的设计，能增加景观的趣味性和生动感。

（3）水的可塑性。

水的形状是可以根据包含水的物体的形状进行变化的，水是流动的，水的形状由限定物的形态、大小、高差和物质结构所决定的，环境景观中的水景观设计也可以理解为在设计水的容器。形成的水体有的运动幅度大，奔腾千里；有的运动幅度小，潺潺细流，有的则平静如流。如人工湖岸和湖底等这些设计。

（4）水的有声性。

水在运动过程中或是撞击到某个坚硬的物体时会产生声音，形成各种听觉效果。水声的特性能直接影响人的情绪，如潺潺细流使人舒缓心情，也有的波涛汹涌使人激昂澎湃等，这些由水的运动所产生的声音上的变化，会带给人不同的感受，在环境设施设计中，设计师可以利用水的这些特性，在可动的水景观中创造出丰富的音响效果。

2. 水的人文特性

无论是古代还是现代，人们常常借助水来表达自己的思想情绪，例如在哲学、民俗、文学、绘画、音乐等领域中，表达水所具有的特殊美。水常常作为一种介质，来反映人们的精神世界，它被赋予了文化意义，"智者乐水"的观点让许多人将水比作智慧的象征。因此，水的人文性可以体现在很多个方面，例如民俗性、哲学性、文学性、绘画性、风水性等，这些特性，在进行环境设施设计时也可以被借鉴到实际项目中去，让整个环境景观不仅仅具有直观的审美特性，还具有文化内涵和哲学美感。

9.3.2　水的功能

水具有实用性和观赏性两大功能。它不仅仅是作为一种供给生活的物质被人们用于生活日常中，同时也可以调节人们的心理情绪，是人们寄托情感，抒发情怀的寄托。

1. 实用功能

从远古时代，人们的生活就离不开水，人们对水的改造和利用方式越来越多，其功能大致可划分为以下 6 个方面。

（1）灌溉作用：

水自过去的远古时代，就被冠以孕育生命的称号，通过浇灌，将万物滋润，给予生命所需的水分。因此水的第一个实用功能就是对农作物、植物等一切需要进行光合作用的植被进行灌溉。其灌溉形式大致有喷灌、滴灌、渠灌等。

（2）饮食洗护：

水对于人来说是消耗品，人通过不停地对自身进行水分补给，来维持生命所需的元素。同时，水在日常生活中也可以进行洗护，对物品进行必要的清洁。在环境设施设计中，水也会充当洗护和运送的功能，因此合理的设计水流路线体现了一个环境设施的设计细节。

（3）调节空气：

水的温度比较稳定，在水分蒸发时可以产生热交换，并且可以调节各个区域环境中的温度以及湿度。在环境设施设计中，水在不同季节带给人温度上的感受都是不一样的，比如寒冷的冬季，水面的温度会比地面和空气中的温度高，那么此时水面的热风会给周围地区带来温暖，而在夏季，水面温度比地面温度低，水面风拂过时，会给人带来一丝凉爽，这些体验都是水的恒温带来的。

（4）消遣娱乐：

水在环境设施设计中，常常被用作娱乐设施的一部分设计在喷泉、雕塑、湖泊、河流、漂流等设施中充当介质。设计师在进行设计时可以利用水的这一功能进行休闲娱乐设施的设计。

（5）救火防灾：

水在作为景观元素的时候依旧具有防火的功能、抗旱的功能。例如城市公园中的人工湖，可以作为救火备用水，并且在一些郊区的园林沟渠里，水也被用作天然的抗旱水源。

（6）分割空间：

在环境设施中，水还常常充当分割空间的角色，这不仅仅使园林景观的各部分保持独立性，还能使整个空间具有连贯性。例如苏州园林，设计师常常利用水的曲折迂回来分割空间，从而在视觉上给人以大空间的体量感，使人隔岸相望，绕水而行。

2. 观赏功能

水所具有的观赏功能往往是基于水的形体本身与周围的景观构筑物间的相互衬托，其大致分为三个部分。①水本身具有的自然美，自然美是依据水的自然形态进行的设计，将水按照在自然园林中的位置和造景进行设计，将水的美感突出，彰显的是水的本质美。②借助科学技术手法将水的材质特点进行展示，例如音乐喷泉、水幕电影等。③水还具有的是社会属性的美感，例如人们建造水库所形成的水景观，也是一种美感的体现，可以供人欣赏。

9.3.3 水景观的分类

水景观是一个广域词汇，有水存在的景观都可以是一种水景观的表现形式，因此水景观也可以分为天然水景观和人工水景观。其中天然水景观大致包含了海洋、湖泊、河流、溪涧、瀑布、湿地等这些自然界所具有的景观。其次是人工景观，大致可以划分为人工湖、运河、水井、水田、人工喷泉、跌水、水池等这些经过人的精雕细琢或是研究设计之后进行的水景观。

9.3.4 水景观的设计

对水景观进行设计，首先要掌握构成水景观的要素，因为只有将组成水景观的各要素进行合理的设计，才能使设计符合环境的需要、具备生态意义以及精神价值，使居住在这个大环境下的人们，更适合人类的居住和生产生活的需要。

1. 水景小品的构成要素

水景观的构成要素大致包括了 7 类元素，这些元素有：①水体本身；②容纳水体的容器以及人工湖堤等这类容器；③水周边的自然景观；④水面上的动植物；⑤水周边的构筑物；⑥照射到水面的自然光；⑦人为照明以及造景所用到的设施。在众多的水景观构筑元素中，根据设计者对设计对象需求的不同进行有针对性的选取，制定合理的设计方案。

2. 水景小品的设计原则

（1）水景观的观赏性原则：

在环境设施设计中，水景观大多为空间营造一定的氛围，为人们的休闲娱乐带来观赏性的景点。水的这种美感会随着形体的动态或是静态发生变化，为观赏的人带来不同的视觉享受。

（2）水景观的动静结合原则：

空间环境里的水景设计应该具有生气。在空间设计中，水景设计的各个要素必须围绕空间的特性来进行组织。水景设计要充分考虑动态水景与静态水景之间相互呼应，彼此映衬的关系。例如将瀑布与渊潭组合，在将动态的瀑布与静态的渊潭进行组合之后，这样的一动一静之间，形成了水丰富的变化景观，从而为景观增添生动有趣的变化。

（3）水景观的因地制宜原则：

水景观在进行设计的时候，应该根据空间所在位置的地形和地貌，因地制宜对一个空间范围内的环境进行设计，就像是对植被进行配置时遵循的原则是相似的，针对有利于生态平衡的环境状态进行设计，才是符合自然需要的设计。在对水景观进行设计时，必须遵循"利用自然形态、维护自然原始形态"这一原则，如果刻意的为设计水景而不惜破坏自然生态，就会弄巧成拙、适得其反。

（4）水景观的结合科学技术原则：

在社会飞速发展的今天，设计的表现形式日渐丰富和多变，在景观设计中，尤其是水景观中运用高科技进行水景观展示的例子有很多，例如水幕电影、音乐喷泉等这些结合了科学技术中的声、光、电及高科技设施的综合运用会越来越广阔。所以合理的将水景观设计与科学技术相结合，将设计与时代相连接。

（5）水景观的实用性原则：

任何一种设计都是具有目的性的，实用就是目的之一。水景观的设计不仅仅是为了美观，更是作为一种具有功能性的景观存在于环境之中。例如水景观作为调节当地生产生活的要素出现，例如休闲座椅与水景观的结合，例如水景观充当一座城市或小镇的标志物等，这些水景观都承担着一定的实用功能。

（6）水景观的亲水性原则：

亲水性原则是指人们在观赏、接触和触摸水的一种自然行为。因此，在水景设计中要相应的体现这种行为，减少人与水之间的距离感，增加与人的互动性。但是在设计中也要考虑水的容积率，考虑人与水接触的安全性和水自身的净化作用。

9.3.5　水景观设计中的注意事项

1. 水与环境的尺度关系

水与环境的尺度关系大致指的是整个环境与水体的关系，它决定了水体是否和环境相协调，以及水体在环境的中的定位。在设计时应根据功能需求和空间构图的需要合理设计水体的位置，使水体能融入环境中去。其中能够与水体整体要素的有水池、喷泉、瀑布以及小品、雕塑等。在这些元素中将设计分的有主有次，才能更好地突出主体。

2. 水的安全性与平日维护

水作为景观出现在环境设施中的时候，必须要考虑水体的安全性和日常维护。水的安全性主要是指在人与水进行接触时，要保证人的安全水深，这时水的深度一般不应超过 30cm，这样即使孩子在滑倒时，也不至于被水淹没到头部。其次是水的日常维护，水的日常维护大致是指水在建成之后的保养和维修这些方面，以及水与周边植被的关系，以及水的聚散、蒸发、流动变化对观赏者的审美影响，只有合理的日常维护，才能将水景观多种多样的美展现出来（图 9-12 ~ 图 9-15）。

图 9-12　复古式喷泉

图 9-13　现代式喷泉

图 9-14　人工瀑布

图 9-15　静水湖泊

9.4　雕塑景观设计

在环境艺术设计中一座城市的人文气息和历史文脉都能在一座城市的环境景观中反映出来，而环境景观中的代表则是雕塑景观。雕塑景观既能美化和丰富人们的生活环境，又代表了一座城市的文化坐标，成为城市中的靓丽风景线。因此研究环境艺术就必不可少的要学习雕塑艺术知识，达到最优化的景观效果。

9.4.1　雕塑景观的概念

雕塑景观一般是指在城市的广场、公园、步行街、公共建筑前面及具有纪念意义的场所，根据不同环境而进行设计的雕塑作品。这些雕塑作品大多具有一定的人文涵义和宣传功能，对美化城市、文明生活、提高人民审美情趣和提高民众素质在潜移默化中起到了教育意义和宣传功能。例如有些城市相继出现的"雕塑公园"、"雕塑广场"等，这些都是通过雕塑来宣扬一种城市文化，一种城市精神。

中国的城市雕塑真正兴起于 20 世纪中期，最为典型和被世人熟知的就是中国人民英雄纪念碑的整体及碑基的浮雕，它成为中国城市雕塑的经典之作。

9.4.2　雕塑景观的形式

雕塑景观的形式大致分为：圆雕、浮雕和透雕。其中圆雕是具有三维空间的雕塑形式，它可以从多角度进行欣赏，形象较为立体。浮雕则是介于圆雕和透雕之间的一种雕塑形式，其刻画的形式接近与绘画的特征，具有一定的立体感，但是依附于平面之上的立体效果。当然浮雕的种类有很多，又包括了高浮雕、浅浮雕、透雕，按照标准来说，低于 6cm 的成为浅浮雕、20cm 以上的则是高浮雕。透雕则是保持平面的基础之上，有透白的地方。

9.4.3　雕塑景观的分类

1. 表现类型分类

雕塑景观按照表现的类型进行分类可以分为："具象雕塑" 和 "抽象雕塑" 两大类。其中，"具象雕塑" 是指在艺术表现形式上大多采用写实的方式进行的雕塑样式，具有雅俗共赏的特点，是在环境景观中较为常见的一种雕塑形式。另一种则是 "抽象雕塑"，这种雕塑是指在英国工业革命之后，各种新型材料的出现，以及 20 世纪初艺术观念的改变，城市雕塑在表达形式和雕刻材料上的复杂多样性所产生的雕塑风格的变化。这种抽象雕塑往往追求的是设计理念，从抽象的点、线、面出发进行设计，从而以简略明了地展示雕塑效果，也丰富了雕塑效果的涵义，给人的审美带来多样性，给观察者无限的想象空间。

2. 按文化内涵分类

雕塑景观往往具有较为深渊的文化内涵，例如人民英雄纪念碑就是属于具有纪念性的雕塑，它表达的是一种文化精神，并且纪念的是一个历史事件或是一种精神。因此雕塑还可以分为纪念主题性雕塑、标志性雕塑、景观小品类雕塑、生态性雕塑、民俗性雕塑以及装置艺术类雕塑。

（1）纪念主体性雕塑：

一般安置于城市的重要地理位置，或是广场的重要位置，雕塑的主题一般是反映该城市的重大历史事件或重要历史人物和重要场所等。

（2）标志性雕塑：

一般这类雕塑可以成为一座城市或是一个国家的象征，例如美国的自由女神像、法国巴黎的埃菲尔铁塔、埃及的金字塔、广州的五羊雕塑、郑州的二七纪念塔等等，这样的雕塑往往代表了一座城市的形象，或由来的原由等。

（3）景观小品型雕塑：

这类雕塑更多的是为公共场所提供使用功能、观赏功能的雕塑，例如广场中央的互动石雕、石凳子等这些具有使用功能的雕塑往往属于景观小品型雕塑。这类雕塑往往与人产生互动，人在使用过程中进行观赏。

（4）生态类雕塑：

这类雕塑在涵义上往往包含了维护生态平衡、回归自然等等这些注重自然、最求环保的主题，并且在用材上偶尔也能体现环保这一主题。

（5）民俗类雕塑：

这类雕塑是近 20 年内较为流行的一种雕塑形类型，常常以具象性、场景化、写实化的雕塑为主，具象的艺术表现手法再现该城市过去在某时代的生活场景，是观赏者产生共鸣，如武汉的汉口步行街市井文化很浓的系列雕塑，使生活在这里的人产生共鸣，使来旅游的人能马上获知当地古老的文化气息，这类雕塑对于人们感知城市历史文化有很大的作用。

（6）装置艺术类雕塑

这类雕塑大多是艺术家针对过去的物品或是生活中的已有物品、材料进行设计与组合，成为一件艺术作品，这类作品往往是为了唤起人们对过去生活的回忆。

3. 按材料类型分类

雕塑作品对于材料的要求各不相同，但由于所处位置的特殊性，要求对雕塑作品耐寒、耐旱、耐雨淋等经得起四季气候的考验，因此雕塑的材质需要是经久耐用的或是质地较硬的。这其中可以分为大致七类材质。

（1）花岗岩：

这类材质是由岩浆在地表下凝固而成的火成岩，质地较为坚硬，难被酸性物质、碱性物质腐蚀，或是很难被风化、侵蚀。其外观色泽可以保持很久，这样的材质特点经常被设计师采用，作为雕塑的首要材质，雕塑类型大多以墙面浮雕、景观小品等室外雕塑为主。

（2）大理石：

这类材质与花岗岩不同，属于石灰岩，是在长期的地址变化中形成的，比如有白云质大理岩等，这类岩石质感较为柔软，色彩素雅，是艺术类雕刻的材料。

（3）砂岩：

这类材质较花岗岩和大理石的硬度软，颜色和均匀程度也不如前两者，它是由细小砂砾和填隙物组成，硬度较小，因此只是作为化学物质的媒介出现在雕塑中。

（4）铜类：

在景观雕塑中，以铜为材质的雕塑也经常见到，其中又包括了铸铜和锻铜两大类。其中铸铜是一种仅次于石材的材质，常常被用于雕塑中，在古老的商朝就有古人用青铜器铸成铸铜的器皿，作为引用或祭祀之物，国外也有利用铸铜进行雕塑创作的，例如古希腊地区的铸铜雕塑引领了西方国家的雕塑主流。铜的材质属于质地坚硬型，在铸造过程中可以达到很高的精细程度，这种材质适合用于写实性很强的雕塑中，因此雕塑家在进行材质选取时，很多都会选择铜这个材质。

除了铸铜工艺还有一种和铜材质相关的雕塑加工工艺是锻铜技术，这种制作工艺同不锈钢的加工工艺很接近，对铜皮进行锻造和加工，将各部分进行焊接形成作品。这种锻铜技术往往是用于制作装饰艺术品或造型幅度大，较为抽象的作品为主。

（5）不锈钢：

不锈钢因为自身可以耐酸性物质俗称不锈钢，它具有表面光泽度高，较轻、易成型等特点被广泛用于广场雕塑中，并且它能产生强烈明显的光影效果，起到一定的强调作用。

（6）其他类：

相对于传统常见的石材、铜等材质，还有许多新技术所带来的新材质，例如树脂材质、人造石等由人再造的材质，其中树脂复合材质又称玻璃钢，这种材质造价低于石头的价格，本身轻，硬度高，对于漆的附着力强，因此可以根据设计的需要喷绘各种颜色的漆从而达到设计效果，但弊端是耐久能力差，在室外的环境中只能保存 13～17 年左右。另一种则是人造石，这种材质是利用水泥为主要材质，加上各色的石粉和黏合剂，通过模具倒模成各种形状，一般常见的有假树根做的灯箱或是垃圾桶等景观小品。

9.4.4 雕塑景观的设计原则

1. 协调性原则

无论是公园的广场还是在步行街的中心广场，许多雕塑都会成为广场中不可或缺的景观元素，在所需要遵循的设计原则里首先要考虑的就是协调性原则。因为雕塑景观不仅具备的是美感，还应适合与所处的环境之中，并非好看的雕塑都适合摆放在任何广场，当雕塑的涵义与广场的设计风格、设计理念相契合的时候，雕塑的设计才是最优的，同样，广场的设计也达到最优，因此雕塑景观与周围空间环境的协调性原则是在对环境空间进行雕塑设计时所遵循的首要原则。

2. 地域性原则

　　每个地区的文化都独具特色，每个景观环境下的景观构筑也不应该是模式化和复制品，而是应该结合地域特色进行设计。我们常常见到早 20 年间的许多雕塑形成了批量生产的现象，在一个地区出现过的雕塑，在另一地区也会出现，甚至作品名称都出入不大，其实这样的现象很不合理。因为任何一件作品都不能包罗万象，以偏概全的方法是不可取的，"民族的才是世界的" 只有将地域文化的特殊性展示出来，设计才具有传播地域文化的能力，将各地区的特殊文化展示出来，传递设计中的文化意蕴。

3. 人文性原则

　　许多艺术作品的名字之所以脍炙人口，不是因为材料奢华或是造型美观，往往是因为其作品本身的文化涵义较为丰富，能够使观赏者产生共鸣，这种共鸣并不是千篇一律的，而是经过每个人的头脑加工形成自己所理解和欣赏的作品。雕塑景观的设计也需要遵循这样的设计原则，从人文性的原则考虑，只有设计的涵义具有人文性，与人有亲和力，才能在环境空间中与周边的人产生精神上和行为上的互动（图 9-16 ~ 图 9-18）。

图 9-16　人民英雄纪念碑

图 9-17　自由女神像

图 9-18　二战胜利纪念雕像

9.5　指示牌景观设计

9.5.1　指示牌的概述

公共设施是环境系统中的一个重要环节，它为人们的生活提供方便，同时也协调着人与城市环境之间的关系。城市公共设施是城市中分布最广，使用最多，且与人群接触最为密切的固定设施，它以其特有的功能特点遍布环境系统的各个地方。随着社会经济的不断发展，人们对生活环境质量的要求越来越高。由于多种多样的公共设施是支持着人们的室外活动的有效力量，城市公共设施的建设与完善已显得相当迫切。

信息系统设施在环境系统中的作用越来越大，它包括了标识、商店招牌、商业广告与告示、导向牌、公用电话、邮箱、时钟、地标等。它在城市环境中同样扮演着重要的角色，以其特有的信息传播功能，起到至关重要的传播媒介和信息媒介的作用。好的信息设施不仅能够起到传播信息的作用，更能为城市增添现代化气息；与此相反，不好的信息设施则会带来视觉污染。其中作为信息设施的主要组成部分，指示牌类信息设施设计的好坏与否，也影响着空间的被使用率和各个空间的衔接。

9.5.2　指示牌设计的功能要素

1. 功能与形式要素

指示牌的设计中首先应该满足的是其功能性，设计师首先要考虑的是这类公共设施的功能性，是否满足公众的使用要求,指示牌的形式是设施的外在生命,它以任何姿态展示在世人面前,是设计的精髓。在设计史上,沙利文第一个提出了著名的"形式追随功能"的思想,这一简明扼要的短语,几乎成为在美国听到的,看到的设计哲学唯一的陈述,也成为日后德国包豪斯所信赖的教义。因此,在对指示牌进行设计的时候,要把握好功能与形式之间的平衡,使设计的真正目的是服务于使用者,而设计的形式美感则是使设计更贴近于使用者的理由。

2. 功能与安全要素

功能性是信息设施的设计之源,信息设施是为满足公众的需求而由政府或企业提供的公共产品或建筑小品,其功能性是设计者应首先考虑的因素。首先要达到主要功能进行设计,如对候车亭设计的时候,我们首先要满足候车时遮风避雨的功能,路牌标识的功能,再考虑供人休息或其他辅助功能,如在候车亭内设电话,设置饮水器等,对其细节功能一一考虑,并按照人体工程学原理对设施的具体尺寸,材质,色彩进行设计。而伴随设计所产生的安全要素也是公共设施设计的必要因素,它直接影响到公众的安危,在材质的选用和工艺处理上一定要精细,避免设施倒塌,局部断裂及操作时的不必要伤害。如在其整体设计时,要考虑到承重性,注意其整体比重,支撑部位一定要稳固。细节部位要光滑小巧,避免设施和人接触时带来不必要伤害。指示牌的设计不仅要考虑功能性要素而是在功能性要素的设计中考虑功能的安全性,将功能性中的安全因素结合起来进行设计,才是符合人使用需要的设计。

3. 视觉与空间要素

人的眼睛是由许多细小部分组成的复杂器官,通过人眼和人的大脑组织,能够把眼睛所看到的东西组织起来,形成一定的意识形态,人能够对所看到的事物进行判断和品评。人的眼睛能感觉到色彩、空间、体量,通过不同的色彩、空间、体量,人能形成不同的感受。虽然对美有着不同的认识,但人们对美也有一种公共的认识。罗丹的雕塑、达芬奇的画、王羲之的字都为人们都赞赏。在进行指示牌设计时,设计师不能仅仅考虑功能,也应该从美学的角度进行考虑。一件丑陋的作品是无法赢得人们的喜爱的,也反过来也会影响设施的使用频率和功能性。因此我们设计师在进行设计的时候一定要考虑好外形的美观性,运用形式美法则对其进行设计。

4. 环境与精神要素

指示牌的设计在满足功能与美观的基础上,能与所处的景观小品在外形和文化内涵上达到统一,才是协调统一的设计。任何成功的作品都离不开它的精神层面,而简单的指示牌的设计也需要依托一定的空间环境存在,在设计之初到最终都要考虑它的环境因素,只有适合所属环境的设计才能长久的保留下来,否则早晚会成为空间的败笔,被好的适合环境和人们需求的其他设施所替代。同时更要注意它们的精神要素,在设计中体现一定的地方和民族特色,使其更有文化韵味,体现出自身的个性美和神韵美。指示牌的设计可以说是环境空间中的风景线,是环境空间特有的视觉焦点,不仅具有强化场所的作用,提高场所的使用价值,它所传达出的社会意义与地方观念,也能引发人们的共鸣与联想,产生审美情趣和观赏价值。从公共环境设计与公众交流对话中激发公共空间的生气与活力,同时也展现社会的文明程度与经济实力。

5. 设计语言要素

设计语言与其他语言一样,具有生命力。设计语言是完全设计的支撑体,包括线条、形体、体量大小、材料组织、色彩对比等元素。只有设计语言丰富多彩,设计才能生机勃勃。比如,曲线表现柔美、直线表现刚毅、大的形体表现威武气魄、小的形体表现精巧细致、软的材料表现温馨自然以及归属感强、硬的材质表现严肃坚固以及科技感强。同类色搭配给人清新、自然的感觉,对比色搭配给人鲜明醒目的感觉。同时,设计语言同诗句一样,通过自身的造型,象征性等,能给人空间的遐想和启发,进而丰富人们的城市生活,装点着城市的不同角落。指示牌的设计除了在设计中注意设计的功能、美感要素之外,还要考虑设计语言,将设计完整化,例如指示牌的材质选取,要与周围景观构筑物的材质相符合,指示牌的字体和色调也要考虑周边的光线原因和整体景观的主题环境,因此好的指示牌设计并不是单单的对文创部分的奇思妙想，还应该结合设计语言要素，将指示牌与周边的环境系统相融合（图9-19）。

图9-19 金属指示牌

第 10 章　环境设施设计的标书制作

本章主要讲解环境设施设计的标书制作流程，将投标承诺书、标书合同、工程预算表、标书设计图纸、GB 500854—2013《房屋建筑与装饰工程计量规范》等内容依次贯穿其中，同时引入一个城市公共汽车候车亭设计标书案例，方便读者在工作中随时翻阅、借鉴，并尽快独立规范地完成环境设施设计的标书制作。

10.1　标书的封面与目录制作

10.1.1　封面制作

封面是整本标书的外观。标书封面是观者第一眼看到的地方，往往第一映像就是通过标书的封面产生。所以封面在整个环境设施设计标书中占据着极其重要的地位。在制作环境设施设计标书的时候，应该使其封面尽可能地打动人心，吸引观者进一步地阅读标书的具体内容，这样的标书封面才算成功。

环境设施设计标书封面上的内容，包含了整个环境设施的项目名称、制作标书的设计单位名称以及制作时间等。环境设施标书封面一般分前后两块，前面为封面，后面为封底。在环境设施投标书的封面上，应该把设计投标的整个项目名称放在封面的显要位置，让观者一目了然。标题名一定要规范，决不能错字、漏字。字体可以转换大小，也可以用中英文对照的形式排列。其次，在投标书的封面上还应标有设计单位和设计者的名称。注意整个封面要以项目名称的标题为主，设计单位和设计者的名称为辅。在制作时，处理好主次关系。

在封面的排版制作上，可以运用计算机辅助设计。用图形排版软件 CorelDRAW，把标题文字和一些背景图案进行整理排版，这样制作成的封面非常工整规范。也可以把自己绘制的环境设施方案效果图放在 Photoshop 里面进行整理，加上文字，构成封面，这种制作表现方式能使标书里面的内容与封面前后呼应，达到整体如一的效果，增加封面的艺术性。

在整体风格上，环境设施设计标书的封面没有约定俗成的蓝本。一般的封面制作风格因项目背景设计风格而定。有些偏向自然、写实，通过封面图例可以看到以自然、朴实的国画为背景的封面，这种封面风格清淡幽雅。也有在图例和字体上进行粗向、夸张、变形的处理，使标书封面的整体显得更加夺目和个性。还有些标书封面则映出较强的商业味道，这些都要由标书的整体内容和项目的背景来决定。

目前在市场上，环境设施设计标书的封面、封底一般都是以用较厚的硬壳纸板制作而成，纸板与标书里面的文件大小一致。这样装订以后，既可以保护标书，又便于携带。或者可以将标书的封面、封底打印在色卡纸上，然后再上下各加一张透明卡纸，运用圆环条把封面封底、各层透明卡纸、标书文件全部都装订在一起，同样携带方便，同时又尽显精致。标书封面的装裱制作方式有很多，在此仅列举一二。

10.1.2　目录制作

环境设施设计标书目录一般在标书第一页。根据现在环境设施设计这个行业标书制作所包含的内容，一般把目录分为两个部分：一为文字目录，一为图例目录。

第一部分为文字说明部分。这里含标书承诺书、整体项目资质保证、设计单位的业绩、项目背景分析、环境设施设计的理念与目标、环境设施设计的原则、整体布局与局部景观说明、主要经济指标、环境设施设计工程概预算编制、实施措施、后期维护、合同等。这些全部为文本文件或列表文本。

第二部分为图例部分。这里包含了环境设施设计项目所用的全部图纸，包含原始测量图、平面布置图、结构分析图、功能分析图、外观效果图、外观立面图、外观侧立面、建筑剖面图、建筑局部造型图等。

这两大部分构成了环境设施设计标书的总目录。两个部分在标书目录中的先后顺序可以根据实际情况来定，也可以根据实际情况适当增加或减少项目。如有些大型的环境设施设计标书中，还要涉及土建施工、水、电等相关专业问题，可以适当地在标书的目录中把这些项目增加进去。

在制作目录时，要把所有的设计图纸和设计文本全都编上先后顺序，在每个项目后面都应标上页码，项目放在左方，页码放在右方，让客户可以通过目录进行查找。同时，排版一定要规整，文字和页码一定要简洁、清晰、整齐、正确。如果觉得单调，也可以给目录制作背景。整个目录尽量排列在一张纸上，方便查阅。如果一张实在不够，再用第二张纸，但目录必须连在一起，放在标书的开始处。

10.2　标书的资质保证制作

10.2.1　提供标书承诺书

提供标书承诺书的重要性，投标者志在中标，在制作一份标书时，务必要把标书承诺书完整、清晰地介绍给招标单位，让对方能够清楚地了解设计方的优势和诚意。

制作一份规范的标书承诺书，首先需要设计方清楚地掌握招标文件和招标单位所指定的相关规定及要求。在拿到招标文件后，全面地了解项目背景、招标单位对项目所指定的相关规定、对投标方的投标要求等，结合实际对整体项目全面情况分析后，制作一份符合招标单位要求的标书承诺书。

其次结合自身特色，充分展现在项目设计、项目施工过程中的优势。如：在规定的工期内完美地体现设计意图，实现最理想的环境设施设计效果；同时既能确保项目工程质量达到优良又能降低项目成本；并免费承担施工范围内的工程设计和变更，免费开展后期维护等。

附投标承诺书：

投标承诺书

致：_____

关于贵方的招标文件，我们作为投标人参加_____城市环境设施工程的投标，如我方能中标，对_____城市环境设施工程投标的设计、质量、完工期和服务作如下承诺：

1. 我们将严格按照招标文件及其相关国家标准的要求，对投标_____城市环境设施工程的前期设计、材料选购、现场施工及管理、后期维护进行全过程的质量管理，保证实际_____城市环境设施工程的质量与投标文件承诺的完全一致，保证完工后形成最理想的城市环境设施效果。

2. 我们将严格按照合同规定，按质按时按量保证_____城市环境设施工程施工现场的实际需要，确保按时完成_____城市环境设施工程，并承诺如因我方自身原因造成施工现场停工待料或造成工期延误，我方将承担由此所造成的一切经济责任。

3. 我方已完成众多的业内知名项目、并拥有一大批优秀的设计师、项目管理者、施工员，为确保_____城市环境设施工程质量达到优良又能降低项目成本打下坚实基础。

4. 我方将免费承担_____城市环境设施施工程工范围内的工程设计和变更。

5. 我方将免费承担_____城市环境设施施工程_____年内的后期维护。

6. 我们理解，最低报价不是中标的唯一条件，贵方有选择或拒绝任何投标的权力。

7. 我方承诺：无论我方是否中标，我方将对_____城市环境设施工程招标的全部过程及内容严格保密。

8. 我方的其他承诺：_____

投标人名称（加盖公章）：

法定代表人或其委托代理人签字：

日期：　　年　月　日

10.2.2　标书的资质保证制作

环境设施设计公司的资质保证主要指提供设计公司的营业执照、行业资质、设备、办公环境、企业章程等。当前环境设施设计公司的资质保证主要根据 2015 年国家住房和城乡建设部制定的《建筑业企业资质标准》，将环境设施设计公司归入建筑装修装饰行业单位，其资质分为一级、二级，同时也划分了各等级单位承包建筑与环境设施工程范围。

1. 一级建筑装修装饰编制单位资质标准

（1）企业资产净资产 1500 万元以上。

（2）企业主要人员：

a. 建筑工程专业一级注册建造师不少于 5 人。

b. 技术负责人具有 10 年以上从事工程施工技术管理工作经历，且具有工程序列高级职称或建筑工程专业一级注册建造师（或一级注册建筑师或一级注册结构工程师）执业资格；建筑美术设计、结构、暖通、给排水、电气等专业中级以上职称人员不少于 10 人。

c. 持有岗位证书的施工现场管理人员不少于 30 人，且施工员、质量员、安全员、机械员、造价员、劳务员等人员齐全。

d. 经考核或培训合格的砌筑工、镶贴工、油漆工、石作业工、水电工、木工等中级工种以上技术工人不少于 30 人。

（3）企业工程业绩：

近 5 年承担过单项合同额 1500 万元以上的装修装饰工程 2 项，工程质量合格。

（4）承担工程范围：

可承担各类建筑装修装饰工程，以及与装修工程直接配套的其他工程的施工。

2. 二级建筑装修装饰编制单位资质标准

（1）企业资产净资产 200 万元以上。

（2）企业主要人员：

a. 建筑工程专业注册建造师不少于 3 人。

b. 技术负责人具有 8 年以上从事工程施工技术管理工作经历，且具有工程序列中级以上职称或建筑工程专业注册建造师（或注册建筑师或注册结构工程师）执业资格；建筑美术设计、结构、暖通、给排水、电气等专业中级以上职称人员不少于 5 人。

c. 持有岗位证书的施工现场管理人员不少于 10 人，且施工员、质量员、安全员、材料员、造价员、劳务员、资料员等人员齐全。

d. 经考核或培训合格的砌筑工、镶贴工、油漆工、石作业工、水电工、木工等专业技术工人不少于 15 人。

e. 技术负责人（或注册建造师）主持完成过本类别工程业绩不少于 2 项。

（3）承担工程范围：

可承担单项合同额 2000 万元以下的建筑装修装饰工程，以及与装修工程直接配套的其他工程的施工。

注：

a. 与装修工程直接配套的其他工程是指在不改变主体结构的前提下的水、暖、电及非承重墙的改造。

b. 建筑美术设计职称包括建筑学、环境艺术、室内设计、装潢设计、舞美设计、工业设计、雕塑等专业职称。

10.3 标书的设计图纸制作

环境设施设计标书的工程图制作包括以下几个方面的内容：原始测量图、平面布置图、结构分析图、功能分析图、外观效果图、外观正立面图、外观侧立面、建筑剖面图、建筑局部造型图等。

10.3.1 原始测量图制作

原始测量图是指环境设施所在的地区进行整体测量，包含地形地貌、朝向方位、周边环境、标高数值、区域布置、占地面积等。

10.3.2 平面布置图制作

平面布置图是环境设施的整体情况和布局安排，主要包括标书的平面布局和功能划分、地面铺装、建筑构造、局部设计、交通通道等区域的设计。它主要是反映整个项目的总体思路和布局，通过 AutoCAD 绘制完整的平面布置图。

10.3.3 结构分析图制作

结构分析图是表现环境设施的建筑结构，包含采用的木制结构、钢制结构、混凝土结构、玻璃幕墙结构、塑料结构等。可以通过 Sketchup 绘制分析图。

10.3.4 外观效果图制作

环境设施设计的效果图一般采用电脑辅助设计制作。其方法主要分为以下几个步骤：

（1）在 AutoCAD 软件中先绘制出环境设施方案图，在绘制方案图时要注意图层和线型，比如：用地红线、建筑中心线、建筑边缘线、园林景观线等，可以用不同颜色和粗细的线型进行区分。

（2）通过 Import 命令把 AutoCAD 的环境设施平面图导入 3Ds Max。通过 Extude 命令分别给方案图中每个区域一个厚度。这样方案效果图的初模就做好了。

（3）通过 Map 对话框给每个部分附上材质，之后分别加灯光和摄像机，最后进行渲染。

（4）在环境设施效果图中，如果灯光控制得好，则会使场景产生生动的明暗关系和丰富的光影效果，使效果图大为增色，同时灯光也是效果图制作中的重要环节。3Ds Max 的灯光常用的主要有聚光灯（Spot）、平行光（Direct Light）、泛光灯（Omni）、天光灯（Skyl Light）、面光源（Area）几种。聚光灯（Spot）是一个集中地、呈锥状体的光束，可以模拟各种灯光。天光灯（Skyl Light）则用来模拟室外天光效果，将 Cast Shadow 打开时，天光灯可以投射较淡的阴影。面光源（Area）可支持全局光照或聚光等功能，与泛光灯相比，是从光源周围的一个较宽阔的区域内发光，并生成边缘柔和的阴影，可大大加强渲染场景的真实感。

（5）把渲染图存成 JPG 格式，导入 Photoshop 软件中对其进行后期处理。后期处理可以使效果图更完整，不仅可以添加一些植物和人物贴图，也可以对整张图片的色调、对比度和分辨率等进行相应的调整，使其更具有真实感。这样，一张完整的效果图就绘制完毕了。

10.3.5　外观正立面图

外观正立面图是指环境设施造型外观的正立面构造，包含了正立面的主体造型、尺寸标注、材料诠释等，可采用 AutoCAD 绘制，同时配以 Photoshop 后期处理。

10.3.6　外观侧立面图

外观侧立面图是指环境设施造型外观的侧立面构造，包含了左、右、前、后侧立面的主体造型、尺寸标注、材料诠释等，可采用 AutoCAD 绘制，同时配以 Photoshop 后期处理。

10.3.7　建筑剖面图

建筑剖面图是指环境设施造型内部的剖面构造，包含了由左向右剖面的构造、由上向下剖面的构造尺寸标注、材料诠释等，可采用 AutoCAD 绘制。

10.3.8　建筑局部造型图

建筑局部造型图是指环境设施造型内部的局部构造，包含了各个细节区域的构造、内部结构的构造尺寸标注、材料诠释等，可采用 AutoCAD 绘制。

10.4　标书的预算制作

10.4.1　环境设施工程造价的概念

工程造价，是指进行一个工程项目的建造所需要花费的全部费用，即从工程项目确定建设意向直至建成、竣工验收为止的整个建设期间所支出的总费用，这是保证工程项目建造正常进行的基础，是建设项目投资中的最主要部分。

对于任何一项环境设施工程，我们都可以根据图纸在施工前确定工程所需要的人工、机械和材料的数量、规格和费用，预先计算出该项工程的全部造价。

环境设施工程属于一般房屋建筑与装饰工程，但是每项工程各具特色，风格各异，工艺要求不尽相同，且项目零星，地点分散，工程量小，工作面大，花样繁多，形式各异，又受气候条件的影响较大，因此，不可能用简单、统一的价格对环境设施产品进行精确的核算，必须根据设计文件的要求和环境设施产品的特点，对环境设施工程事先从经济上加以计算，以便获得合理的工程造价，保证工程质量。

10.4.2　环境设施工程工程量清单项目表及计算规则

环境设施工程属于房屋建筑与装饰工程范畴内，所以下面就依据《房屋建筑与装饰工程计量规范》（GB 50854—2013）为例，具体详述各分部分项内容。

1　总　　则

1.0.1　本条阐述了制定本规范的目的和意义。

1.0.2　本条说明了本规范的适用范围是只适用于房屋建筑与装饰工程施工发承包计价活动中的"工程量清单编制和工程量计算"。

1.0.3　本条为强制性条款，规定了执行本规范的范围，明确了无论国有投资的资金和非国有资金投资的工程建设项目，其工程计量必须执行本规范。

国有投资的资金包括国家融资资金。

1 国有资金投资的工程建设项目包括：

1）使用各级财政预算资金的项目；

2）使用纳入财政管理的各种政府性专项建设资金的项目；

3）使用国有企事业单位自有资金，并且国有资产投资者实际拥有控制权的项目。

2 国家融资资金投资的工程建设项目包括：

1）使用国家发行债券所筹资金的项目；

2）使用国家对外借款或者担保所筹资金的项目；

3）使用国家政策性贷款的项目；

4）国家授权投资主体融资的项目；

5）国家特许的融资项目。

3 国有资金为主的工程建设项目是指国有资金占投资总额50%以上，或虽不足50%但国有投资者实质上拥有控股权的工程建设项目。

1.0.4 按照《注册造价工程师管理办法》（建设部第150号令）的规定，注册造价工程师应在本人承担的工程造价成果文件上签字并加盖执业专用章；按照《全国建设工程造价人员管理暂行办法》（中价协〔2006〕013号）的规定，造价员应在本人承担的工程造价业务文件上签字并加盖专用章。

1.0.5 本规范的条款是建设工程计价与计量活动中应遵守的专业性条款，在工程计量活动中，除应遵守专业性条款外，还应遵守国家现行有关标准的规定。

2 术 语

2.0.1 "分部分项工程"是"分部工程"和"分项工程"的总称。"分部工程"是单位工程的组成部分，系按结构部位、路段长度及施工特点或施工任务将单位工程划分为若干分部的工程。例如，房屋建筑与装饰工程分为土石方工程、桩基工程、砌筑工程、混凝土及钢筋混凝土工程、楼地面装饰工程、天棚工程等分部工程。"分项工程"是分部工程的组成部分，系按不同施工方法、材料、工序及路段长度等分部工程划分为若干个分项或项目的工程。例如现浇混凝土基础分为带形基础、独立基础、满堂基础、桩承台基础、设备基础等分项工程。

2.0.2 "措施项目"是相对于工程实体的分部分项工程项目而言，对实际施工中必须发生的施工准备和施工过程中技术、生活、安全、环境保护等方面的非工程实体项目的总称。例如：安全文明施工、模板工程、脚手架工程等。

2.0.3 "项目编码"是分部分项工程和措施项目工程量清单项目名称的阿拉伯数字标识的顺序码。

2.0.4 "项目特征"是对体现分部分项工程量清单、措施项目清单价值的特有属性和本质特征的描述。

2.0.5 "房屋建筑"是指在固定地点，为使用者或占用物提供庇护覆盖进行生活、生产或其他活动的实体，可分为工业建筑与民用建筑。

2.0.6 "工业建筑"是指提供生产用的各种建筑物，如车间、厂区建筑、生活间、动力站、库房和运输设施等。

2.0.7 "民用建筑"是指非生产性的居住建筑和公共建筑，如住宅、办公楼、幼儿园、学校、食堂、影剧院、商店、体育（场）馆、旅馆、医院、展览馆等。

3 一般规定

3.0.1 本条规定了招标人应负责编制工程量清单，若招标人不具有编制工程量清单的能力时，根据《工程造价咨询企业管理办法》（建设部第 149 号令）的规定，可委托具有工程造价咨询资质的工程造价咨询企业编制。

3.0.2 工程施工招标发包可采用多种方式，但采用工程量清单方式招标发包，招标人必须将工程量清单作为招标文件的组成部分，连同招标文件一并发（或售）给投标人。招标人对编制的工程量清单的准确性和完整性负责，投标人依据工程量清单进行投标报价。

3.0.3 本条规定了工程量清单的作用，是工程量清单计价的基础。

3.0.4 本条规定了工程量清单的编制依据。

3.0.5 本条规定了工程量计算的依据。

3.0.6 本条既考虑了各专业的定额编制情况，又考虑了使用者方便计价，对现浇混凝土模板采用两种方式进行编制，即：本规范对现浇混凝土工程项目，一方面"工作内容"中包括模板工程的内容，以立方米计量，与混凝土工程项目一起组成综合单价；另一方面又在措施项目中单列了现浇混凝土模板工程项目，以平方米计量，单独组成综合单价。对此，就有三层内容：一是招标人根据工程的实际情况在同一个标段（或合同段）中将两种方式中选择其一，二是招标人若采用单列现浇混凝土模板工程，必须按本规范所规定的计量单位，项目编码、项目特征描述列出清单，同时，现浇混凝土项目中不含模板的工程费用，三是若招标人若不单列现浇混凝土模板工程项目，不再编列现浇混凝土模板项目清单，现浇混凝土工程项目的综合单价中包括了模板的工程费用。

3.0.7 本条是为了与目前建筑市场相衔接，本规范预制构件以成品构件编制项目，购置费计入综合单价中，即：成品的出厂价格及运杂费等等作为购置费进入综合单价。针对现场预制和各省、自治区、直辖市的定额编制情况，明确了如下规定：一是若采用现场预制，综合单价中包括预制构件制作的所有费用（制作、现场运输、模板的制、安、拆）；二是编制招标控制价时，可按省、自治区、直辖市或行业建设主管部门发布的计价定额和造价信息进行计算综合单价。

3.0.8 本条规定了金属结构件以目前市场工厂成品生产的实际按成品编制项目，购置费应计入综合单价，若采用现场制作，包括制作的所有费用应进入综合单价。

3.0.9 本条结合了目前"门窗均以工厂化成品生产"的市场情况,，本规范门窗（橱窗除外）按成品编制项目，购置费（成品原价、运杂费等）应计入综合单价。若采用现场制作，包括制作的所有费用，即制作的所有费用应计入综合单价。

3.0.10 本条指明了房屋建筑与装饰工程与其他"计量规范"在执行上的界线范围和划分，以便正确执行规范。

4 分部分项工程

4.0.1 本条规定了构成一个分部分项工程量清单的五个要件——项目编码、项目名称、项目特征、计量单位和工程量，这五个要件在分部分项工程量清单的组成中缺一不可。

4.0.2 本条规定了分部分项工程量清单各构成要件的编制依据。该编制依据主要体现了对分部分项工程量清单内容规范管理的要求。

4.0.3 本条规定了工程量清单编码的表示方式：十二位阿拉伯数字及其设置规定。各位数字的含义是：一、二位为专业工程代码（01—房屋建筑与装饰工程；02—仿古建筑工程；03—通用安装工程；04—市政工程；05—园林绿化工程；06—矿山工程；07—构筑物工程；08—城市轨道交通工程；09—爆破工程。以后进入国标的专业工程代码依此类推）；三、四位为附录分类顺序码；五、六位为分部工程顺序码；七、八、九位为分项工程项目名称顺序码；十至十二位为清单项目名称顺序码。

当同一标段（或合同段）的一份工程量清单中含有多个单位工程且工程量清单是以单位工程为编制对象时，在编制工程量清单时应特别注意对项目编码十至十二位的设置不得有重码的规定。例如一个标段（或合同段）的工程量清单中含有三个单位工程，每一单位工程中都有项目特征相同的实心砖墙砌体，在工程量清单中又需反映三个不同单位工程的实心砖墙砌体工程量时，则第一个单位工程的实心砖墙的项目编码应为010401003001，第二个单位工程的实心砖墙的项目编码应为010401003002，第三个单位工程的实心砖墙的项目编码应为010401003003，并分别列出各单位工程实心砖墙的工程量。

4.0.4 本条规定了分部分项工程量清单项目的名称应按附录中的项目名称，结合拟建工程的实际确定。

4.0.5 工程量清单的项目特征是确定一个清单项目综合单价不可缺少的重要依据，在编制工程量清单时，必须对项目特征进行准确和全面的描述。但有些项目特征用文字往往又难以准确和全面的描述清楚。因此，为达到规范、简捷、准确、全面描述项目特征的要求，在描述工程量清单项目特征时应按以下原则进行。

1. 项目特征描述的内容应按附录中的规定，结合拟建工程的实际，能满足确定综合单价的需要。

2. 若采用标准图集或施工图纸能够全部或部分满足项目特征描述的要求，项目特征描述可直接采用详见××图集或××图号的方式。对不能满足项目特征描述要求的部分，仍应用文字描述。

4.0.6 本条规定了工程计量中工程量应按附录中规定的工程量计算规则计算。

4.0.7 本条规定了工程量清单的计量单位应按附录中规定的计量单位确定。

4.0.8 本条规定了本规范附录中有两个或两个以上计量单位的项目，在工程计量时，应结合拟建工程项目的实际情况，选择其中一个做为计量单位，在同一个建设项目（或标段、合同段）中，有多个单位工程的相同项目计量单位必须保持一致。

4.0.9 本条规定了工程计量时，每一项目汇总工程量的有效位数应遵守下列规定：

1. 以"t"为单位，应保留三位小数，第四位小数四舍五入；

2. 以"m³"、"m²"、"m"、"kg"为单位，应保留两位小数，第三位小数四舍五入；

3. 以"个"、"项"等为单位，应取整数。

4.0.10 随着工程建设中新材料、新技术、新工艺等的不断涌现，本规范附录所列的工程量清单项目不可能包含所有项目。在编制工程量清单时，当出现本规范附录中未包括的清单项目时，编制人应作补充。在编制补充项目时应注意以下三个方面。

1. 补充项目的编码应按本规范的规定确定。具体做法如下：补充项目的编码由本规范的代码01与B和三位阿拉伯数字组成，并应从01B001起顺序编制，同一招标工程的项目不得重码。

2. 在工程量清单中应附补充项目的项目名称、项目特征、计量单位、工程量计算规则和工作内容。

3. 将编制的补充项目报省级或行业工程造价管理机构备案。

5 措施项目

5.0.1 本条规定了措施项目也同分部分项工程一样，编制工程量清单必须列出项目编码、项目名称、项目特征、计量单位。同时明确了措施项目的计量，项目编码、项目名称、项目特征、计量、工程量计算规则，按本规范4的有关规定执行。

5.0.2 本条针对本规范仅列出项目编码、项目名称，但未列出项目特征、计量单位和工程量计算规则的措施项目，编制工程量清单时，必须按本规范规定的项目编码、项目名称确定清单项目。

5.0.3　本条规定了由于影响措施项目设置的因素太多，本规范不可能将施工中可能出现的措施项目一一列出。在编制措施项目清单时，因工程情况不同，出现本规范及附录中未列的措施项目，可根据工程的具体情况对措施项目清单作补充，且补充项目的有关规定及编码的设置应按本规范 4.0.10 条执行。

10.4.3　环境设施工程概预算制作实例

下面就以某市公共汽车候车亭设计的建筑装饰工程预算制作为范例，见图 10-1 ~ 图 10-15，介绍城市公共汽车候车亭的大、小两种建设工程的工程量清单报价表。

图 10-1 ~ 图 10-15
设计者：刘波

图 10-1

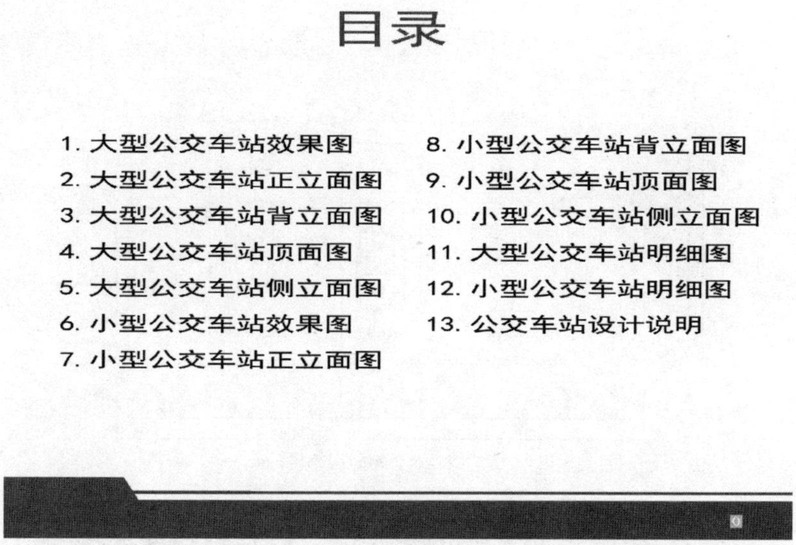

目录

图 10-2

图 10-3

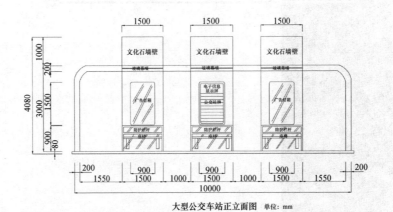

图 10-4

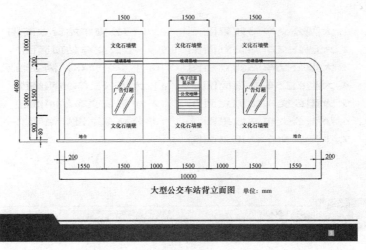

图 10-5

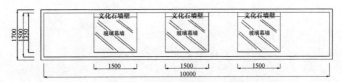

大型公交车站平面图 单位：mm

图 10-6

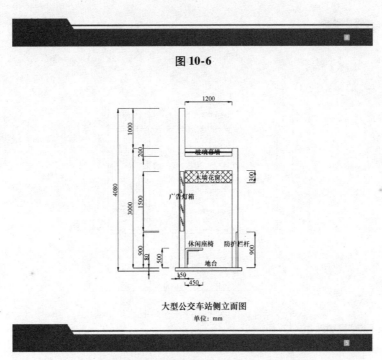

大型公交车站侧立面图
单位：mm

图 10-7

小型公交车站设计效果图

图 10-8

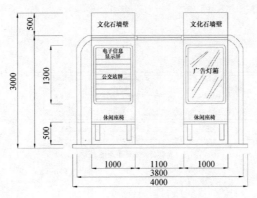

小型公交车站正立面图　　单位：mm

图 10-9

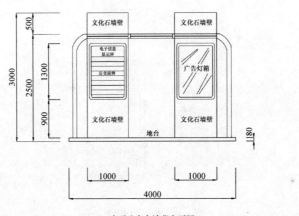

小型公交车站背立面图　　单位：mm

图 10-10

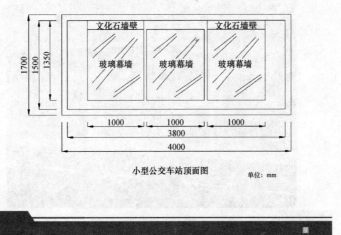

小型公交车站顶面图　　单位：mm

图 10-11

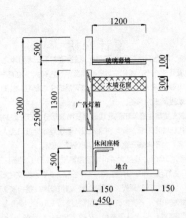

小型公交车站侧立面图

单位：mm

图 10-12

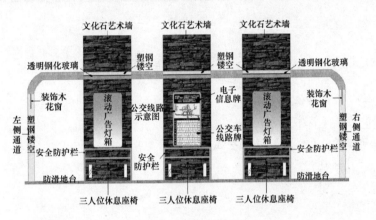

通化市大型公交车站明细分析图

图 10-13

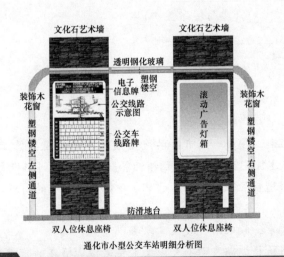

通化市小型公交车站明细分析图

图 10-14

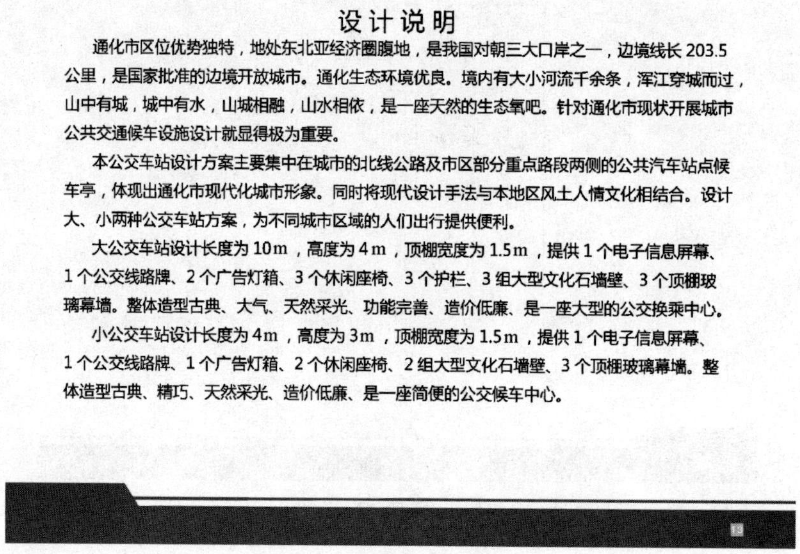

设计说明

通化市区位优势独特，地处东北亚经济圈腹地，是我国对朝三大口岸之一，边境线长 203.5 公里，是国家批准的边境开放城市。通化生态环境优良。境内有大小河流千余条，浑江穿城而过，山中有城，城中有水，山城相融，山水相依，是一座天然的生态氧吧。针对通化市现状开展城市公共交通候车设施设计就显得极为重要。

本公交车站设计方案主要集中在城市的北线公路及市区部分重点路段两侧的公共汽车站点候车亭，体现出通化市现代化城市形象。同时将现代设计手法与本地区风土人情文化相结合。设计大、小两种公交车站方案，为不同城市区域的人们出行提供便利。

大公交车站设计长度为 10 m，高度为 4 m，顶棚宽度为 1.5 m，提供 1 个电子信息屏幕、1 个公交线路牌、2 个广告灯箱、3 个休闲座椅、3 个护栏、3 组大型文化石墙壁、3 个顶棚玻璃幕墙。整体造型古典、大气、天然采光、功能完善、造价低廉、是一座大型的公交换乘中心。

小公交车站设计长度为 4 m，高度为 3 m，顶棚宽度为 1.5 m，提供 1 个电子信息屏幕、1 个公交线路牌、1 个广告灯箱、2 个休闲座椅、2 组大型文化石墙壁、3 个顶棚玻璃幕墙。整体造型古典、精巧、天然采光、造价低廉、是一座简便的公交候车中心。

图 10-15

大型公交站候车亭建筑及装饰工程
工程量清单报价表

投　标　人：<u>（略）</u>　（单位签字盖章）

法定代表人：<u>（略）</u>　（签字盖章）

造价工程师及注册证号：<u>（略）</u>　（签字盖执业专用章）

编制时间：×年×月×日

投标总价

建设单位：<u>（略）</u>

工程名称：<u>大型公交站候车亭建筑及装饰工程</u>

投标总价(小写)：<u>101881 元</u>

　　　　（大写）：<u>拾万壹仟捌佰捌拾壹元</u>

投标人：<u>（略）</u>　　　　　（单位签字盖章）

法定代表人：<u>（略）</u>　　　　（签字盖章）

编制时间：×年×月×日

总说明

1. 报价依据

1.1　某单位提供的工程施工图、《某市公共汽车候车亭建筑及装饰工程投标邀请书》、《投标须知》、《某市公共汽车候车亭建筑及装饰工程工程招标答疑》等一系列招标文件。

1.2　某市建筑装饰工程造价管理委员会二〇××年第×期发布的材料价格，并参照市场价。

2. 报价中需说明的问题

2.1　该工程因无特殊要求，故采用一般施工方法。

2.2　因考虑到市场材料价格近期波动不大，故主要建材价格在×市建筑装饰工程造价管理委员会二〇××年第×期发布的建材价格基础上下浮 3%。

大型公交站候车亭建筑及装饰工程量清单计算表

序号	项目编号	项目名称	项目特征	计量单位	工程数量	预算价格（元）	预算合价（元）
1	010602001001	塑钢整体造型	1. 白色塑钢 2. 规格 10000mm×3000mm	座	1	40000	40000
2	011204002001	文化石艺术墙	1. 文化石艺术墙饰面，强烈凹凸线条效果 2. 拼成不同的艺术效果，有强烈的立体感	座	3	10000	30000
3	010901004001	透明钢化玻璃	1. 防爆、抗压、防冻玻璃 2. 规格 1500mm×1000mm	块	3	2000	6000
4	011107002001	防滑地台	1. 高级防滑釉面砖 2. 防滑处理人工及辅料 3. 专业勾缝剂勾缝 4. 规格 300mm×300mm	座	1	8000	8000
5	011507003003	液晶显示牌	1. 冠捷液晶长方显示器 2. 专业人工调试	块	1	2430	2430
6	011507001001	滚动广告牌	1. 冠捷广告显示器 2. 专业人工调试	座	2	2000	4000
7	011508002001	公交车线路牌	1. 不锈钢镌字、黑颜色 2. 仿宋字体规格 3. 金属架固定 4. 灰白色不锈钢金属牌	块	1	500	500
8	011508002002	公交车示意牌	1. 不锈钢镌字、黑颜色 2. 仿宋字体规格 3. 金属架固定 4. 黄色不锈钢金属牌	块	1	500	500
9	010702005001	休息座椅	1. 木质结构 2. 1500mm×450mm 规格 3. 防腐木料	个	3	500	1500
10	011503001001	防护栏杆	1. 木质结构 2. 1500mm×900mm 规格 3. 防腐木料	个	3	300	900

大型公交站候车亭工程费汇总表

序号	项目名称	计算式	金额（元）
1	建筑及装饰工程量清单计价合计		93830
2	规费	1×5.0%	4691.5
3	不含税工程造价	1+2	98521.5
4	税金	3×3.41%	3359.5
5	含税工程造价	3+4	101881

小型公交站候车亭建筑及装饰工程
工程量清单报价表

投 标 人：（略） （单位签字盖章）

法定代表人：（略） （签字盖章）

造价工程师及注册证号：（略） （签字盖执业专用章）

编制时间：×年×月×日

133

投标总价

建设单位：(略)

工程名称：小型公交站候车亭建筑及装饰工程

投标总价(小写)：61380.5 元

      (大写)：陆万壹仟叁佰捌拾元伍角

投标人：(略)   (单位签字盖章)

法定代表人：(略)   (签字盖章)

编制时间：×年×月×日

总说明

1. 报价依据

1.1 某单位提供的工程施工图、《某市公共汽车候车亭建筑及装饰工程投标邀请书》、《投标须知》、《某市公共汽车候车亭建筑及装饰工程工程招标答疑》等一系列招标文件。

1.2 某市建筑装饰工程造价管理委员会二〇××年第×期发布的材料价格，并参照市场价。

2. 报价中需说明的问题

2.1 该工程因无特殊要求，故采用一般施工方法。

2.2 因考虑到市场材料价格近期波动不大，故主要建材价格在×市建筑装饰工程造价管理委员会二〇××年第×期发布的建材价格基础上下浮3%。

小型公交站候车亭建筑及装饰工程量清单计算表

序号	项目编号	项目名称	项目特征	计量单位	工程数量	预算价格(元)	预算合价(元)
1	010602001002	塑钢整体造型	1. 白色塑钢 2. 规格 4000mm×1700mm	座	1	20000	20000
2	011204002002	文化石艺术墙	1. 文化石艺术墙饰面，强烈凹凸线条效果 2. 拼成不同的艺术效果，有强烈的立体感	座	2	10000	20000
3	010901004002	透明钢化玻璃	1. 防爆、抗压、防冻玻璃 2. 规格 1350mm×1000mm	块	3	1500	4500
4	011107002001	防滑地台	1. 高级防滑釉面砖 2. 防滑处理人工及辅料 3. 专业勾缝剂勾缝 4. 规格 300mm×300mm	座	1	5000	5000
5	011507003003	液晶显示牌	1. 冠捷液晶长方显示器 2. 专业人工调试	块	1	2430	2430
6	011507001001	滚动广告牌	1. 冠捷广告显示器 2. 专业人工调试	座	1	2000	2000
7	011508002002	公交车线路牌	1. 不锈钢镂字、黑颜色 2. 仿宋字体规格 3. 金属架固定 4. 灰白色不锈钢金属牌	块	1	500	500

序号	项目编号	项目名称	项目特征	计量单位	工程数量	预算价格（元）	预算合价（元）
8	011508002001	公交车示意牌	1. 不锈钢镂字、黑颜色 2. 仿宋字体规格 3. 金属架固定 4. 黄色不锈钢金属牌	块	1	500	500
9	010702005002	休息座椅	1. 木质结构 2. 1000mm×450mm 规格 3. 防腐木料	个	2	500	1000
10	011503001002	防护栏杆	1. 木质结构 2. 1000mm×900mm 规格 3. 防腐木料	个	2	300	600

小型公交站候车亭工程费汇总表

序号	项目名称	计算式	金额（元）
1	建筑及装饰工程量清单计价合计		56530
2	规费	1×5.0%	2826.5
3	不含税工程造价	1＋2	59356.5
4	税金	3×3.41%	2024
5	含税工程造价	3＋4	61380.5

10.5 标书的合同文本制作

下面就以某市公交候车亭及广告位建设经营合同为具体范例，详细介绍城市公交候车亭标书的合同制作内容及流程。

某市公交候车亭及广告位建设经营合同

甲方：××市公共交通有限公司 （以下简称甲方）

乙方：××市建筑装饰工程有限公司 （以下简称乙方）

一、根据《中华人民共和国合同法》、《中华人民共和国建筑法》及其他有关法律、行政法规，规章的要求，乙方受某市公共交通有限公司委托实施××市公交候车亭建设经营等各民事行为。

二、甲、乙双方根据《中华人民共和国合同法》规定，本着平等、自愿、诚实信用的原则，订立本合同。

三、公交候车亭建设及广告位经营权费用

1. 甲方委托乙方建设的公交候车亭及广告位经营项目具体位置：详见《公交候车亭位置一览表》。

2. 本合同项下公交候车亭（××座）根据情况可以增减，由乙方全额投资建设，建成后公交候车亭广告位由乙方经营，经营期限，自 2017 年 01 月 01 日至甲方获取政府授权的期限。

3. 本合同项目下的公交候车亭建设价款总额为人民币×××万元（大写×××万元）。

4. 本合同项下公交候车亭广告位广告版面用途为发布商业广告或公益广告，在保证安全的情况下，乙方可在候车亭增设其他形式的广告。

5. 公交候车亭及广告位建设经营有效期内，乙方具有依照法律和本合同规定进行广告经营活动和××市城市发展需要改造或换新的权利．

6. 公交候车亭在乙方经营期限内，由于政府的行为，致使乙方的合同目的不能实现，甲方乙方协商解决各项经济损失。

7. 合同期内乙方按每个候车亭每年给甲方交纳管理费×××<u>×</u>元（大写<u>×××</u>万元）。每年一月三十日前一次性付清。费用三年调整一次。根据情况增减。

四、公交候车亭及广告位建设项目

1. 公交候车亭及广告位建设项目包括候车廊建设及附属设施。候车亭样式效果图及设计图纸（详见 10.4.3 标书方案图制作）。

2. 候车廊的建设项目包括：候车廊主体、候车椅、地面铺设、广告位、电源接驳、灯具安装等。

3. 站牌灯箱的建设项目包括：灯箱主体、电源接驳、灯具安装、站名牌、线路牌设置等。

4. 公交候车亭及广告位设施建设应按甲方确认的设计图纸、材料要求，由乙方制造、安装、建设；建成后的公交候车亭归乙方使用。

5. 公交候车亭及广告位设施应自本合同签订之日起二个月内安装建设完毕。

6. 如因甲方原因或政府行为造成个别站台无法按时建设或无法建设，竣工时间根据被延误的时间顺延。

五、甲方的权利

1. 甲方有权监督乙方履行本合同相关条款。

2. 甲方有权对乙方实施公交候车亭及广告位设施的建设、管理和维护工作进行监督。

六、甲方义务

1. 甲方负责办理以甲方名义办理的工程建设所需的各种许可、批文和临时作业所需的各项申请批准手续，必要时，甲方应协助乙方办理法律规定的有关施工证件和批件。

2. 甲方应向乙方提供拟建设公交候车亭的公交停靠站台，并积极协助乙方解决建设过程中的问题。

3. 在本合同期内，甲方不得将本合同规定的公交候车亭及广告位建设经营权转让给任何第三方。

4. 开工前 30 天，向乙方提供经甲方确认的施工图纸或作法说明 2 份，并向乙方进行现场交底，清除影响施工的障碍物。向乙方提供施工所需的水、电等基本需要，办理施工所涉及的各种申请、批件等手续，合同期候车亭灯箱所需照明电费由乙方承担。

5. 甲方负责协调有关部门预先做好周围绿地、构筑物及地下设施、设备、管线等防护工作。

6. 乙方负责施工现场的安全、卫生、及竣工的现场清理工作，如施工过程中发生的安全责任全部由乙方承担，与甲方无关。

7. 甲方负日常监管职责，如出现设施毁损要及时报警和及时告知乙方的义务。

七、乙方的权利

1. 乙方在公交候车亭及广告位建设经营权有效期和规定的范围内，具有依照法律、法规和本合同规定发布商业广告、自我形象宣传和公益广告，进行广告位经营并取得合法收益的权利。

2. 因甲方无正当理由提前收回公交候车亭及广告位建设经营权时，乙方有依法获得甲方赔偿的权利。

3. 因公共利益需要，政府要求提前收回公交候车亭及广告位建设经营权或拆除部分公交候车亭及广告位设施时，甲方配合乙方尽量减少乙方损失，并根据已使用年限要求责任方赔偿的权利。

4. 乙方在本合同项下的经营期内，未经甲方同意无权转让广告经营权。

八、乙方义务

1、乙方负责组织有资质的施工单位建设安装公交候车亭及广告位设施，并独自承担建设过程中产生的相关费用及因安全事故等原因引发的经济赔偿、法律责任。

2. 自本合同签订之日起二个月内，乙方应按甲方确认的设计图纸、材料要求，组织有资质的单位制造、安装、建设。建成后乙方应办理竣工验收手续，验收合格方可投入使用。

3. 在合同期内负责公交候车亭及广告位设施的管理和维护，乙方应按市容卫生标准负责公交候车亭及广告位设施的保洁、维护工作，公交候车亭及广告位设施若有损坏应在 7 日内组织修复工作。

4. 乙方经营发布广告应严格遵照《中华人民共和国广告法》等相关法律、法规，做到广告版面图案清新，内容健康、翔实，制作精良。暂无商业广告发布时，应发布公益广告，避免空版面影响市容。

5. 乙方建设的公交候车亭及广告位设施应具备符合安全要求和抵御自然灾害的能力。在自然灾害即将或正在发生时，乙方应采取及时有效的措施保证公交候车亭及广告位设施安全，并承担因公交候车亭及广告位设施安全问题造成的人身、财产伤害责任。

6. 乙方应根据甲方提供的站名和线路牌设置站牌灯箱。公交站点线路牌灯箱设置后，甲方因线路调整需更改线路牌时，乙方应在 5 个工作日内无偿为甲方更换线路牌版面。

7. 因城市建设需要，政府要求个别公交候车亭移位或调整，由乙方负责实施，所需费用由乙方自行解决。

8. 遇有重大活动，乙方应按政府要求做好候车亭广告牌面的保洁维护工作。

九、竣工验收：_____

十、保　　险：_____

十一、违约责任：

1. 甲方无正当理由提前终止本合同的，应当支付每个公交候车亭每年××××元（大写×××元）的违约金并赔偿乙方因此而造成的各项损失。

2. 如发生不可归责于双方的理由致合同解除，则甲方根据乙方建设公交候车亭建设费等各项投资，扣除已使用的时间折价收回已建设的公交候车亭。

3. 乙方未按甲方确认的设计图纸、材料要求进行公交候车亭及广告位设施制造、安装、建设时，甲方有权责令其改正，若乙方不按期改正，甲方有权组织予以拆除、重建直至解除合同，拆除、重建的费用由乙方承担。

4. 乙方负责建设并管理维护的公交候车亭及广告位设施损坏或被认定处于不安全状态时，经甲方催告乙方 10 天内仍未修复的，甲方有权组织维修，维修费用由乙方承担，且乙方需按维修额的 20% 向甲方支付违约金。

5. 乙方未能按时缴纳公交站亭的使用费，管理费、电费等相关费用时甲方有权解除合同，造成的损失由乙方承担。

十二、本合同经营期满后，公交候车亭及广告位设施无偿归甲方所有，如甲方继续有权建设公交站亭的权利，同等条件下甲方优先考虑乙方继续改造并经营的权利。

十三、双方对由于自然灾害等不可抗力造成的部分或全部不能履行本合同不承担违约责任，但应在条件允许下采取一切必要措施以减少因不可抗力造成的损失。若因一方延迟履行职责而造成损失的，不能免除其责任。

十四、招标文件与本合同具有同等法律效力，甲乙双方应共同遵守。

十五、因履行本合同发生争议，由甲乙双方协商解决，协商不成的，按以下规定的方式解决：
依法向甲方所在地人民法院起诉。

十六、本合同一式贰份，甲方、乙方各执壹份。

十七、本合同未尽事宜，甲乙双方另行协商进行修正、补充或更改。双方商议的修正、补充双方法人代表签字后生效。

十八、本合同自双方签字之日起生效。（本合同一份共 x 页）

附件一：《公交候车亭位置一览表》
附件二：候车亭样式效果图及设计图纸（详见 10.4.3 标书方案图制作）

甲方（盖章）：   乙方（盖章）：

地址：   地址：
法定代表人：   法定代表人：
联系电话：   联系电话：
开户银行：   开户银行：
账号：   账号：
日期：　　年 月 日   日期：　　年 月 日

附件一：

公交候车亭位置一览表

路别	站名	数量	建设方式	备注
总计		座		

注：1. 公交站台长度以现状为准。
　　2. 公交候车亭大小应与站台相协调，根据站台长度增减候车亭长度。
　　3. 候车亭样式：现代型、不锈钢。
　　4. 候车亭样式效果图及设计图纸附后（详见 10.4.3 标书方案图制作）。

附　　录

附录A　土石方工程

A.1　土方工程。工程量清单项目设置、项目特征描述的内容、计量单位及工程量计算规则，应按表A.1的规定执行。

表A.1　土方工程（编号：010101）

项目编码	项目名称	项目特征	计量单位	工程量计算规则	工作内容
010101001	平整场地	1. 土壤类别 2. 弃土运距 3. 取土运距	m²	按设计图示尺寸以建筑物首层建筑面积计算	1. 土方挖填 2. 场地找平 3. 运输
010101002	挖一般土方	1. 土壤类别 2. 挖土深度	m³	按设计图示尺寸以体积计算	1. 排地表水 2. 土方开挖 3. 围护（挡土板）、支撑 4. 基底钎探 5. 运输
010101003	挖沟槽土方			1. 房屋建筑按设计图示尺寸以基础垫层底面积乘以挖土深度计算 2. 构筑物按最大水平投影面积乘以挖土深度（原地面平均标高至坑底高度）以体积计算	
010101004	挖基坑土方				
010101005	冻土开挖	1. 冻土厚度		按设计图示尺寸开挖面积乘厚度以体积计算	1. 爆破 2. 开挖 3. 清理 4. 运输
010101006	挖淤泥、流砂	1. 挖掘深度 2. 弃淤泥、流砂距离		按设计图示位置、界限以体积计算	1. 开挖 2. 运输
010101007	管沟土方	1. 土壤类别 2. 管外径 3. 挖沟深度 4. 回填要求	1. m 2. m³	1. 以米计量，按设计图示以管道中心线长度计算 2. 以立方米计量，按设计图示管底垫层面积乘以挖土深度计算；无管底垫层按管外径的水平投影面积乘以挖土深度计算	1. 排地表水 2. 土方开挖 3. 围护（挡土板）、支撑 4. 运输 5. 回填

注：①挖土应按自然地面测量标高至设计地坪标高的平均厚度确定。竖向土方、山坡切土开挖深度应按基础垫层底表面标高至交付施工现场地标高确定，无交付施工场地标高时，应按自然地面标高确定。
②建筑物场地厚度≤±300mm的挖、填、运、找平，应按本表中平整场地项目编码列项。厚度＞±300mm的竖向布置挖土或山坡切土应按本表中挖一般土方项目编码列项。
③沟槽、基坑、一般土方的划分为：底宽≤7m，底长＞3倍底宽为沟槽；底长≤3倍底宽、底面积≤150m²为基坑；超出上述范围则为一般土方。
④挖土方如需截桩头时，应按桩基工程相关项目编码列项。
⑤弃、取土运距可以不描述，但应注明由投标人根据施工现场实际情况自行考虑，决定报价。
⑥土壤的分类应按表A.1-1确定，如土壤类别不能准确划分时，招标人可注明为综合，由投标人根据地勘报告决定报价。
⑦土方体积应按挖掘前的天然密实体积计算。如需按天然密实体积折算时，应按表A.1-2系数计算。
⑧挖沟槽、基坑、一般土方因工作面和放坡增加的工程量（管沟工作面增加的工程量），是否并入各土方工程量中，按各省、自治区、直辖市或行业建设主管部门的规定实施，如并入各土方工程量中，办理工程结算时，按经发包人认可的施工组织设计规定计算，编制工程量清单时，可按表A.1-3、A.1-4、A.1-5规定计算。
⑨挖方出现流砂、淤泥时，应根据实际情况由发包人与承包人双方现场签证确认工程量。
⑩管沟土方项目适用于管道（给排水、工业、电力、通信）、光（电）缆沟（包括：人孔桩、接口坑）及连接井（检查井）等。

附　录

表 A.1-1　土壤分类表

土壤分类	土壤名称	开挖方法
一、二类土	粉土、砂土（粉砂、细砂、中砂、粗砂、砾砂）、粉质黏土、弱中盐渍土、软土（淤泥质土、泥炭、泥炭质土）、软塑红黏土、充填土	用锹、少许用镐、条锄开挖。机械能全部直接铲挖满载者
三类土	黏土、碎石土（圆砾、角砾）混合土、可塑红黏土、硬塑红黏土、强盐渍土、素填土、压实填土	主要用镐、条锄、少许用锹开挖。机械需部分刨松方能铲挖满载者或可直接铲挖但不能满载者
四类土	碎石土（卵石、碎石、漂石、块石）、坚硬红黏土、超盐渍土、杂填土	全部用镐、条锄挖掘、少许用撬棍挖掘。机械须普遍刨松方能铲挖满载者

注：本表土的名称及其含义按国家标准《岩土工程勘察规范》（GB 50021—2001）（2009 年版）定义。

表 A.1-2　土方体积折算系数表

天然密实度体积	虚方体积	夯实后体积	松填体积
0.77	1.00	0.67	0.83
1.00	1.30	0.87	1.08
1.15	1.50	1.00	1.25
0.92	1.20	0.80	1.00

注：①虚方指未经碾压、堆积时间≤1 年的土壤；
②本表按《全国统一建筑工程预算工程量计算规则》（GJDGZ—101—95）整理；
③设计密实度超过规定的，填方体积按工程设计要求执行；无设计要求按各省、自治区、直辖市或行业建设行政主管部门规定的系数执行。

表 A.1-3　放坡系数表

土类别	放坡起点（m）	人工挖土	机械挖土		
			在坑内作业	在坑上作业	顺沟槽在坑上作业
一、二类土	1.20	1：0.5	1：0.33	1：0.75	1：0.5
三类土	1.50	1：0.33	1：0.25	1：0.67	1：0.33
四类土	2.00	1：0.25	1：0.10	1：0.33	1：0.25

注：①沟槽、基坑中土类别不同时，分别按其放坡起点、放坡系数、依不同土类别厚度加权平均计算。
②计算放坡时，在交接处的重复工程量不予扣除，原槽、坑作基础垫层时，放坡自垫层上表面开始计算。

表 A.1-4　基础施工所需工作面宽度计算表

基础材料	每边各增加工作面宽度（mm）
砖基础	200
浆砌毛石、条石基础	150
混凝土基础垫层支模板	300
混凝土基础支模板	300
基础垂直面做防水层	1000（防水层面）

注：本表按《全国统一建筑工程预算工程量计算规则》（GJDGZ—101—95）整理。

表 A.1-5　管沟施工每侧所需工作面宽度计算表

管沟材料 ＼ 管道结构宽（mm）	≤500	≤1000	≤2500	＞2500
混凝土及钢筋混凝土管道（mm）	400	500	600	700
其他材质管道（mm）	300	400	500	600

注：①本表按《全国统一建筑工程预算工程量计算规则》（GJDGZ—101—95）整理；
②管道结构宽：有管座的按基础外缘，无管座的按管道外径。

A.2 石方工程。工程量清单项目设置、项目特征描述的内容、计量单位及工程量计算规则，应按表 A.2 的规定执行。

表 A.2 石方工程（编号：010102）

项目编码	项目名称	项目特征	计量单位	工程量计算规则	工作内容
010102001	挖一般石方	1. 岩石类别 2. 开凿深度 3. 弃碴运距	m³	按设计图示尺寸以体积计算	1. 排地表水 2. 凿石 3. 运输
010102002	挖沟槽石方			按设计图示尺寸沟槽底面积乘以挖石深度以体积计算	
010102003	挖基坑石方			按设计图示尺寸基坑底面积乘以挖石深度以体积计算	
010102004	基底摊座		m²	按设计图示尺寸以展开面积计算	
010102005	管沟石方	1. 岩石类别 2. 管外径 3. 挖沟深度	1. m 2. m³	1. 以米计量，按设计图示以管道中心线长度计算 2. 以立方米计量，按设计图示截面积乘以长度计算	1. 排地表水 2. 凿石 3. 回填 4. 运输

注：①挖石应按自然地面测量标高至设计地坪标高的平均厚度确定。基础石方开挖深度应按基础垫层底表面标高至交付施工现场地标高确定，无交付施工场地标高时，应按自然地面标高确定。
②厚度 > ±300mm 的竖向布置挖石或山坡凿石应按本表中挖一般石方项目编码列项。
③沟槽、基坑、一般石方的划分为：底宽≤7m，底长 >3 倍底宽为沟槽；底长≤3 倍底宽、底面积≤150m² 为基坑；超出上述范围则为一般石方。
④弃碴运距可以不描述，但应注明由投标人根据施工现场实际情况自行考虑，决定报价。
⑤岩石的分类应按表 A.2-1 确定。
⑥石方体积应按挖掘前的天然密实体积计算。如需按天然密实体积折算时，应按规范表 A.2-2 系数计算。
⑦管沟石方项目适用于管道（给排水、工业、电力、通信）、电缆沟及连接井（检查井）等。

表 A.2-1 岩石分类表

岩石分类		代表性岩石	开挖方法
极软岩		1. 全风化的各种岩石 2. 各种半成岩	部分用手凿工具、部分用爆破法开挖
软质岩	软岩	1. 强风化的坚硬岩或较硬岩 2. 中等风化-强风化的较软岩 3. 未风化-微风化的页岩、泥岩、泥质砂岩等	用风镐和爆破法开挖
	较软岩	1. 中等风化-强风化的坚硬岩或较硬岩 2. 未风化-微风化的凝灰岩、千枚岩、泥灰岩、泥质砂岩等	用爆破法开挖
硬质岩	较硬岩	1. 微风化的坚硬岩 2. 未风化-微风化的大理岩、板岩、石灰岩、白云岩、钙质砂岩等	用爆破法开挖
	坚硬岩	未风化-微风化的花岗岩、闪长岩、辉绿岩、玄武岩、安山岩、片麻岩、石英岩、石英砂岩、硅质砾岩、硅质石灰岩等	用爆破法开挖

注：本表依据国家标准《工程岩体分级级标准》（GB 50218—94）和《岩土工程勘察规范》（GB 50021—2001）（2009 年版）整理。

表 A.2-2 石方体积折算系数表

石方类别	天然密实度体积	虚方体积	松填体积	码方
石方	1.0	1.54	1.31	—
块石	1.0	1.75	1.43	1.67
砂夹石	1.0	1.07	0.94	—

注：本表按建设部颁发《爆破工程消耗量定额》GYD—102—2008 整理。

A.3　回填。工程量清单项目设置、项目特征描述的内容、计量单位及工程量计算规则，应按表 A.3 的规定执行。

表 A.3　回填（编号：010103）

项目编码	项目名称	项目特征	计量单位	工程量计算规则	工作内容
010103001	回填方	1. 密实度要求 2. 填方材料品种 3. 填方粒径要求 4. 填方来源、运距	m³	按设计图示尺寸以体积计算 1. 场地回填：回填面积乘平均回填厚度 2. 室内回填：主墙间面积乘回填厚度，不扣除间隔墙 3. 基础回填：挖方体积减去自然地坪以下埋设的基础体积（包括基础垫层及其他构筑物）	1. 运输 2. 回填 3. 压实
010103002	余方弃置	1. 废弃料品种 2. 运距		按挖方清单项目工程量减利用回填方体积（正数）计算	余方点装料运输至弃置点
010103003	缺方内运	1. 填方材料品种 2. 运距		按挖方清单项目工程量减利用回填方体积（负数）计算	取料点装料运输至缺方点

注：①填方密实度要求，在无特殊要求情况下，项目特征可描述为满足设计和规范的要求。
　　②填方材料品种可以不描述，但应注明由投标人根据设计要求验方后方可填入，并符合相关工程的质量规范要求。
　　③填方粒径要求，在无特殊要求情况下，项目特征可以不描述。

附录 B 地基处理与边坡支护工程

B.1 地基处理。工程量清单项目设置、项目特征描述的内容、计量单位及工程量计算规则，应按表 B.1 的规定执行。

表 B.1 地基处理（编号：010201）

项目编码	项目名称	项目特征	计量单位	工程量计算规则	工作内容
010201001	换填垫层	1. 材料种类及配比 2. 压实系数 3. 掺加剂品种	m^3	按设计图示尺寸以体积计算	1. 分层铺填 2. 碾压、振密或夯实 3. 材料运输
010201002	铺设土工合成材料	1. 部位 2. 品种 3. 规格	m^2	按设计图示尺寸以面积计算	1. 挖填锚固沟 2. 铺设 3. 固定 4. 运输
010201003	预压地基	1. 排水竖井种类、断面尺寸、排列方式、间距、深度 2. 预压方法 3. 预压荷载、时间 4. 砂垫层厚度		按设计图示尺寸以加固面积计算	1. 设置排水竖井、盲沟、滤水管 2. 铺设砂垫层、密封膜 3. 堆载、卸载或抽气设备安拆、抽真空 4. 材料运输
010201004	强夯地基	1. 夯击能量 2. 夯击遍数 3. 地耐力要求 4. 夯填材料种类			1. 铺设夯填材料 2. 强夯 3. 夯填材料运输
010201005	振冲密实（不填料）	1. 地层情况 2. 振密深度 3. 孔距			1. 振冲加密 2. 泥浆运输
010201006	振冲桩（填料）	1. 地层情况 2. 空桩长度、桩长 3. 桩径 4. 填充材料种类	1. m 2. m^3	1. 以米计量，按设计图示尺寸以桩长计算 2. 以立方米计量，按设计桩截面乘以桩长以体积计算	1. 振冲成孔、填料、振实 2. 材料运输 3. 泥浆运输
010201007	砂石桩	1. 地层情况 2. 空桩长度、桩长 3. 桩径 4. 成孔方法 5. 材料种类、级配		1. 以米计量，按设计图示尺寸以桩长（包括桩尖）计算 2. 以立方米计量，按设计桩截面乘以桩长（包括桩尖）以体积计算	1. 成孔 2. 填充、振实 3. 材料运输
010201008	水泥粉煤灰碎石桩	1. 地层情况 2. 空桩长度、桩长 3. 桩径 4. 成孔方法 5. 混合料强度等级	m	按设计图示尺寸以桩长（包括桩尖）计算	1. 成孔 2. 混合料制作、灌注、养护

项目编码	项目名称	项目特征	计量单位	工程量计算规则	工作内容
010201009	深层搅拌桩	1. 地层情况 2. 空桩长度、桩长 3. 桩截面尺寸 4. 水泥强度等级、掺量		按设计图示尺寸以桩长计算	1. 预搅下钻、水泥浆制作、喷浆搅拌提升成桩 2. 材料运输
010201010	粉喷桩	1. 地层情况 2. 空桩长度、桩长 3. 桩径 4. 粉体种类、掺量 5. 水泥强度等级、石灰粉要求		按设计图示尺寸以桩长计算	1. 预搅下钻、喷粉搅拌提升成桩 2. 材料运输
010201011	夯实水泥土桩	1. 地层情况 2. 空桩长度、桩长 3. 桩径 4. 成孔方法 5. 水泥强度等级 6. 混合料配比		按设计图示尺寸以桩长（包括桩尖）计算	1. 成孔、夯底 2. 水泥土拌合、填料、夯实 3. 材料运输
010201012	高压喷射注浆桩	1. 地层情况 2. 空桩长度、桩长 3. 桩截面 4. 注浆类型、方法 5. 水泥强度等级	m	按设计图示尺寸以桩长计算	1. 成孔 2. 水泥浆制作、高压喷射注浆 3. 材料运输
010201013	石灰桩	1. 地层情况 2. 空桩长度、桩长 3. 桩径 4. 成孔方法 5. 掺和料种类、配合比		按设计图示尺寸以桩长（包括桩尖）计算	1. 成孔 2. 混合料制作、运输、夯填
010201014	灰土（土）挤密桩	1. 地层情况 2. 空桩长度、桩长 3. 桩径 4. 成孔方法 5. 灰土级配			1. 成孔 2. 灰土拌合、运输、填充、夯实
10201015	柱锤冲扩桩	1. 地层情况 2. 空桩长度、桩长 3. 桩径 4. 成孔方法 5. 桩体材料种类、配合比		按设计图示尺寸以桩长计算	1. 安拔套管 2. 冲孔、填料、夯实 3. 桩体材料制作、运输
010201016	注浆地基	1. 地层情况 2. 空钻深度、注浆深度 3. 注浆间距 4. 浆液种类及配比 5. 注浆方法 6. 水泥强度等级	1. m 2. m³	1. 以米计量，按设计图示尺寸以钻孔深度计算 2. 以立方米计量，按设计图示尺寸以加固体积计算	1. 成孔 2. 注浆导管制作、安装 3. 浆液制作、压浆 4. 材料运输
10201017	褥垫层	1. 厚度 2. 材料品种及比例	1. m² 2. m³	1. 以平方米计量，按设计图示尺寸以铺设面积计算 2. 以立方米计量，按设计图示尺寸以体积计算	材料拌合、运输、铺设、压实

注：①地层情况按表 A.1-1 和表 A.-1 的规定，并根据岩土工程勘察报告按单位工程各地层所占比例（包括范围值）进行描述。对无法准确描述的地层情况，可注明由投标人根据岩土工程勘察报告自行决定报价。
②项目特征中的桩长应包括桩尖，空桩长度＝孔深-桩长，孔深为自然地面至设计桩底的深度。
③高压喷射注浆类型包括旋喷、摆喷、定喷，高压喷射注浆方法包括单管法、双重管法、三重管法。
④复合地基的检测费用按国家相关取费标准单独算，不在本清单项目中。
⑤如采用泥浆护壁成孔，工作内容包括土方、废泥浆外运，如采用沉管灌注成孔，工作内容包括桩尖制作、安装。
⑥弃土（不含泥浆）清理、运输按附录 A 中相关项目编码列项。

B.2 基坑与边坡支护。工程量清单项目设置、项目特征描述的内容、计量单位及工程量计算规则，应按表 B.2 的规定执行。

表 B.2 基坑与边坡支护（编码：010202）

项目编码	项目名称	项目特征	计量单位	工程量计算规则	工作内容
010202001	地下连续墙	1. 地层情况 2. 导墙类型、截面 3. 墙体厚度 4. 成槽深度 5. 混凝土类别、强度等级 6. 接头形式	m³	按设计图示墙中心线长乘以厚度乘以槽深以体积计算	1. 导墙挖填、制作、安装、拆除 2. 挖土成槽、固壁、清底置换 3. 混凝土制作、运输、灌注、养护 4. 接头处理 5. 土方、废泥浆外运 6. 打桩场地硬化及泥浆池、泥浆沟
010202002	咬合灌注桩	1. 地层情况 2. 桩长 3. 桩径 4. 混凝土类别、强度等级 5. 部位	1. m 2. 根	1. 以米计量，按设计图示尺寸以桩长计算 2. 以根计量，按设计图示数量计算	1. 成孔、固壁 2. 混凝土制作、运输、灌注、养护 3. 套管压拔 4. 土方、废泥浆外运 5. 打桩场地硬化及泥浆池、泥浆沟
010202003	圆木桩	1. 地层情况 2. 桩长 3. 材质 4. 尾径 5. 桩倾斜度		1. 以米计量，按设计图示尺寸以桩长（包括桩尖）计算 2. 以根计量，按设计图示数量计算	1. 工作平台搭拆 2. 桩机竖拆、移位 3. 桩靴安装 4. 沉桩
010202004	预制钢筋混凝土板桩	1. 地层情况 2. 送桩深度、桩长 3. 桩截面 4. 混凝土强度等级			1. 工作平台搭拆 2. 桩机竖拆、移位 3. 沉桩 4. 接桩
010202005	型钢桩	1. 地层情况或部位 2. 送桩深度、桩长 3. 规格型号 4. 桩倾斜度 5. 防护材料种类 6. 是否拔出	1. t 2. 根	1. 以吨计量，按设计图示尺寸以质量计算 2. 以根计量，按设计图示数量计算	1. 工作平台搭拆 2. 桩机竖拆、移位 3. 打（拔）桩 4. 接桩 5. 刷防护材料
010202006	钢板桩	1. 地层情况 2. 桩长 3. 板桩厚度	1. t 2. m²	1. 以吨计量，按设计图示尺寸以质量计算 2. 以平方米计量，按设计图示墙中心线长乘以桩长以面积计算	1. 工作平台搭拆 2. 桩机竖拆、移位 3. 打拔钢板桩
010202007	预应力锚杆、锚索	1. 地层情况 2. 锚杆（索）类型、部位 3. 钻孔深度 4. 钻孔直径 5. 杆体材料品种、规格、数量 6. 浆液种类、强度等级	1. m 2. 根	1. 以米计量，按设计图示尺寸以钻孔深度计算 2. 以根计量，按设计图示数量计算	1. 钻孔、浆液制作、运输、压浆 2. 锚杆、锚索制作、安装 3. 张拉锚固 4. 锚杆、锚索施工平台搭设、拆除
010202008	其他锚杆、土钉	1. 地层情况 2. 钻孔深度 3. 钻孔直径 4. 置入方法 5. 杆体材料品种、规格、数量 6. 浆液种类、强度等级			1. 钻孔、浆液制作、运输、压浆 2. 锚杆、土钉制作、安装 3. 锚杆、土钉施工平台搭设、拆除

项目编码	项目名称	项目特征	计量单位	工程量计算规则	工作内容
010202009	喷射混凝土、水泥砂浆	1. 部位 2. 厚度 3. 材料种类 4. 混凝土（砂浆）类别、强度等级	m²	按设计图示尺寸以面积计算	1. 修整边坡 2. 混凝土（砂浆）制作、运输、喷射、养护 3. 钻排水孔、安装排水管 4. 喷射施工平台搭设、拆除
010202010	混凝土支撑	1. 部位 2. 混凝土强度等级	m³	按设计图示尺寸以体积计算	1. 模板（支架或支撑）制作、安装、拆除、堆放、运输及清理模内杂物、刷隔离剂等 2. 混凝土制作、运输、浇筑、振捣、养护
010202011	钢支撑	1. 部位 2. 钢材品种、规格 3. 探伤要求	t	按设计图示尺寸以质量计算。不扣除孔眼质量，焊条、铆钉、螺栓等不另增加质量	1. 支撑、铁件制作（摊销、租赁） 2. 支撑、铁件安装 3. 探伤 4. 刷漆 5. 拆除 6. 运输

注：①地层情况按表 A.1-1 和表 A.2-1 的规定，并根据岩土工程勘察报告按单位工程各地层所占比例（包括范围值）进行描述。对无法准确描述的地层情况，可注明由投标人根据岩土工程勘察报告自行决定报价。

②其他锚杆是指不施加预应力的土层锚杆和岩石锚杆。置入方法包括钻孔置入、打入或射入等。

③基坑与边坡的检测、变形观测等费用按国家相关取费标准单独计算，不在本清单项目中。

④地下连续墙和喷射混凝土的钢筋网及咬合灌注桩的钢筋笼制作、安装，按附录 E 中相关项目编码列项。本分部未列的基坑与边坡支护的排桩按附录 C 中相关项目编码列项。水泥土墙、坑内加固按表 B.1 中相关项目编码列项。砖、石挡土墙、护坡按附录 D 中相关项目编码列项。混凝土挡土墙按附录 E 中相关项目编码列项。弃土（不含泥浆）清理、运输按附录 A 中相关项目编码列项。

附录 C 桩基工程

C.1 打桩。工程量清单项目设置、项目特征描述的内容、计量单位及工程量计算规则，应按表 C.1 的规定执行。

表 C.1 打桩（编号：010301）

项目编码	项目名称	项目特征	计量单位	工程量计算规则	工作内容
010301001	预制钢筋混凝土方桩	1. 地层情况 2. 送桩深度、桩长 3. 桩截面 4. 桩倾斜度 5. 混凝土强度等级	1. m 2. 根	1. 以米计量，按设计图示尺寸以桩长（包括桩尖）计算 2. 以根计量，按设计图示数量计算	1. 工作平台搭拆 2. 桩机竖拆、移位 3. 沉桩 4. 送桩
010301002	预制钢筋混凝土管桩	1. 地层情况 2. 送桩深度、桩长 3. 桩外径、壁厚 4. 桩倾斜度 5. 混凝土强度等级 6. 填充材料种类 7. 防护材料种类			1. 工作平台搭拆 2. 桩机竖拆、移位 3. 沉桩 4. 接桩 5. 送桩 6. 填充材料、刷防护材料
010301003	钢管桩	1. 地层情况 2. 送桩深度、桩长 3. 材质 4. 管径、壁厚 5. 桩倾斜度 6. 填充材料种类 7. 防护材料种类	1. t 2. 根	1. 以吨计量，按设计图示尺寸以质量计算 2. 以根计量，按设计图示数量计算	1. 工作平台搭拆 2. 桩机竖拆、移位 3. 沉桩 4. 接桩 5. 送桩 6. 切割钢管、精割盖帽 7. 管内取土 8. 填充材料、刷防护材料
010301004	截（凿）桩头	1. 桩头截面、高度 2. 混凝土强度等级 3. 有无钢筋	1. m³ 2. 根	1. 以立方米计量，按设计桩截面乘以桩头长度以体积计算 2. 以根计量，按设计图示数量计算	1. 截桩头 2. 凿平 3. 废料外运

注：①地层情况按表 A.1-1 和表 A.2-1 的规定，并根据岩土工程勘察报告按单位工程各地层所占比例（包括范围值）进行描述。对无法准确描述的地层情况，可注明由投标人根据岩土工程勘察报告自行决定报价。
②项目特征中的桩截面、混凝土强度等级、桩类型等可直接用标准图代号或设计桩型进行描述。
③打桩项目包括成品桩购置费，如果用现场预制桩，应包括现场预制的所有费用。
④打试验桩和打斜桩应按相应项目编码单独列项，并应在项目特征中注明试验桩或斜桩（斜率）。
⑤桩基础的承载力检测、桩身完整性检测等费用按国家相关取费标准单独计算，不在本清单项目中。

C.2 灌注桩。工程量清单项目设置、项目特征描述的内容、计量单位及工程量计算规则，应按表 C.2 的规定执行。

表 C.2　灌注桩（编号：010302）

项目编码	项目名称	项目特征	计量单位	工程量计算规则	工作内容
010302001	泥浆护壁成孔灌注桩	1. 地层情况 2. 空桩长度、桩长 3. 桩径 4. 成孔方法 5. 护筒类型、长度 6. 混凝土类别、强度等级	1. m 2. m³ 3. 根	1. 以米计量，按设计图示尺寸以桩长（包括桩尖）计算 2. 以立方米计量，按不同截面在桩上范围内以体积计算 3. 以根计量，按设计图示数量计算	1. 护筒埋设 2. 成孔、固壁 3. 混凝土制作、运输、灌注、养护 4. 土方、废泥浆外运 5. 打桩场地硬化及泥浆池、泥浆沟
010302002	沉管灌注桩	1. 地层情况 2. 空桩长度、桩长 3. 复打长度 4. 桩径 5. 沉管方法 6. 桩尖类型 7. 混凝土类别、强度等级			1. 打（沉）拔钢管 2. 桩尖制作、安装 3. 混凝土制作、运输、灌注、养护
010302003	干作业成孔灌注桩	1. 地层情况 2. 空桩长度、桩长 3. 桩径 4. 扩孔直径、高度 5. 成孔方法 6. 混凝土类别、强度等级			1. 成孔、扩孔 2. 混凝土制作、运输、灌注、振捣、养护
010302004	挖孔桩土（石）方	1. 土（石）类别 2. 挖孔深度 3. 弃土（石）运距	m³	按设计图示尺寸截面积乘以挖孔深度以立方米计算	1. 排地表水 2. 挖土、凿石 3. 基底钎探 4. 运输
010302005	人工挖孔灌注桩	1. 桩芯长度 2. 桩芯直径、扩底直径、扩底高度 3. 护壁厚度、高度 4. 护壁混凝土类别、强度等级 5. 桩芯混凝土类别、强度等级	1. m³ 2. 根	1. 以立方米计量，按桩芯混凝土体积计算 2. 以根计量，按设计图示数量计算	1. 护壁制作 2. 混凝土制作、运输、灌注、振捣、养护
010302006	钻孔压浆桩	1. 地层情况 2. 空钻长度、桩长 3. 钻孔直径 4. 水泥强度等级	1. m 2. 根	1. 以米计量，按设计图示尺寸以桩长计算 2. 以根计量，按设计图示数量计算	钻孔、下注浆管、投放骨料、浆液制作、运输、压浆
010302007	桩底注浆	1. 注浆导管材料、规格 2. 注浆导管长度 3. 单孔注浆量 4. 水泥强度等级	孔	按设计图示以注浆孔数计算	1. 注浆导管制作、安装 2. 浆液制作、运输、压浆

注：①地层情况按表 A.1-1 和表 A.2-1 的规定，并根据岩土工程勘察报告按单位工程各地层所占比例（包括范围值）进行描述。对无法准确描述的地层情况，可注明由投标人根据岩土工程勘察报告自行决定报价。

②项目特征中的桩长应包括桩尖，空桩长度 = 孔深 - 桩长，孔深为自然地面至设计桩底的深度。

③项目特征中的桩截面（桩径）、混凝土强度等级、桩类型等可直接用标准图代号或设计桩型进行描述。

④泥浆护壁成孔灌注桩是指在泥浆护壁条件下成孔，采用水下灌注混凝土的桩。其成孔方法包括冲击钻成孔、冲抓锥成孔、回旋钻成孔、潜水钻成孔、泥浆护壁的旋挖成孔等。

⑤沉管灌注桩的沉管方法包括捶击沉管法、振动沉管法、振动冲击沉管法、内夯沉管法等。

⑥干作业成孔灌注桩是指不用泥浆护壁和套管护壁的情况下，用钻机成孔后，下钢筋笼，灌注混凝土的桩，适用于地下水位以上的土层使用。其成孔方法包括螺旋钻成孔、螺旋钻成孔扩底、干作业的旋挖成孔等。

⑦桩基础的承载力检测、桩身完整性检测等费用按国家相关取费标准单独计算，不在本清单项目中。

⑧混凝土灌注桩的钢筋笼制作、安装，按附录 E 中相关项目编码列项。

附录 D 砌筑工程

D.1 砖砌体。工程量清单项目设置、项目特征描述的内容、计量单位及工程量计算规则，应按表 D.1 的规定执行。

表 D.1 砖砌体（编号：010401）

项目编码	项目名称	项目特征	计量单位	工程量计算规则	工作内容
010401001	砖基础	1. 砖品种、规格、强度等级 2. 基础类型 3. 砂浆强度等级 4. 防潮层材料种类	m³	按设计图示尺寸以体积计算。 包括附墙垛基础宽出部分体积，扣除地梁（圈梁）、构造柱所占体积，不扣除基础大放脚T形接头处的重叠部分及嵌入基础内的钢筋、铁件、管道、基础砂浆防潮层和单个面积 ≤0.3m² 的孔洞所占体积，靠墙暖气沟的挑檐不增加。基础长度：外墙按外墙中心线，内墙按内墙净长线计算	1. 砂浆制作、运输 2. 砌砖 3. 防潮层铺设 4. 材料运输
010401002	砖砌挖孔桩护壁	1. 砖品种、规格、强度等级 2. 砂浆强度等级		按设计图示尺寸以立方米计算	1. 砂浆制作、运输 2. 砌砖 3. 材料运输
010401003	实心砖墙			按设计图示尺寸以体积计算。扣除门窗洞口、过人洞、空圈、嵌入墙内的钢筋混凝土柱、梁、圈梁、挑梁、过梁及凹进墙内的壁龛、管槽、暖气槽、消火栓箱所占体积，不扣除梁头、板头、檩头、垫木、木楞头、沿缘木、木砖、门窗走头、砖墙内加固钢筋、木筋、铁件、钢管及单个面积≤0.3m²的孔洞所占的体积。凸出墙面的腰线、挑檐、压顶、窗台线、虎头砖、门窗套的体积也不增加。凸出墙面的砖垛并入墙体体积内计算。 1. 墙长度：外墙按中心线、内墙按净长计算； 2. 墙高度： ①外墙：斜（坡）屋面无檐口天棚者算至屋面板底；有屋架且室内外均有天棚者算至屋架下弦底另加 200mm；无天棚者算至屋架下弦底另加 300mm，出檐宽度超过 600mm 时按实砌高度计算；与钢筋混凝土楼板隔层者算至板顶。平屋顶算至钢筋混凝土板底 ②内墙：位于屋架下弦者，算至屋架下弦底；无屋架者算至天棚底另加 100mm；有钢筋混凝土楼板隔层者算至楼板顶；有框架梁时算至梁底 ③女儿墙：从屋面板上表面算至女儿墙顶面（如有混凝土压顶时算至压顶下表面） ④内、外山墙：按其平均高度计算 3. 框架间墙：不分内外墙按墙体净尺寸以体积计算 4. 围墙：高度算至压顶上表面（如有混凝土压顶时算至压顶下表面），围墙柱并入围墙体积内	
010401004	多孔砖墙	1. 砖品种、规格、强度等级 2. 墙体类型 3. 砂浆强度等级、配合比			1. 砂浆制作、运输 2. 砌砖 3. 刮缝 4. 砖压顶砌筑 5. 材料运输
010401005	空心砖墙				

续表

项目编码	项目名称	项目特征	计量单位	工程量计算规则	工作内容
010401006	空斗墙	1. 砖品种、规格、强度等级 2. 墙体类型 3. 砂浆强度等级、配合比	m³	按设计图示尺寸以空斗墙外形体积计算。墙角、内外墙交接处、门窗洞口立边、窗台砖、屋檐处的实砌部分体积并入空斗墙体积内	1. 砂浆制作、运输 2. 砌砖 3. 装填充料 4. 刮缝 5. 材料运输
010401007	空花墙			按设计图示尺寸以空花部分外形体积计算,不扣除空洞部分体积	
010404008	填充墙			按设计图示尺寸以填充墙外形体积计算	
010401009	实心砖柱	1. 砖品种、规格、强度等级 2. 柱类型 3. 砂浆强度等级、配合比		按设计图示尺寸以体积计算。扣除混凝土及钢筋混凝土垫、梁头所占体积	1. 砂浆制作、运输 2. 砌砖 3. 刮缝 4. 材料运输
010404010	多孔砖柱				
010404011	砖检查井	1. 井截面 2. 垫层材料种类、厚度 3. 底板厚度 4. 井盖安装 5. 混凝土强度等级 6. 砂浆强度等级 7. 防潮层材料种类	座	按设计图示数量计算	1. 土方挖、运 2. 砂浆制作、运输 3. 铺设垫层 4. 底板混凝土制作、运输、浇筑、振捣、养护 5. 砌砖 6. 刮缝 7. 井池底、壁抹灰 8. 抹防潮层 9. 回填 10. 材料运输
010404013	零星砌砖	1. 零星砌砖名称、部位 2. 砂浆强度等级、配合比	1. m³ 2. m² 3. m 4. 个	1. 以立方米计量,按设计图示尺寸截面积乘以长度计算 2. 以平方米计量,按设计图示尺寸水平投影面积计算 3. 以米计量,按设计图示尺寸长度计算 4. 以个计量,按设计图示数量计算	1. 砂浆制作、运输 2. 砌砖 3. 刮缝 4. 材料运输
010404014	砖散水、地坪	1. 砖品种、规格、强度等级 2. 垫层材料种类、厚度 3. 散水、地坪厚度 4. 面层种类、厚度 5. 砂浆强度等级	m²	按设计图示尺寸以面积计算	1. 土方挖、运 2. 地基找平、夯实 3. 铺设垫层 4. 砌砖散水、地坪 5. 抹砂浆面层
010404015	砖地沟、明沟	1. 砖品种、规格、强度等级 2. 沟截面尺寸 3. 垫层材料种类、厚度 4. 混凝土强度等级 5. 砂浆强度等级	m	以米计量,按设计图示以中心线长度计算	1. 土方挖、运 2. 铺设垫层 3. 底板混凝土制作、运输、浇筑、振捣、养护 4. 砌砖 5. 刮缝、抹灰 6. 材料运输

注:①"砖基础"项目适用于各种类型砖基础:柱基础、墙基础、管道基础等。

②基础与墙（柱）身使用同一种材料时，以设计室内地面为界（有地下室者，以地下室室内设计地面为界），以下为基础，以上为墙（柱）身。基础与墙身使用不同材料时，位于设计室内地面高度 ≤ ±300mm 时，以不同材料为分界线，高度 > ±300mm 时，以设计室内地面为分界线。

③砖围墙以设计室外地坪为界，以下为基础，以上为墙身。

④框架外表面的镶贴砖部分，按零星项目编码列项。

⑤附墙烟囱、通风道、垃圾道、应按设计图示尺寸以体积（扣除孔洞所占体积）计算并入所依附的墙体体积内。当设计规定孔洞内需抹灰时，应按本规范附录 L 中零星抹灰项目编码列项。

⑥空斗墙的窗间墙、窗台下、楼板下、梁头下等的实砌部分，按零星砌砖项目编码列项。

⑦"空花墙"项目适用于各种类型的空花墙，使用混凝土花格砌筑的空花墙，实砌墙体与混凝土花格应分别计算，混凝土花格按混凝土及钢筋混凝土中预制构件相关项目编码列项。

⑧台阶、台阶挡墙、梯带、锅台、炉灶、蹲台、池槽、池槽腿、砖胎模、花台、花池、楼梯栏板、阳台栏板、地垄墙、≤0.3m² 的孔洞填塞等，应按零星砌砖项目编码列项。砖砌锅台与炉灶可按外形尺寸以个计算，砖砌台阶可按水平投影面积以平方米计算，小便槽、地垄墙可按长度计算、其他工程按立方米计算。

⑨砖砌体内钢筋加固，应按本规范附录 E 中相关项目编码列项。

⑩砖砌体勾缝按本规范附录 L 中相关项目编码列项。

⑪检查井内的爬梯按本附录 E 中相关项目编码列项；井、池内的混凝土构件按附录 E 中混凝土及钢筋混凝土预制构件编码列项。

⑫如施工图设计标注做法见标准图集时，应注明标注图集的编码、页号及节点大样。

D.2 砌块砌体。工程量清单项目设置、项目特征描述的内容、计量单位及工程量计算规则，应按表 D.2 的规定执行。

表 D.2 砌块砌体（编号：010402）

项目编码	项目名称	项目特征	计量单位	工程量计算规则	工作内容
010402001	砌块墙	1. 砌块品种、规格、强度等级 2. 墙体类型 3. 砂浆强度等级	m³	按设计图示尺寸以体积计算。扣除门窗洞口、过人洞、空圈、嵌入墙内的钢筋混凝土柱、梁、圈梁、挑梁、过梁及凹进墙内的壁龛、管槽、暖气槽、消火栓箱所占体积，不扣除梁头、板头、檩头、垫木、木楞头、沿缘木、木砖、门窗走头、砌块墙内加固钢筋、木筋、铁件、钢管及单个面积 ≤0.3m² 的孔洞所占的体积。凸出墙面的腰线、挑檐、压顶、窗台线、虎头砖、门窗套的体积亦不增加。凸出墙面的砖垛并入墙体体积内计算 1. 墙长度：外墙按中心线、内墙按净长计算 2. 墙高度： （1）外墙：斜（坡）屋面无檐口天棚者算至屋面板底；有屋架且室内外均有天棚者算至屋架下弦底另加 200mm；无天棚者算至屋架下弦底另加 300mm，出檐宽度超过 600mm 时按实砌高度计算；与钢筋混凝土楼板隔层者算至板顶；平屋面算至钢筋混凝土板底 （2）内墙：位于屋架下弦者，算至屋架下弦底；无屋架者算至天棚底另加 100mm；有钢筋混凝土楼板隔层者算至楼板顶；有框架梁时算至梁底 （3）女儿墙：从屋面板上表面算至女儿墙顶面（如有混凝土压顶时算至压顶下表面） （4）内、外山墙：按其平均高度计算 3. 框架间墙：不分内外墙按墙体净尺寸以体积计算 4. 围墙：高度算至压顶上表面（如有混凝土压顶时算至压顶下表面），围墙柱并入围墙体积内	1. 砂浆制作、运输 2. 砌砖、砌块 3. 勾缝 4. 材料运输
010402002	砌块柱	1. 砖品种、规格、强度等级 2. 墙体类型 3. 砂浆强度等级		按设计图示尺寸以体积计算。扣除混凝土及钢筋混凝土梁垫、梁头、板头所占体积	

注：①砌体内加筋、墙体拉结的制作、安装，应按附录 E 中相关项目编码列项。
②砌块排列应上、下错缝搭砌，如果搭错缝长度满足不了规定的压搭要求，应采取压砌钢筋网片的措施，具体构造要求按设计规定。若设计无规定时，应注明由投标人根据工程实际情况自行考虑。
③砌体垂直灰缝宽 >30mm 时，采用 C20 细石混凝土灌实。灌注的混凝土应按附录 E 相关项目编码列项。

D.3　石砌体。工程量清单项目设置、项目特征描述的内容、计量单位及工程量计算规则，应按表 D.3 的规定执行。

表 D.3　石砌体（编号：010403）

项目编码	项目名称	项目特征	计量单位	工程量计算规则	工作内容
010403001	石基础	1. 石料种类、规格 2. 基础类型 3. 砂浆强度等级		按设计图示尺寸以体积计算。包括附墙垛基础宽出部分体积，不扣除基础砂浆防潮层及单个面积≤0.3m² 的孔洞所占体积，靠墙暖气沟的挑檐不增加体积。基础长度：外墙按中心线，内墙按净长计算	1. 砂浆制作、运输 2. 吊装 3. 砌石 4. 防潮层铺设 5. 材料运输
010403002	石勒脚	1. 石料种类、规格 2. 石表面加工要求 3. 勾缝要求 4. 砂浆强度等级、配合比		按设计图示尺寸以体积计算，扣除单个面积 >0.3m² 的孔洞所占的体积	
010403003	石墙	1. 石料种类、规格 2. 石表面加工要求 3. 勾缝要求 4. 砂浆强度等级、配合比	m³	按设计图示尺寸以体积计算。扣除门窗洞口、过人洞、空圈、嵌入墙内的钢筋混凝土柱、梁、圈梁、挑梁、过梁及凹进墙内的壁龛、管槽、暖气槽、消火栓箱所占体积，不扣除梁头、板头、檩头、垫木、木楞头、沿缘木、木砖、门窗走头、石墙内加固钢筋、木筋、铁件、钢管及单个面积≤0.3m² 的孔洞所占的体积。凸出墙面的腰线、挑檐、压顶、窗台线、虎头砖、门窗套的体积亦不增加。凸出墙面的砖垛并入墙体体积内计算 1. 墙长度：外墙按中心线、内墙按净长计算 2. 墙高度： (1) 外墙：斜（坡）屋面无檐口天棚者算至屋面板底；有屋架且室内外均有天棚者算至屋架下弦底另加 200mm；无天棚者算至屋架下弦底另加 300mm，出檐宽度超过 600mm 时按实砌高度计算；平屋顶算至钢筋混凝土板底 (2) 内墙：位于屋架下弦者，算至屋架下弦底；无屋架者算至天棚底另加 100mm；有钢筋混凝土楼板隔层者算至楼板顶；有框架梁时算至梁底 (3) 女儿墙：从屋面板上表面算至女儿墙顶面（如有混凝土压顶时算至压顶下表面） (4) 内、外山墙：按其平均高度计算 3. 围墙：高度算至压顶上表面（如有混凝土压顶时算至压顶下表面），围墙柱并入围墙体积内	1. 砂浆制作、运输 2. 吊装 3. 砌石 4. 石表面加工 5. 勾缝 6. 材料运输

续表

项目编码	项目名称	项目特征	计量单位	工程量计算规则	工作内容
010403004	石挡土墙	1. 石料种类、规格 2. 石表面加工要求 3. 勾缝要求 4. 砂浆强度等级、配合比		按设计图示尺寸以体积计算	1. 砂浆制作、运输 2. 吊装 3. 砌石 4. 变形缝、泄水孔、压顶抹灰 5. 滤水层 6. 勾缝 7. 材料运输
010403005	石柱				1. 砂浆制作、运输 2. 吊装 3. 砌石 4. 石表面加工 5. 勾缝 6. 材料运输
010403006	石栏杆	1. 石料种类、规格 2. 石表面加工要求 3. 勾缝要求 4. 砂浆强度等级、配合比	m	按设计图示以长度计算	
010403007	石护坡				1. 铺设垫层 2. 石料加工 3. 砂浆制作、运输 4. 砌石 5. 石表面加工 6. 勾缝 7. 材料运输
010403008	石台阶	1. 垫层材料种类、厚度 2. 石料种类、规格 3. 护坡厚度、高度 4. 石表面加工要求 5. 勾缝要求 6. 砂浆强度等级、配合比	m³	按设计图示尺寸以体积计算	
010403009	石坡道		m²	按设计图示以水平投影面积计算	
010403010	石地沟、明沟	1. 沟截面尺寸 2. 土壤类别、运距 3. 垫层材料种类、厚度 4. 石料种类、规格 5. 石表面加工要求 6. 勾缝要求 7. 砂浆强度等级、配合比	m	按设计图示以中心线长度计算	1. 土方挖、运 2. 砂浆制作、运输 3. 铺设垫层 4. 砌石 5. 石表面加工 6. 勾缝 7. 回填 8. 材料运输

注：①石基础、石勒脚、石墙的划分：基础与勒脚应以设计室外地坪为界。勒脚与墙身应以设计室内地面为界。石围墙内外地坪标高不同时，应以较低地坪标高为界，以下为基础；内外标高之差为挡土墙时，挡土墙以上为墙身。

②"石基础"项目适用于各种规格（粗料石、细料石等）、各种材质（砂石、青石等）和各种类型（柱基、墙基、直形、弧形等）基础。

③"石勒脚""石墙"项目适用于各种规格（粗料石、细料石等）、各种材质（砂石、青石、大理石、花岗石等）和各种类型（直形、弧形等）勒脚和墙体。

④"石挡土墙"项目适用于各种规格（粗料石、细料石、块石、毛石、卵石等）、各种材质（砂石、青石、石灰石等）和各种类型（直形、弧形、台阶形等）挡土墙。

⑤"石柱"项目适用于各种规格、各种石质、各种类型的石柱。

⑥"石栏杆"项目适用于无雕饰的一般石栏杆。

⑦"石护坡"项目适用于各种石质和各种石料（粗料石、细料石、片石、块石、毛石、卵石等）

⑧"石台阶"项目包括石梯带（垂带），不包括石梯带，石梯带应按附录C石挡土墙项目编码列项。

⑨如施工图设计标注做法见标准图集时，应注明标注图集的编码、页号及节点大样。

D.4 垫层。工程量清单项目设置、项目特征描述的内容、计量单位及工程量计算规则，应按表B.3.4的规定执行。

表 D. 4 垫层（编号：010404）

项目编码	项目名称	项目特征	计量单位	工程量计算规则	工作内容
010404001	垫层	1. 垫层材料种类、配合比、厚度	m³	按设计图示尺寸以立方米计算	1. 垫层材料的拌制 2. 垫层铺设 3. 材料运输

注：除混凝土垫层应按附录 E 中相关项目编码列项外，没有包括垫层要求的清单项目应按本表垫层项目编码列项。

D. 5 其他相关问题按下列规定处理：

1. 标准砖尺寸应为 240mm × 115mm × 53mm。标准砖墙厚度应按 D. 5 计算。

表 D. 5 标准墙计算厚度表

砖数（厚度）	1/4	1/2	3/4	1	$1\frac{1}{2}$	2	$2\frac{1}{2}$	3
计算厚度（mm）	53	115	180	240	365	490	615	740

附录 E 混凝土及钢筋混凝土工程

E.1　现浇混凝土基础。工程量清单项目设置、项目特征描述的内容、计量单位、工程量计算规则应按表 E.1 的规定执行。

表 E.1　现浇混凝土基础（编号：010501）

项目编码	项目名称	项目特征	计量单位	工程量计算规则	工作内容
010501001	垫层	1. 混凝土类别 2. 混凝土强度等级	m³	按设计图示尺寸以体积计算。不扣除构件内钢筋、预埋铁件和伸入承台基础的桩头所占体积	1. 模板及支承制作、安装、拆除、堆放、运输及清理模内杂物、刷隔离剂等 2. 混凝土制作、运输、浇筑、振捣、养护
010501002	带形基础				
010501003	独立基础				
010501004	满堂基础				
010501005	桩承台基础				
010501006	设备基础	1. 混凝土类别 2. 混凝土强度等级 3. 灌浆材料、灌浆材料强度等级			

注：①有肋带形基础、无肋带形基础应按 E.1 中相关项目列项，并注明肋高。
　　②箱式满堂基础中柱、梁、墙、板按 E.2、E.3、E.4、E.5 相关项目分别编码列项；箱式满堂基础底板按 E.1 的满堂基础项目列项。
　　③框架式设备基础中柱、梁、墙、板分别按 E.2、E.3、E.4、E.5 相关项目编码列项；基础部分按 E.1 相关项目编码列项。
　　④如为毛石混凝土基础，项目特征应描述毛石所占比例。

E.2　现浇混凝土柱。工程量清单项目设置、项目特征描述的内容、计量单位、工程量计算规则应按表 E.2 的规定执行。

表 E.2　现浇混凝土柱（编号：010502）

项目编码	项目名称	项目特征	计量单位	工程量计算规则	工作内容
010502001	矩形柱	1. 混凝土类别 2. 混凝土强度等级	m³	按设计图示尺寸以体积计算。不扣除构件内钢筋，预埋铁件所占体积。型钢混凝土柱扣除构件内型钢所占体积。 柱高： 1. 有梁板的柱高，应自柱基上表面（或楼板上表面）至上一层楼板上表面之间的高度计算 2. 无梁板的柱高，应自柱基上表面（或楼板上表面）至柱帽下表面之间的高度计算 3. 框架柱的柱高：应自柱基上表面至柱顶高度计算 4. 构造柱按全高计算，嵌接墙体部分（马牙茬）并入柱身体积 5. 依附柱上的牛腿和升板的柱帽，并入柱身体积计算	1. 模板及支架（撑）制作、安装、拆除、堆放、运输及清理模内杂物、刷隔离剂等 2. 混凝土制作、运输、浇筑、振捣、养护
010502002	构造柱				
010502003	异形柱	1. 柱形状 2. 混凝土类别 3. 混凝土强度等级			

注：混凝土类别指清水混凝土、彩色混凝土等，如在同一地区既使用预拌（商品）混凝土、又允许现场搅拌混凝土时，也应注明。

E.3　现浇混凝土梁。工程量清单项目设置、项目特征描述的内容、计量单位、工程量计算规则应按表 E.3 的规定执行。

表 E.3　现浇混凝土梁（编号：010503）

项目编码	项目名称	项目特征	计量单位	工程量计算规则	工作内容
010503001	基础梁	1. 混凝土类别 2. 混凝土强度等级	m³	按设计图示尺寸以体积计算。不扣除构件内钢筋、预埋铁件所占体积，伸入墙内的梁头、梁垫并入梁体积内。型钢混凝土梁扣除构件内型钢所占体积。 梁长： 1. 梁与柱连接时，梁长算至柱侧面 2. 主梁与次梁连接时，次梁长算至主梁侧面	1. 模板及支架（撑）制作、安装、拆除、堆放、运输及清理模内杂物、刷隔离剂等 2. 混凝土制作、运输、浇筑、振捣、养护
010503002	矩形梁				
010503003	异形梁				
010503004	圈梁				
010503005	过梁				
010503006	弧形、拱形梁	1. 混凝土类别 2. 混凝土强度等级		按设计图示尺寸以体积计算。不扣除构件内钢筋、预埋铁件所占体积，伸入墙内的梁头、梁垫并入梁体积内 梁长： 1. 梁与柱连接时，梁长算至柱侧面 2. 主梁与次梁连接时，次梁长算至主梁侧面	1. 模板及支架（撑）制作、安装、拆除、堆放、运输及清理模内杂物、刷隔离剂等 2. 混凝土制作、运输、浇筑、振捣、养护

E.4　现浇混凝土墙。工程量清单项目设置、项目特征描述的内容、计量单位、工程量计算规则应按表 E.4 的规定执行。

表 E.4　现浇混凝土墙（编号：010504）

项目编码	项目名称	项目特征	计量单位	工程量计算规则	工作内容
010504001	直形墙	1. 混凝土类别 2. 混凝土强度等级	m³	按设计图示尺寸以体积计算。不扣除构件内钢筋、预埋铁件所占体积，扣除门窗洞口及单个面积 > 0.3m² 的孔洞所占体积，墙垛及凸出墙面部分并入墙体体积计算内	1. 模板及支架（撑）制作、安装、拆除、堆放、运输及清理模内杂物、刷隔离剂等 2. 混凝土制作、运输、浇筑、振捣、养护
010504002	弧形墙				
010504003	短肢剪力墙				
010504004	挡土墙				

注：①墙肢截面的最大长度与厚度之比小于或等于 6 倍的剪力墙，按短肢剪力墙项目列项。
　　②L、Y、T、十字、Z 形、一字形等短肢剪力墙的单肢中心线长 ≤0.4m，按柱项目列项。

E.5　现浇混凝土板。工程量清单项目设置、项目特征描述的内容、计量单位、工程量计算规则应按表 E.5 的规定执行。

表 E.5 现浇混凝土板（编号：010505）

项目编码	项目名称	项目特征	计量单位	工程量计算规则	工作内容
010505001	有梁板	1. 混凝土类别 2. 混凝土强度等级	m³	按设计图示尺寸以体积计算，不扣除构件内钢筋、预埋铁件及单个面积≤0.3m²的柱、垛以及孔洞所占体积。压形钢板混凝土楼板扣除构件内压形钢板所占体积。有梁板（包括主、次梁与板）按梁、板体积之和计算，无梁板按板和柱帽体积之和计算，各类板伸入墙内的板头并入板体积内，薄壳板的肋、基梁并入薄壳体积内计算	1. 模板及支架（撑）制作、安装、拆除、堆放、运输及清理模内杂物、刷隔离剂等 2. 混凝土制作、运输、浇筑、振捣、养护
010505002	无梁板				
010505003	平板				
010505004	拱板				
010505005	薄壳板				
010505006	栏板				
010505007	天沟（檐沟）、挑檐板	1. 混凝土类别 2. 混凝土强度等级		按设计图示尺寸以体积计算	
010505008	雨篷、悬挑板、阳台板			按设计图示尺寸以墙外部分体积计算。包括伸出墙外的牛腿和雨篷反挑檐的体积	
010505009	其他板			按设计图示尺寸以体积计算	

注：现浇挑檐、天沟板、雨篷、阳台与板（包括屋面板、楼板）连接时，以外墙外边线为分界线；与圈梁（包括其他梁）连接时，以梁外边线为分界线。外边线以外为挑檐、天沟、雨篷或阳台。

E.6 现浇混凝土楼梯。工程量清单项目设置、项目特征描述的内容、计量单位、工程量计算规则应按表 E.6 的规定执行。

表 E.6 现浇混凝土楼梯（编号：010506）

项目编码	项目名称	项目特征	计量单位	工程量计算规则	工作内容
010506001	直形楼梯	1. 混凝土类别 2. 混凝土强度等级	1. m² 2. m³	1. 以平方米计量，按设计图示尺寸以水平投影面积计算。不扣除宽度≤500mm 的楼梯井，伸入墙内部分不计算 2. 以立方米计量，按设计图示尺寸以体积计算	1. 模板及支架（承）制作、安装、拆除、堆放、运输及清理模内杂物、刷隔离剂等 2. 混凝土制作、运输、浇筑、振捣、养护
010506002	弧形楼梯				

注：整体楼梯（包括直形楼梯、弧形楼梯）水平投影面积包括休息平台、平台梁、斜梁和楼梯的连接梁。当整体楼梯与现浇楼板无梯梁连接时，以楼梯的最后一个踏步边缘加 300mm 为界。

E.7 现浇混凝土其他构件。工程量清单项目设置、项目特征描述的内容、计量单位、工程量计算规则应按表 E.7 的规定执行。

表 E.7 现浇混凝土其他构件（编号：010507）

项目编码	项目名称	项目特征	计量单位	工程量计算规则	工作内容
010507001	散水、坡道	1. 垫层材料种类、厚度 2. 面层厚度 3. 混凝土类别 4. 混凝土强度等级 5. 变形缝填塞材料种类	m²	以平方米计量，按设计图示尺寸以面积计算。不扣除单个≤0.3m²的孔洞所占面积	1. 地基夯实 2. 铺设垫层 3. 模板及支撑制作、安装、拆除、堆放、运输及清理模内杂物、刷隔离剂等 4. 混凝土制作、运输、浇筑、振捣、养护 5. 变形缝填塞

项目编码	项目名称	项目特征	计量单位	工程量计算规则	工作内容
010507002	电缆沟、地沟	1. 土壤类别 2. 沟截面净空尺寸 3. 垫层材料种类、厚度 4. 混凝土类别 5. 混凝土强度等级 6. 防护材料种类	m	以米计量，按设计图示以中心线长计算	1. 挖填、运土石方 2. 铺设垫层 3. 模板及支撑制作、安装、拆除、堆放、运输及清理模内杂物、刷隔离剂等 4. 混凝土制作、运输、浇筑、振捣、养护 5. 刷防护材料
010507003	台阶	1. 踏步高宽比 2. 混凝土类别 3. 混凝土强度等级	1. m² 2. m³	1. 以平方米计量，按设计图示尺寸水平投影面积计算。 2. 以立方米计量，按设计图示尺寸以体积计算	1. 模板及支撑制作、安装、拆除、堆放、运输及清理模内杂物、刷隔离剂等 2. 混凝土制作、运输、浇筑、振捣、养护
010507004	扶手、压顶	1. 断面尺寸 2. 混凝土类别 3. 混凝土强度等级	1. m 2. m³	1. 以米计量，按设计图示的延长米计算。 2. 以立方米计量，按设计图示尺寸以体积计算	1. 模板及支架（承）制作、安装、拆除、堆放、运输及清理模内杂物、刷隔离剂等 2. 混凝土制作、运输、浇筑、振捣、养护
010507005	化粪池底	1. 混凝土强度等级 2. 防水、抗渗要求	m³	按设计图示尺寸以体积计算。不扣除构件内钢筋、预埋铁件所占体积	1. 模板及支架（承）制作、安装、拆除、堆放、运输及清理模内杂物、刷隔离剂等 2. 混凝土制作、运输、浇筑、振捣、养护
010507006	化粪池壁				
010507007	化粪池顶				
010507008	检查井底				
010507009	检查井壁				
010507010	检查井顶				
010507011	其他构件	1. 构件的类型 2. 构件规格 3. 部位 4. 混凝土类别 5. 混凝土强度等级			

注：①现浇混凝土小型池槽、垫块、门框等，应按 E.7 中其他构件项目编码列项。
　　②架空式混凝土台阶，按现浇楼梯计算。

E.8　后浇带。工程量清单项目设置、项目特征描述的内容、计量单位、工程量计算规则应按表 E.8 的规定执行。

表 E.8　后浇带（编号：010508）

项目编码	项目名称	项目特征	计量单位	工程量计算规则	工作内容
010508001	后浇带	1. 混凝土类别 2. 混凝土强度等级	m³	按设计图示尺寸以体积计算	1. 模板及支架（承）制作、安装、拆除、堆放、运输及清理模内杂物、刷隔离剂等 2. 混凝土制作、运输、浇筑、振捣、养护及混凝土交接面、钢筋等的清理

E.9 预制混凝土柱。工程量清单项目设置、项目特征描述的内容、计量单位、工程量计算规则应按表 E.9 的规定执行。

表 E.9 预制混凝土柱（编号：010509）

项目编码	项目名称	项目特征	计量单位	工程量计算规则	工作内容
010509001	矩形柱	1. 图代号 2. 单件体积 3. 安装高度 4. 混凝土强度等级 5. 砂浆强度等级、配合比	1. m³ 2. 根	1. 以立方米计量，按设计图示尺寸以体积计算。不扣除构件内钢筋、预埋铁件所占体积 2. 以根计量，按设计图示尺寸以数量计算	1. 构件安装 2. 砂浆制作、运输 3. 接头灌缝、养护
010509002	异形柱				

注：以根计量，必须描述单件体积。

E.10 预制混凝土梁。工程量清单项目设置、项目特征描述的内容、计量单位、工程量计算规则应按表 E.10 的规定执行。

表 E.10 预制混凝土梁（编号：010510）

项目编码	项目名称	项目特征	计量单位	工程量计算规则	工作内容
010510001	矩形梁	1. 图代号 2. 单件体积 3. 安装高度 4. 混凝土强度等级 5. 砂浆强度等级、配合比	1. m³ 2. 根	1. 以立方米计量，按设计图示尺寸以体积计算。不扣除构件内钢筋、预埋铁件所占体积 2. 以根计量，按设计图示尺寸以数量计算	1. 构件安装 2. 砂浆制作、运输 3. 接头灌缝、养护
010510002	异形梁				
010510003	过梁				
010510004	拱形梁				
010510005	鱼腹式吊车梁				
010510006	风道梁				

注：以根计量，必须描述单件体积。

E.11 预制混凝土屋架。工程量清单项目设置、项目特征描述的内容、计量单位、工程量计算规则应按表 E.11 的规定执行。

表 E.11 预制混凝土屋架（编号：010511）

项目编码	项目名称	项目特征	计量单位	工程量计算规则	工作内容
010511001	折线型屋架	1. 图代号 2. 单件体积 3. 安装高度 4. 混凝土强度等级 5. 砂浆强度等级、配合比	1. m³ 2. 榀	1. 以立方米计量，按设计图示尺寸以体积计算。不扣除构件内钢筋、预埋铁件所占体积 2. 以榀计量，按设计图示尺寸以数量计算	1. 构件安装 2. 砂浆制作、运输 3. 接头灌缝、养护
010511002	组合屋架				
010511003	薄腹屋架				
010511004	门式刚架屋架				
010511005	天窗架屋架				

注：①以榀计量，必须描述单件体积。
②三角形屋架应按 E.11 中折线型屋架项目编码列项。

E.12　预制混凝土板。工程量清单项目设置、项目特征描述的内容、计量单位、工程量计算规则应按表 E.12 的规定执行。

表 E.12　预制混凝土板（编号：010512）

项目编码	项目名称	项目特征	计量单位	工程量计算规则	工作内容
010512001	平板	1. 图代号 2. 单件体积 3. 安装高度 4. 混凝土强度等级 5. 砂浆强度等级、配合比	1. m³ 2. 块	1. 以立方米计量，按设计图示尺寸以体积计算。不扣除构件内钢筋、预埋铁件及单个尺寸 ≤300mm×300mm 的孔洞所占体积，扣除空心板空洞体积 2. 以块计量，按设计图示尺寸以"数量"计算	1. 构件安装 2. 砂浆制作、运输 3. 接头灌缝、养护
010512002	空心板				
010512003	槽形板				
010512004	网架板				
010512005	折线板				
010512006	带肋板				
010512007	大型板				
010512008	沟盖板、井盖板、井圈	1. 单件体积 2. 安装高度 3. 混凝土强度等级 4. 砂浆强度等级、配合比	1. m³ 2. 块（套）	1. 以立方米计量，按设计图示尺寸以体积计算。不扣除构件内钢筋、预埋铁件所占体积 2. 以块计量，按设计图示尺寸以"数量"计算	1. 构件安装 2. 砂浆制作、运输 3. 接头灌缝、养护

注：①以块、套计量，必须描述单件体积。
②不带肋的预制遮阳板、雨篷板、挑檐板、拦板等，应按 E.12 中平板项目编码列项。
③预制 F 形板、双 T 形板、单肋板和带反挑檐的雨篷板、挑檐板、遮阳板等，应按 E.12 中带肋板项目编码列项。
④预制大型墙板、大型楼板、大型屋面板等，应按 B.12 中大型板项目编码列项。

E.13　预制混凝土楼梯。工程量清单项目设置、项目特征描述的内容、计量单位、工程量计算规则应按表 E.13 的规定执行。

表 E.13　预制混凝土楼梯（编号：010513）

项目编码	项目名称	项目特征	计量单位	工程量计算规则	工作内容
010513001	楼梯	1. 楼梯类型 2. 单件体积 3. 混凝土强度等级 4. 砂浆强度等级	1. m³ 2. 块	1. 以立方米计量，按设计图示尺寸以体积计算。不扣除构件内钢筋、预埋铁件所占体积，扣除空心踏步板空洞体积 2. 以块计量，按设计图示数量计算	1. 构件安装 2. 砂浆制作、运输 3. 接头灌缝、养护

注：以块计量，必须描述单件体积。

E.14　其他预制构件。工程量清单项目设置、项目特征描述的内容、计量单位、工程量计算规则应按表 E.14 的规定执行。

表 E.14 其他预制构件（编号：010514）

项目编码	项目名称	项目特征	计量单位	工程量计算规则	工作内容
010514001	垃圾道、通风道、烟道	1. 单件体积 2. 混凝土强度等级 3. 砂浆强度等级	1. m³ 2. m² 3. 根（块）	1. 以立方米计量，按设计图示尺寸以体积计算。不扣除构件内钢筋、预埋铁件及单个面积≤300mm×300mm的孔洞所占体积，扣除烟道、垃圾道、通风道的孔洞所占体积 　2. 以平方米计量，按设计图示尺寸以面积计算。不扣除构件内钢筋、预埋铁件及单个面积≤300mm×300mm的孔洞所占面积 　3. 以根计量，按设计图示尺寸以数量计算	1. 构件安装 2. 砂浆制作、运输 3. 接头灌缝、养护 4. 酸洗、打蜡
010514002	其他构件	1. 单件体积 2. 构件的类型 3. 混凝土强度等级 4. 砂浆强度等级			
010514003	水磨石构件	1. 构件的类型 2. 单件体积 3. 水磨石面层厚度 4. 混凝土强度等级 5. 水泥石子浆配合比 6. 石子品种、规格、颜色 7. 酸洗、打蜡要求			

注：①以块、根计量，必须描述单件体积。
　　②预制钢筋混凝土小型池槽、压顶、扶手、垫块、隔热板、花格等，按本表中其他构件项目编码列项。

E.15 钢筋工程。工程量清单项目设置、项目特征描述的内容、计量单位、工程量计算规则应按表 E.15 的规定执行。

表 E.15 钢筋工程（编号：010515）

项目编码	项目名称	项目特征	计量单位	工程量计算规则	工作内容
010515001	现浇构件钢筋	钢筋种类、规格	t	按设计图示钢筋（网）长度（面积）乘单位理论质量计算	1. 钢筋制作、运输 2. 钢筋安装 3. 焊接
010515002	钢筋网片				1. 钢筋网制作、运输 2. 钢筋网安装 3. 焊接
010515003	钢筋笼				1. 钢筋笼制作、运输 2. 钢筋笼安装 3. 焊接
010515004	先张法预应力钢筋	1. 钢筋种类、规格 2. 锚具种类		按设计图示钢筋长度乘单位理论质量计算	1. 钢筋制作、运输 2. 钢筋张拉
010515005	后张法预应力钢筋	1. 钢筋种类、规格 2. 钢丝种类、规格		按设计图示钢筋（丝束、绞线）长度乘单位理论质量计算 　1. 低合金钢筋两端均采用螺杆锚具时，钢筋长度按孔道长度减0.35m计算，螺杆另行计算 　2. 低合金钢筋一端采用镦头插片、另一端采用螺杆锚具时，钢筋长度按孔道长度计算，螺杆另行计算	1. 钢筋、钢丝、钢绞线制作、运输 2. 钢筋、钢丝、钢绞线安装

项目编码	项目名称	项目特征	计量单位	工程量计算规则	工作内容
010515006	预应力钢丝	3. 钢铰线种类、规格 4. 锚具种类 5. 砂浆强度等级	t	3. 低合金钢筋一端采用镦头插片、另一端采用帮条锚具时，钢筋增加0.15m计算；两端均采用帮条锚具时，钢筋长度按孔道长度增加0.3m计算 5. 低合金钢筋采用后张混凝土自锚时，钢筋长度按孔道长度增加0.35m计算 5. 低合金钢筋（钢铰线）采用JM、XM、QM型锚具，孔道长度≤20m时，钢筋长度增加1m计算，孔道长度>20m时，钢筋长度增加1.8m计算 6. 碳素钢丝采用锥形锚具，孔道长度≤20m时，钢丝束长度按孔道长度增加1m计算，孔道长度>20m时，钢丝束长度按孔道长度增加1.8m计算 7. 碳素钢丝采用镦头锚具时，钢丝束长度按孔道长度增加0.35m计算	3. 预埋管孔道铺设 4. 锚具安装 5. 砂浆制作、运输 6. 孔道压浆、养护
010515007	预应力钢绞线				
010515008	支撑钢筋（铁马）	1. 钢筋种类 2. 规格		按钢筋长度乘单位理论质量计算	钢筋制作、焊接、安装
01051509	声测管	1. 材质 2. 规格型号		按设计图示尺寸质量计算	1. 检测管截断、封头 2. 套管制作、焊接 3. 定位、固定

注：①现浇构件中伸出构件的锚固钢筋应并入钢筋工程量内。除设计（包括规范规定）标明的搭接外，其他施工搭接不计算工程量，在综合单价中综合考虑。
②现浇构件中固定位置的支撑钢筋、双层钢筋用的"铁马"在编制工程量清单时，其工程数量可为暂估量，结算时按现场签证数量计算。

E.16　螺栓、铁件。工程量清单项目设置、项目特征描述的内容、计量单位、工程量计算规则应按表E.16的规定执行。

表 E.16　螺栓、铁件（编号：010516）

项目编码	项目名称	项目特征	计量单位	工程量计算规则	工作内容
010516001	螺栓	1. 螺栓种类 2. 规格	t	按设计图示尺寸以质量计算	1. 螺栓、铁件制作、运输 2. 螺栓、铁件安装
010516002	预埋铁件	1. 钢材种类 2. 规格 3. 铁件尺寸			
010516003	机械连接	1. 连接方式 2. 螺纹套筒种类 3. 规格	个	按数量计算	1. 钢筋套丝 2. 套筒连接

注：编制工程量清单时，其工程数量可为暂估量，实际工程量按现场签证数量计算。

E.17　其他相关问题应按下列规定处理：
预制混凝土构件或预制钢筋混凝土构件，如施工图设计标注做法见标准图集时，项目特征注明标准图集的编码、页号及节点大样即可。

附录 F　金属结构工程

F.1　钢网架。工程量清单项目设置、项目特征描述、计量单位及工程量计算规则应按表 F.1 的规定执行。

表 F.1　钢网架（编码：010601）

项目编码	项目名称	项目特征	计量单位	工程量计算规则	工作内容
010601001	钢网架	1. 钢材品种、规格 2. 网架节点形式、连接方式 3. 网架跨度、安装高度 4. 探伤要求 5. 防火要求	t	按设计图示尺寸以质量计算。不扣除孔眼的质量，焊条、铆钉、螺栓等不另增加质量	1. 拼装 2. 安装 3. 探伤 4. 补刷油漆

F.2　钢屋架、钢托架、钢桁架、钢桥架。工程量清单项目设置、项目特征描述、计量单位及工程量计算规则应按表 F.2 的规定执行。

表 F.2　钢屋架、钢托架、钢桁架、钢桥架（编码：010602）

项目编码	项目名称	项目特征	计量单位	工程量计算规则	工作内容
010602001	钢屋架	1. 钢材品种、规格 2. 单榀质量 3. 屋架跨度、安装高度 4. 螺栓种类 5. 探伤要求 6. 防火要求	1. 榀 2. t	1. 以榀计量，按设计图示数量计算 2. 以吨计量，按设计图示尺寸以质量计算。不扣除孔眼的质量，焊条、铆钉、螺栓等不另增加质量	1. 拼装 2. 安装 3. 探伤 4. 补刷油漆
010602002	钢托架	1. 钢材品种、规格 2. 单榀质量 3. 安装高度 4. 螺栓种类 5. 探伤要求 6. 防火要求	t	按设计图示尺寸以质量计算。不扣除孔眼的质量，焊条、铆钉、螺栓等不另增加质量	
010602003	钢桁架				
010602004	钢桥架	1. 桥架类型 2. 钢材品种、规格 3. 单榀质量 4. 安装高度 5. 螺栓种类 6. 探伤要求			

注：①螺栓种类指普通或高强；
　　②以榀计量，按标准图设计的应注明标准图代号，按非标准图设计的项目特征必须描述单榀屋架的质量。

F.3　钢柱。工程量清单项目设置、项目特征描述、计量单位及工程量计算规则应按表 F.3 的规定执行。

表 F.3 钢柱（编码：010603）

项目编码	项目名称	项目特征	计量单位	工程量计算规则	工作内容
010603001	实腹钢柱	1. 柱类型 2. 钢材品种、规格 3. 单根柱质量 4. 螺栓种类 5. 探伤要求 6. 防火要求	t	按设计图示尺寸以质量计算。不扣除孔眼的质量，焊条、铆钉、螺栓等不另增加质量，依附在钢柱上的牛腿及悬臂梁等并入钢柱工程量内	1. 拼装 2. 安装 3. 探伤 4. 补刷油漆
010603002	空腹钢柱				
010603003	钢管柱	1. 钢材品种、规格 2. 单根柱质量 3. 螺栓种类 4. 探伤要求 5. 防火要求		按设计图示尺寸以质量计算。不扣除孔眼的质量，焊条、铆钉、螺栓等不另增加质量，钢管柱上的节点板、加强环、内衬管、牛腿等并入钢管柱工程量内	

注：①螺栓种类指普通或高强。
②实腹钢柱类型指十字、T、L、H形等。
③空腹钢柱类型指箱形、格构式等。
④型钢混凝土柱浇筑钢筋混凝土，其混凝土和钢筋应按本规范附录 E 混凝土及钢筋混凝土工程中相关项目编码列项。

F.4 钢梁。工程量清单项目设置、项目特征描述、计量单位及工程量计算规则应按表 F.4 的规定执行。

表 F.4 钢梁（编码：010604）

项目编码	项目名称	项目特征	计量单位	工程量计算规则	工作内容
010604001	钢梁	1. 梁类型 2. 钢材品种、规格 3. 单根质量 4. 螺栓种类 5. 安装高度 6. 探伤要求 7. 防火要求	t	按设计图示尺寸以质量计算。不扣除孔眼的质量，焊条、铆钉、螺栓等不另增加质量，制动梁、制动板、制动桁架、车挡并入钢吊车梁工程量内	1. 拼装 2. 安装 3. 探伤 4. 补刷油漆
010504002	钢吊车梁	1. 钢材品种、规格 2. 单根质量 3. 螺栓种类 4. 安装高度 5. 探伤要求 6. 防火要求			

注：①螺栓种类指普通或高强。
②梁类型指 H、L、T 形、箱形、格构式等。
③型钢混凝土梁浇筑钢筋混凝土，其混凝土和钢筋应按本规范附录 E 混凝土及钢筋混凝土工程中相关项目编码列项。

F.5 钢板楼板、墙板。工程量清单项目设置、项目特征描述、计量单位及工程量计算规则应按表 F.5 的规定执行。

表 F.5 钢板楼板、墙板（编码：010605）

项目编码	项目名称	项目特征	计量单位	工程量计算规则	工作内容
010605001	钢板楼板	1. 钢材品种、规格 2. 钢板厚度 3. 螺栓种类 4. 防火要求	m²	按设计图示尺寸以铺设水平投影面积计算。不扣除单个面积≤0.3m² 柱、垛及孔洞所占面积	1. 拼装 2. 安装 3. 探伤 4. 补刷油漆

续表

项目编码	项目名称	项目特征	计量单位	工程量计算规则	工作内容
010605002	钢板墙板	1. 钢材品种、规格 2. 钢板厚度、复合板厚度 3. 螺栓种类 4. 复合板夹芯材料种类、层数、型号、规格 5. 防火要求		按设计图示尺寸以铺挂展开面积计算。不扣除单个面积≤0.3m² 的梁、孔洞所占面积，包角、包边、窗台泛水等不另加面积	1. 拼装 2. 安装 3. 探伤 4. 补刷油漆

注：①螺栓种类指普通或高强。
②钢板楼板上浇筑钢筋混凝土，其混凝土和钢筋应按本规范附录 E 混凝土及钢筋混凝土工程中相关项目编码列项。
③压型钢楼板按钢楼板项目编码列项。

F.6 钢构件。工程量清单项目设置、项目特征描述、计量单位及工程量计算规则应按表 F.6 的规定执行。

表 F.6 钢构件（编码：010606）

项目编码	项目名称	项目特征	计量单位	工程量计算规则	工作内容
010606001	钢支撑、钢拉条	1. 钢材品种、规格 2. 构件类型 3. 安装高度 4. 螺栓种类 5. 探伤要求 6. 防火要求			
010606002	钢檩条	1. 钢材品种、规格 2. 构件类型 3. 单根质量 4. 安装高度 5. 螺栓种类 6. 探伤要求 7. 防火要求			
010606003	钢天窗架	1. 钢材品种、规格 2. 单榀质量 3. 安装高度 4. 螺栓种类 5. 探伤要求 6. 防火要求	t	按设计图示尺寸以质量计算。不扣除孔眼的质量，焊条、铆钉、螺栓等不另增加质量	1. 拼装 2. 安装 3. 探伤 4. 补刷油漆
010606004	钢挡风架	1. 钢材品种、规格 2. 单榀质量 3. 螺栓种类 4. 探伤要求 5. 防火要求			
010606005	钢墙架				
010606006	钢平台	1. 钢材品种、规格 2. 螺栓种类 3. 防火要求			
010606007	钢走道				
010606008	钢梯	1. 钢材品种、规格 2. 钢梯形式 3. 螺栓种类 4. 防火要求			
010606009	钢护栏	1. 钢材品种、规格 2. 防火要求			

续表

项目编码	项目名称	项目特征	计量单位	工程量计算规则	工作内容
010606010	钢漏斗	1. 钢材品种、规格 2. 漏斗、天沟形式 3. 安装高度 4. 探伤要求	t	按设计图示尺寸以质量计算，不扣除孔眼的质量，焊条、铆钉、螺栓等不另增加质量，依附漏斗或天沟的型钢并入漏斗或天沟工程量内	1. 拼装 2. 安装 3. 探伤 4. 补刷油漆
010606011	钢板天沟				
010606012	钢支架	1. 钢材品种、规格 2. 单付重量 3. 防火要求		按设计图示尺寸以质量计算，不扣除孔眼的质量，焊条、铆钉、螺栓等不另增加质量	
010606013	零星钢构件	1. 构件名称 2. 钢材品种、规格			

注：①螺栓种类指普通或高强。
　②钢墙架项目包括墙架柱、墙架梁和连接杆件。
　③钢支撑、钢拉条类型指单式、复式；钢檩条类型指型钢式、格构式；钢漏斗形式指方形、圆形；天沟形式指矩形沟或半圆形沟。
　④加工铁件等小型构件，应按零星钢构件项目编码列项。

F.7　金属制品。工程量清单项目设置、项目特征描述、计量单位及工程量计算规则应按表 F.7 的规定执行。

表 F.7　金属制品（编码：010607）

项目编码	项目名称	项目特征	计量单位	工程量计算规则	工作内容
010607001	成品空调金属百页护栏	1. 材料品种、规格 2. 边框材质	m²	按设计图示尺寸以框外围展开面积计算	1. 安装 2. 校正 3. 预埋铁件及安螺栓
010607002	成品栅栏	1. 材料品种、规格 2. 边框及立柱型钢品种、规格			1. 安装 2. 校正 3. 预埋铁件 4. 安螺栓及金属立柱
010607003	成品雨篷	1. 材料品种、规格 2. 雨篷宽度 3. 凉衣杆品种、规格	1. m 2. m²	1. 以米计量，按设计图示接触边以米计算 2. 以平方米计量，按设计图示尺寸以展开面积计算	1. 安装 2. 校正 3. 预埋铁件及安螺栓
010607004	金属网栏	1. 材料品种、规格 2. 边框及立柱型钢品种、规格	m²	按设计图示尺寸以框外围展开面积计算	1. 安装 2. 校正 3. 安螺栓及金属立柱
010607005	砌块墙钢丝网加固	1. 材料品种、规格 2. 加固方式		按设计图示尺寸以面积计算	1. 铺贴 2. 铆固
010607006	后浇带金属网				

F.8　其他相关问题按下列规定处理

1　金属构件的切边，不规则及多边形钢板发生的损耗在综合单价中考虑。

2　防火要求指耐火极限。

附录 G 木结构工程

G.1 木屋架。工程量清单项目设置、项目特征描述、计量单位及工程量计算规则应按表 G.1 的规定执行。

表 G.1 木屋架（编码：010701）

项目编码	项目名称	项目特征	计量单位	工程量计算规则	工作内容
010701001	木屋架	1. 跨度 2. 材料品种、规格 3. 刨光要求 4. 拉杆及夹板种类 5. 防护材料种类	1. 榀 2. m³	1. 以榀计量，按设计图示数量计算 2. 以立方米计量，按设计图示的规格尺寸以体积计算	1. 制作 2. 运输 3. 安装 4. 刷防护材料
010701002	钢木屋架	1. 跨度 2. 木材品种、规格 3. 刨光要求 4. 钢材品种、规格 5. 防护材料种类	榀	以榀计量，按设计图示数量计算	

注：①屋架的跨度应以上、下弦中心线两交点之间的距离计算。
②带气楼的屋架和马尾、折角以及正交部分的半屋架，按相关屋架相目编码列项。
③以榀计量，按标准图设计，项目特征必须标注标准图代号。

G.2 木构件。工程量清单项目设置、项目特征描述、计量单位及工程量计算规则应按表 G.2 的规定执行。

表 G.2 木构件（编码：010702）

项目编码	项目名称	项目特征	计量单位	工程量计算规则	工作内容
010702001	木柱	1. 构件规格尺寸 2. 木材种类 3. 刨光要求 4. 防护材料种类	m³	按设计图示尺寸以体积计算	1. 制作 2. 运输 3. 安装 4. 刷防护材料
010702002	木梁				
010702003	木檩		1. m³ 2. m	1. 以立方米计量，按设计图示尺寸以体积计算 2. 以米计量，按设计图示尺寸以长度计算	
010702004	木楼梯	1. 楼梯形式 2. 木材种类 3. 刨光要求 4. 防护材料种类	m²	按设计图示尺寸以水平投影面积计算。不扣除宽度 ≤300mm 的楼梯井，伸入墙内部分不计算	
010702005	其他木构件	1. 构件名称 2. 构件规格尺寸 3. 木材种类 4. 刨光要求 5. 防护材料种类	1. m³ 2. m	1. 以立方米计量，按设计图示尺寸以体积计算 2. 以米计量，按设计图示尺寸以长度计算	

注：①木楼梯的栏杆（栏板）、扶手，应按本规范附录 O 中的相关项目编码列项。
②以米计量，项目特征必须描述构件规格尺寸。

G.3 屋面木基层。工程量清单项目设置、项目特征描述、计量单位及工程量计算规则应按表 G.3 的规定执行。

表 G.3　屋面木基层（编码：010703）

项目编码	项目名称	项目特征	计量单位	工程量计算规则	工作内容
010703001	屋面木基层	1. 椽子断面尺寸及椽距 2. 望板材料种类、厚度 3. 防护材料种类	m²	按设计图示尺寸以斜面积计算。不扣除房上烟囱、风帽底座、风道、小气窗、斜沟等所占面积。小气窗的出檐部分不增加面积	1. 椽子制作、安装 2. 望板制作、安装 3. 顺水条和挂瓦条制作、安装 4. 刷防护材料

附录 H 门窗工程

H.1 木门。工程量清单项目设置、项目特征描述、计量单位及工程量计算规则应按表 H.1 的规定执行。

表 H.1 木门（编码：010801）

项目编码	项目名称	项目特征	计量单位	工程量计算规则	工作内容
010801001	木质门	1. 门代号及洞口尺寸 2. 镶嵌玻璃品种、厚度	1. 樘 2. m²	1. 以樘计量，按设计图示数量计算 2. 以平方米计量，按设计图示洞口尺寸以面积计算	1. 门安装 2. 玻璃安装 3. 五金安装
010801002	木质门带套				
010801003	木质连窗门				
010801004	木质防火门	1. 门代号及洞口尺寸 2. 镶嵌玻璃品种、厚度			
010801005	木门框	1. 门代号及洞口尺寸 2. 框截面尺寸 3. 防护材料种类			1. 木门框制作、安装 2. 运输 3. 刷防护材料
010801006	门锁安装	1. 锁品种 2. 锁规格	个（套）	按设计图示数量计算	安装

注：①木质门应区分镶板木门、企口木板门、实木装饰门、胶合板门、夹板装饰门、木纱门、全玻门（带木质扇框）、木质半玻门（带木质扇框）等项目，分别编码列项。
②木门五金应包括：折页、插销、门碰珠、弓背拉手、搭机、木螺丝、弹簧折页（自动门）、管子拉手（自由门、地弹门）、地弹簧（地弹门）、角铁、门轧头（地弹门、自由门）等。
③木质门带套计量按洞口尺寸以面积计算，不包括门套的面积。
④以樘计量，项目特征必须描述洞口尺寸，以平方米计量，项目特征可不描述洞口尺寸。
⑤单独制作安装木门框按木门框项目编码列项。

H.2 金属门。工程量清单项目设置、项目特征描述、计量单位及工程量计算规则应按表 H.2 的规定执行。

表 H.2 金属门（编码：010802）

项目编码	项目名称	项目特征	计量单位	工程量计算规则	工作内容
010802001	金属（塑钢）门	1. 门代号及洞口尺寸 2. 门框或扇外围尺寸 3. 门框、扇材质 4. 玻璃品种、厚度	1. 樘 2. m²	1. 以樘计量，按设计图示数量计算 2. 以平方米计量，按设计图示洞口尺寸以面积计算	1. 门安装 2. 五金安装 3. 玻璃安装
010802002	彩板门	1. 门代号及洞口尺寸 2. 门框或扇外围尺寸			
010802003	钢质防火门	1. 门代号及洞口尺寸 2. 门框或扇外围尺寸 3. 门框、扇材质			
010702004	防盗门	1. 门代号及洞口尺寸 2. 门框或扇外围尺寸 3. 门框、扇材质			1. 门安装 2. 五金安装

注：①金属门应区分金属平开门、金属推拉门、金属地弹门、全玻门（带金属扇框）、金属半玻门（带扇框）等项目，分别编码列项。

②铝合金门五金包括：地弹簧、门锁、拉手、门插、门铰、螺丝等。

③其他金属门五金包括 L 型执手插锁（双舌）、执手锁（单舌）、门轨头、地锁、防盗门机、门眼（猫眼）、门碰珠、电子锁（磁卡锁）、闭门器、装饰拉手等。

④以樘计量，项目特征必须描述洞口尺寸，没有洞口尺寸必须描述门框或扇外围尺寸，以平方米计量，项目特征可不描述洞口尺寸及框、扇的外围尺寸。

⑤以平方米计量，无设计图示洞口尺寸，按门框、扇外围以面积计算。

H.3　金属卷帘（闸）门。工程量清单项目设置、项目特征描述、计量单位及工程量计算规则应按表 H.3 的规定执行。

表 H.3　金属卷帘（闸）门（编码：010803）

项目编码	项目名称	项目特征	计量单位	工程量计算规则	工作内容
010803001	金属卷帘（闸）门	1. 门代号及洞口尺寸 2. 门材质 3. 启动装置品种、规格	1. 樘 2. m²	1. 以樘计量，按设计图示数量计算 2. 以平方米计量，按设计图示洞口尺寸以面积计算	1. 门运输、安装 2. 启动装置、活动小门、五金安装
010803002	防火卷帘（闸）门				

注：以樘计量，项目特征必须描述洞口尺寸，以平方米计量，项目特征可不描述洞口尺寸。

H.4　厂库房大门、特种门。工程量清单项目设置、项目特征描述、计量单位及工程量计算规则应按表 H.4 的规定执行。

表 H.4　厂库房大门、特种门（编码：010804）

项目编码	项目名称	项目特征	计量单位	工程量计算规则	工作内容
010804001	木板大门	1. 门代号及洞口尺寸 2. 门框或扇外围尺寸 3. 门框、扇材质 4. 五金种类、规格 5. 防护材料种类		1. 以樘计量，按设计图示数量计算 2. 以平方米计量，按设计图示洞口尺寸以面积计算	1. 门（骨架）制作、运输 2. 门、五金配件安装 3. 刷防护材料
010804002	钢木大门				
010804003	全钢板大门				
010804004	防护铁丝门			1. 以樘计量，按设计图示数量计算 2. 以平方米计量，按设计图示门框或扇以面积计算	
010804005	金属格栅门	1. 门代号及洞口尺寸 2. 门框或扇外围尺寸 3. 门框、扇材质 4. 启动装置的品种、规格	1. 樘 2. m²	1. 以樘计量，按设计图示数量计算 2. 以平方米计量，按设计图示洞口尺寸以面积计算	1. 门安装 2. 启动装置、五金配件安装
010804006	钢质花饰大门	1. 门代号及洞口尺寸 2. 门框或扇外围尺寸 3. 门框、扇材质		1. 以樘计量，按设计图示数量计算 2. 以平方米计量，按设计图示门框或扇以面积计算	1. 门安装 2. 五金配件安装
010804007	特种门			1. 以樘计量，按设计图示数量计算 2. 以平方米计量，按设计图示洞口尺寸以面积计算	

注：①特种门应区分冷藏门、冷冻间门、保温门、变电室门、隔声门、防射电门、人防门、金库门等项目，分别编码列项。

②以樘计量，项目特征必须描述洞口尺寸，没有洞口尺寸必须描述门框或扇外围尺寸，以平方米计量，项目特征可不描述洞口尺寸及框、扇的外围尺寸。

③以平方米计量，无设计图示洞口尺寸，按门框、扇外围以面积计算。

④门开启方式指推拉或平开。

H. 5 其他门。工程量清单项目设置、项目特征描述、计量单位及工程量计算规则应按表 H. 5 的规定执行。

表 H. 5 其他门（编码：010805）

项目编码	项目名称	项目特征	计量单位	工程量计算规则	工作内容
010805001	平开电子感应门	1. 门代号及洞口尺寸 2. 门框或扇外围尺寸 3. 门框、扇材质 4. 玻璃品种、厚度 5. 启动装置的品种、规格 6. 电子配件品种、规格			1. 门安装 2. 启动装置、五金、电子配件安装
010805002	旋转门				
010805003	电子对讲门	1. 门代号及洞口尺寸 2. 门框或扇外围尺寸 3. 门材质 4. 玻璃品种、厚度 5. 启动装置的品种、规格 6. 电子配件品种、规格	1. 樘 2. m²	1. 以樘计量，按设计图示数量计算 2. 以平方米计量，按设计图示洞口尺寸以面积计算	
010805004	电动伸缩门				
010805005	全玻自由门	1. 门代号及洞口尺寸 2. 门框或扇外围尺寸 3. 框材质 4. 玻璃品种、厚度			1. 门安装 2. 五金安装
010805006	镜面不锈钢饰面门	1. 门代号及洞口尺寸 2. 门框或扇外围尺寸 3. 框、扇材质 4. 玻璃品种、厚度			

注：①以樘计量，项目特征必须描述洞口尺寸，没有洞口尺寸必须描述门框或扇外围尺寸，以平方米计量，项目特征可不描述洞口尺寸及框、扇的外围尺寸。
②以平方米计量，无设计图示洞口尺寸，按门框、扇外围以面积计算。

H. 6 木窗。工程量清单项目设置、项目特征描述、计量单位及工程量计算规则应按表 H. 6 的规定执行。

表 H. 6 木窗（编码：010806）

项目编码	项目名称	项目特征	计量单位	工程量计算规则	工作内容
010806001	木质窗	1. 窗代号及洞口尺寸 3. 玻璃品种、厚度 4. 防护材料种类		1. 以樘计量，按设计图示数量计算 2. 以平方米计量，按设计图示洞口尺寸以面积计算	1. 窗制作、运输、安装 2. 五金、玻璃安装 3. 刷防护材料
010806002	木橱窗	1. 窗代号 2. 框截面及外围展开面积 3. 玻璃品种、厚度 4. 防护材料种类	1. 樘 2. m²	1. 以樘计量，按设计图示数量计算 2. 以平方米计量，按设计图示尺寸以框外围展开面积计算	
010806003	木飘（凸）窗				
010806004	木质成品窗	1. 窗代号及洞口尺寸 2. 玻璃品种、厚度		1. 以樘计量，按设计图示数量计算 2. 以平方米计量，按设计图示洞口尺寸以面积计算	1. 窗安装 2. 五金、玻璃安装

注：①木质窗应区分木百叶窗、木组合窗、木天窗、木固定窗、木装饰空花窗等项目，分别编码列项。
　　②以樘计量，项目特征必须描述洞口尺寸，没有洞口尺寸必须描述窗框外围尺寸，以平方米计量，项目特征可不描述洞口尺寸及框的外围尺寸。
　　③以平方米计量，无设计图示洞口尺寸，按窗框外围以面积计算。
　　④木橱窗、木飘（凸）窗以樘计量，项目特征必须描述框截面及外围展开面积。
　　⑤木窗五金包括：折页、插销、风钩、木螺丝、滑楞滑轨（推拉窗）等。
　　⑥窗开启方式指平开、推拉、上或中悬。
　　⑦窗形状指矩形或异形。

H.7　金属窗。工程量清单项目设置、项目特征描述、计量单位及工程量计算规则应按表 H.7 的规定执行。

表 H.7　金属窗（编码：010807）

项目编码	项目名称	项目特征	计量单位	工程量计算规则	工作内容
010807001	金属（塑钢、断桥）窗	1. 窗代号及洞口尺寸 2. 框、扇材质 3. 玻璃品种、厚度	1. 樘 2. m²	1. 以樘计量，按设计图示数量计算 2. 以平方米计量，按设计图示洞口尺寸以面积计算	1. 窗安装 2. 五金、玻璃安装
010807002	金属防火窗				
010807003	金属百叶窗				
010807004	金属纱窗	1. 窗代号及洞口尺寸 2. 框材质 3. 窗纱材料品种、规格		1. 以樘计量，按设计图示数量计算 2. 以平方米计量，按设计图示洞口尺寸以面积计算	1. 窗安装 2. 五金安装
010807005	金属格栅窗	1. 窗代号及洞口尺寸 2. 框外围尺寸 3. 框、扇材质			1. 窗安装 2. 五金安装
010807006	金属（塑钢、断桥）橱窗	1. 窗代号 2. 框外围展开面积 3. 框、扇材质 4. 玻璃品种、厚度 5. 防护材料种类		1. 以樘计量，按设计图示数量计算 2. 以平方米计量，按设计图示尺寸以框外围展开面积计算	1. 窗制作、运输、安装 2. 五金、玻璃安装 3. 刷防护材料
010807007	金属（塑钢、断桥）飘（凸）窗	1. 窗代号 2. 框外围展开面积 3. 框、扇材质 4. 玻璃品种、厚度			1. 窗安装 2. 五金、玻璃安装
010807008	彩板窗	1. 窗代号及洞口尺寸 2. 框外围尺寸 3. 框、扇材质 4. 玻璃品种、厚度		1. 以樘计量，按设计图示数量计算 2. 以平方米计量，按设计图示洞口尺寸或框外围以面积计算	

注：①金属窗应区分金属组合窗、防盗窗等项目，分别编码列项。
　　②以樘计量，项目特征必须描述洞口尺寸，没有洞口尺寸必须描述窗框外围尺寸，以平方米计量，项目特征可不描述洞口尺寸及框的外围尺寸。
　　③以平方米计量，无设计图示洞口尺寸，按窗框外围以面积计算。
　　④金属橱窗、飘（凸）窗以樘计量，项目特征必须描述框外围展开面积。
　　⑤金属窗中铝合金窗五金应包括：卡锁、滑轮、铰拉、执手、拉把、拉手、风撑、角码、牛角制等。
　　⑥其他金属窗五金包括：折页、螺丝、执手、卡锁、风撑、滑轮滑轨（推拉窗）等。

H.8　门窗套。工程量清单项目设置、项目特征描述、计量单位及工程量计算规则应按表 H.8 的规定执行。

表 H.8 门窗套（编码：010808）

项目编码	项目名称	项目特征	计量单位	工程量计算规则	工作内容
010808001	木门窗套	1. 窗代号及洞口尺寸 2. 门窗套展开宽度 3. 基层材料种类 4. 面层材料品种、规格 5. 线条品种、规格 6. 防护材料种类	1. 樘 2. m² 3. m	1. 以樘计量，按设计图示数量计算 2. 以平方米计量，按设计图示尺寸以展开面积计算 3. 以米计量，按设计图示中心以延长米计算	1. 清理基层 2. 立筋制作、安装 3. 基层板安装 4. 面层铺贴 5. 线条安装 6. 刷防护材料
010808002	木筒子板	1. 筒子板宽度 2. 基层材料种类 3. 面层材料品种、规格 4. 线条品种、规格 5. 防护材料种类			
010808003	饰面夹板筒子板	1. 筒子板宽度 2. 基层材料种类 3. 面层材料品种、规格 4. 线条品种、规格 5. 防护材料种类			
010808004	金属门窗套	1. 窗代号及洞口尺寸 2. 门窗套展开宽度 3. 基层材料种类 4. 面层材料品种、规格 5. 防护材料种类			1. 清理基层 2. 立筋制作、安装 3. 基层板安装 4. 面层铺贴 5. 刷防护材料
010808005	石材门窗套	1. 窗代号及洞口尺寸 2. 门窗套展开宽度 3. 底层厚度、砂浆配合比 4. 面层材料品种、规格 5. 线条品种、规格			1. 清理基层 2. 立筋制作、安装 3. 基层抹灰 4. 面层铺贴 5. 线条安装
010808006	门窗木贴脸	1. 门窗代号及洞口尺寸 2. 贴脸板宽度 3. 防护材料种类	1. 樘 2. m	1. 以樘计量，按设计图示数量计算 2. 以米计量，按设计图示尺寸以延长米计算	贴脸板安装
010808007	成品木门窗套	1. 窗代号及洞口尺寸 2. 门窗套展开宽度 3. 门窗套材料品种、规格	1. 樘 2. m² 3. m	1. 以樘计量，按设计图示数量计算 2. 以平方米计量，按设计图示尺寸以展开面积计算 3. 以米计量，按设计图示中心以延长米计算	1. 清理基层 2. 立筋制作、安装 3. 板安装

注：①以樘计量，项目特征必须描述洞口尺寸、门窗套展开宽度。
②以平方米计量，项目特征可不描述洞口尺寸、门窗套展开宽度。
③以米计量，项目特征必须描述门窗套展开宽度、筒子板及贴脸宽度。

H.9 窗台板。工程量清单项目设置、项目特征描述、计量单位及工程量计算规则应按表 H.9 的规定执行。

表 H.9　窗台板（编码：010809）

项目编码	项目名称	项目特征	计量单位	工程量计算规则	工作内容
010809001	木窗台板	1. 基层材料种类 2. 窗台面板材质、规格、颜色 3. 防护材料种类	m²	按设计图示尺寸以展开面积计算	1. 基层清理 2. 基层制作、安装 3. 窗台板制作、安装 4. 刷防护材料
010809002	铝塑窗台板				
010809003	金属窗台板				
010809004	石材窗台板	1. 黏结层厚度、砂浆配合比 2. 窗台板材质、规格、颜色			1. 基层清理 2. 抹找平层 3. 窗台板制作、安装

　　H.10　窗帘、窗帘盒、轨。工程量清单项目设置、项目特征描述、计量单位及工程量计算规则应按表 H.10 的规定执行。

表 H.10　窗帘、窗帘盒、轨（编码：010810）

项目编码	项目名称	项目特征	计量单位	工程量计算规则	工作内容
010810001	窗帘（杆）	1. 窗帘材质 2. 窗帘高度、宽度 3. 窗帘层数 4. 带幔要求	1. m 2. m²	1. 以米计量，按设计图示尺寸以长度计算 2. 以平方米计量，按图示尺寸以展开面积计算	1. 制作、运输 2. 安装
010810002	木窗帘盒	1. 窗帘盒材质、规格 2. 防护材料种类	m	按设计图示尺寸以长度来计算	1. 制作、运输、安装 2. 刷防护材料
010810003	饰面夹板、塑料窗帘盒				
010810004	铝合金窗帘盒				
010810005	窗帘轨	1. 窗帘轨材质、规格 2. 防护材料种类			

　　注：①窗帘若是双层，项目特征必须描述每层材质。
　　　　②窗帘以米计量，项目特征必须描述窗帘高度和宽。

附录 I　屋面及防水工程

I.1　瓦、型材及其他屋面。　工程量清单项目设置、项目特征描述、计量单位及工程量计算规则应按表 I.1 的规定执行。

表 I.1　瓦、型材及其他屋面（编码：010901）

项目编码	项目名称	项目特征	计量单位	工程量计算规则	工作内容
010901001	瓦屋面	1. 瓦品种、规格 2. 黏结层砂浆的配合比	m²	按设计图示尺寸以斜面积计算。不扣除房上烟囱、风帽底座、风道、小气窗、斜沟等所占面积。小气窗的出檐部分不增加面积	1. 砂浆制作、运输、摊铺、养护 2. 安瓦、作瓦脊
010901002	型材屋面	1. 型材品种、规格 2. 金属檩条材料品种、规格 3. 接缝、嵌缝材料种类			1. 檩条制作、运输、安装 2. 屋面型材安装 3. 接缝、嵌缝
010901003	阳光板屋面	1. 阳光板品种、规格 2. 骨架材料品种、规格 3. 接缝、嵌缝材料种类 4. 油漆品种、刷漆遍数		按设计图示尺寸以斜面积计算。不扣除屋面面积 ≤0.3m² 孔洞所占面积	1. 骨架制作、运输、安装、刷防护材料、油漆 2. 阳光板安装 3. 接缝、嵌缝
010901004	玻璃钢屋面	1. 玻璃钢品种、规格 2. 骨架材料品种、规格 3. 玻璃钢固定方式 4. 接缝、嵌缝材料种类 5. 油漆品种、刷漆遍数			1. 骨架制作、运输、安装、刷防护材料、油漆 2. 玻璃钢制作、安装 3. 接缝、嵌缝
010901005	膜结构屋面	1. 膜布品种、规格 2. 支柱（网架）钢材品种、规格 3. 钢丝绳品种、规格 4. 锚固基座做法 5. 油漆品种、刷漆遍数		按设计图示尺寸以需要覆盖的水平投影面积计算	1. 膜布热压胶接 2. 支柱（网架）制作、安装 3. 膜布安装 4. 穿钢丝绳、锚头锚固 5. 锚固基座挖土、回填 6. 刷防护材料，油漆

注：①瓦屋面，若是在木基层上铺瓦，项目特征不必描述黏结层砂浆的配合比，瓦屋面铺防水层，按 I.2 屋面防水及其他中相关项目编码列项。
②型材屋面、阳光板屋面、玻璃钢屋面的柱、梁、屋架，按本规范附录 F 金属结构工程、附录 G 木结构工程中相关项目编码列项。

I.2　屋面防水及其他。工程量清单项目设置、项目特征描述、计量单位及工程量计算规则应按表 I.2 的规定执行。

表 I.2　屋面防水及其他（编码：010902）

项目编码	项目名称	项目特征	计量单位	工程量计算规则	工作内容
010902001	屋面卷材防水	1. 卷材品种、规格、厚度 2. 防水层数 3. 防水层做法	m²	按设计图示尺寸以面积计算。 1. 斜屋顶（不包括平屋顶找坡）按斜面积计算，平屋顶按水平投影面积计算 2. 不扣除房上烟囱、风帽底座、风道、屋面小气窗和斜沟所占面积 3. 屋面的女儿墙、伸缩缝和天窗等处的弯起部分，并入屋面工程量内	1. 基层处理 2. 刷底油 3. 铺油毡卷材、接缝
010902002	屋面涂膜防水	1. 防水膜品种 2. 涂膜厚度、遍数 3. 增强材料种类			1. 基层处理 2. 刷基层处理剂 3. 铺布、喷涂防水层
010902003	屋面刚性层	1. 刚性层厚度 2. 混凝土强度等级 3. 嵌缝材料种类 4. 钢筋规格、型号		按设计图示尺寸以面积计算。不扣除房上烟囱、风帽底座、风道等所占面积	1. 基层处理 2. 混凝土制作、运输、铺筑、养护 3. 钢筋制安
010902004	屋面排水管	1. 排水管品种、规格 2. 雨水斗、山墙出水口品种、规格 3. 接缝、嵌缝材料种类 4. 油漆品种、刷漆遍数	m	按设计图示尺寸以长度计算。如设计未标注尺寸，以檐口至设计室外散水上表面垂直距离计算	1. 排水管及配件安装、固定 2. 雨水斗、山墙出水口、雨水箅子安装 3. 接缝、嵌缝 4. 刷漆
010902005	屋面排（透）气管	1. 排（透）气管品种、规格 2. 接缝、嵌缝材料种类 3. 油漆品种、刷漆遍数		按设计图示尺寸以长度计算	1. 排（透）气管及配件安装、固定 2. 铁件制作、安装 3. 接缝、嵌缝 4. 刷漆
010902006	屋面（廊、阳台）吐水管	1. 吐水管品种、规格 2. 接缝、嵌缝材料种类 3. 吐水管长度 4. 油漆品种、刷漆遍数	根（个）	按设计图示数量计算	1. 吐水管及配件安装、固定 2. 接缝、嵌缝 3. 刷漆
010902007	屋面天沟、檐沟	1. 材料品种、规格 2. 接缝、嵌缝材料种类	m²	按设计图示尺寸以展开面积计算	1. 天沟材料铺设 2. 天沟配件安装 3. 接缝、嵌缝 4. 刷防护材料
010902008	屋面变形缝	1. 嵌缝材料种类 2. 止水带材料种类 3. 盖缝材料 4. 防护材料种类	m	按设计图示以长度计算	1. 清缝 2. 填塞防水材料 3. 止水带安装 4. 盖缝制作、安装 5. 刷防护材料

注：①屋面刚性层防水，按屋面卷材防水、屋面涂膜防水项目编码列项；屋面刚性层无钢筋，其钢筋项目特征不必描述。
　　②屋面找平层按本规范附录 K 楼地面装饰工程"平面砂浆找平层"项目编码列项。
　　③屋面防水搭接及附加层用量不另行计算，在综合单价中考虑。

I.3　墙面防水、防潮。工程量清单项目设置、项目特征描述、计量单位及工程量计算规则应按表 I.3 的规定执行。

表 I.3　墙面防水、防潮（编码：010903）

项目编码	项目名称	项目特征	计量单位	工程量计算规则	工作内容
010903001	墙面卷材防水	1. 卷材品种、规格、厚度 2. 防水层数 3. 防水层做法	m²	按设计图示尺寸以面积计算	1. 基层处理 2. 刷黏结剂 3. 铺防水卷材 4. 接缝、嵌缝
010903002	墙面涂膜防水	1. 防水膜品种 2. 涂膜厚度、遍数 3. 增强材料种类			1. 基层处理 2. 刷基层处理剂 3. 铺布、喷涂防水层
010903003	墙面砂浆防水（防潮）	1. 防水层做法 2. 砂浆厚度、配合比 3. 钢丝网规格			1. 基层处理 2. 挂钢丝网片 3. 设置分格缝 4. 砂浆制作、运输、摊铺、养护
010903004	墙面变形缝	1. 嵌缝材料种类 2. 止水带材料种类 3. 盖缝材料 4. 防护材料种类	m	按设计图示以长度计算	1. 清缝 2. 填塞防水材料 3. 止水带安装 4. 盖缝制作、安装 5. 刷防护材料

注：①墙面防水搭接及附加层用量不另行计算，在综合单价中考虑。
　　②墙面变形缝，若做双面，工程量乘系数 2。
　　③墙面找平层按本规范附录 L 墙、柱面装饰与隔断工程"立面砂浆找平层"项目编码列项。

I.4　楼（地）面防水、防潮。工程量清单项目设置、项目特征描述、计量单位及工程量计算规则应按表 I.4 的规定执行。

表 I.4　楼（地）面防水、防潮（编码：010904）

项目编码	项目名称	项目特征	计量单位	工程量计算规则	工作内容
010904001	楼（地）面卷材防水	1. 卷材品种、规格、厚度 2. 防水层数 3. 防水层做法	m²	按设计图示尺寸以面积计算。 1. 楼（地）面防水：按主墙间净空面积计算，扣除凸出地面的构筑物、设备基础等所占面积，不扣除间壁墙及单个面积 ≤0.3m² 柱、垛、烟囱和孔洞所占面积 2. 楼（地）面防水反边高度 ≤300mm 算做地面防水，反边高度 >300mm 算作墙面防水	1. 基层处理 2. 刷黏结剂 3. 铺防水卷材 4. 接缝、嵌缝
010904002	楼（地）面涂膜防水	1. 防水膜品种 2. 涂膜厚度、遍数 3. 增强材料种类			1. 基层处理 2. 刷基层处理剂 3. 铺布、喷涂防水层
010904003	楼（地）面砂浆防水（防潮）	1. 防水层做法 2. 砂浆厚度、配合比			1. 基层处理 2. 砂浆制作、运输、摊铺、养护
010904004	楼（地）面变形缝	1. 嵌缝材料种类 2. 止水带材料种类 3. 盖缝材料 4. 防护材料种类	m	按设计图示以长度计算	1. 清缝 2. 填塞防水材料 3. 止水带安装 4. 盖缝制作、安装 5. 刷防护材料

注：①楼（地）面防水找平层按本规范附录 K 楼地面装饰工程"平面砂浆找平层"项目编码列项。
　　②楼（地）面防水搭接及附加层用量不另行计算，在综合单价中考虑。

附录 J　保温、隔热、防腐工程

J.1　保温、隔热。工程量清单项目设置、项目特征描述、计量单位及工程量计算规则应按表 J.3 的规定执行。

表 J.1　保温、隔热（编码：011001）

项目编码	项目名称	项目特征	计量单位	工程量计算规则	工作内容
011001001	保温隔热屋面	1. 保温隔热材料品种、规格、厚度 2. 隔气层材料品种、厚度 3. 黏结材料种类、做法 4. 防护材料种类、做法	m²	按设计图示尺寸以面积计算。扣除面积 > 0.3m² 孔洞及占位面积	1. 基层清理 2. 刷黏结材料 3. 铺粘保温层 4. 铺、刷（喷）防护材料
011001002	保温隔热天棚	1. 保温隔热面层材料品种、规格、性能 2. 保温隔热材料品种、规格及厚度 3. 黏结材料种类及做法 4. 防护材料种类及做法		按设计图示尺寸以面积计算。扣除面积 > 0.3m² 上柱、垛、孔洞所占面积	
011001003	保温隔热墙面	1. 保温隔热部位 2. 保温隔热方式 3. 踢脚线、勒脚线保温做法 4. 龙骨材料品种、规格 5. 保温隔热面层材料品种、规格、性能 6. 保温隔热材料品种、规格及厚度 7. 增强网及抗裂防水砂浆种类 8. 黏结材料种类及做法 9. 防护材料种类及做法		按设计图示尺寸以面积计算。扣除门窗洞口以及面积 > 0.3m² 梁、孔洞所占面积；门窗洞口侧壁需作保温时，并入保温墙体工程量内	1. 基层清理 2. 刷界面剂 3. 安装龙骨 4. 填贴保温材料 5. 保温板安装 6. 粘贴面层 7. 铺设增强格网、抹抗裂、防水砂浆面层 8. 嵌缝 9. 铺、刷（喷）防护材料
011001004	保温柱、梁			按设计图示尺寸以面积计算 1. 柱按设计图示柱断面保温层中心线展开长度乘保温层高度以面积计算，扣除面积 > 0.3m² 梁所占面积 2. 梁按设计图示梁断面保温层中心线展开长度乘保温层长度以面积计算	
011001005	保温隔热楼地面	1. 保温隔热部位 2. 保温隔热材料品种、规格、厚度 3. 隔气层材料品种、厚度 4. 黏结材料种类、做法 5. 防护材料种类、做法		按设计图示尺寸以面积计算。扣除面积 > 0.3m² 柱、垛、孔洞所占面积	1. 基层清理 2. 刷黏结材料 3. 铺粘保温层 4. 铺、刷（喷）防护材料
011001006	其他保温隔热	1. 保温隔热部位 2. 保温隔热方式 3. 隔气层材料品种、厚度 4. 保温隔热面层材料品种、规格、性能 5. 保温隔热材料品种、规格及厚度 6. 黏结材料种类及做法 7. 增强网及抗裂防水砂浆种类 8. 防护材料种类及做法		按设计图示尺寸以展开面积计算。扣除面积 > 0.3m² 孔洞及占位面积	1. 基层清理 2. 刷界面剂 3. 安装龙骨 4. 填贴保温材料 5. 保温板安装 6. 粘贴面层 7. 铺设增强格网、抹抗裂防水砂浆面层 8. 嵌缝 9. 铺、刷（喷）防护材料

注：①保温隔热装饰面层，按本规范附录 K、L、M、N、O 中相关项目编码列项；仅做找平层按本规范附录 K 中"平面砂浆找平层"或附录 L"立面砂浆找平层"项目编码列项。
　　②柱帽保温隔热应并入天棚保温隔热工程量内。
　　③池槽保温隔热应按其他保温隔热项目编码列项。
　　④保温隔热方式：指内保温、外保温、夹心保温。

J.2 防腐面层。工程量清单项目设置、项目特征描述、计量单位及工程量计算规则应按表 J.2 的规定执行。

表 J.2 防腐面层（编码：011002）

项目编码	项目名称	项目特征	计量单位	工程量计算规则	工作内容
011002001	防腐混凝土面层	1. 防腐部位 2. 面层厚度 3. 混凝土种类 4. 胶泥种类、配合比	m²	按设计图示尺寸以面积计算。 1. 平面防腐：扣除凸出地面的构筑物、设备基础等以及面积 > 0.3m² 孔洞、柱、垛所占面积 2. 立面防腐：扣除门、窗、洞口以及面积 > 0.3m² 孔洞、梁所占面积，门、窗、洞口侧壁、垛凸出部分按展开面积并入墙面积内	1. 基层清理 2. 基层刷稀胶泥 3. 混凝土制作、运输、摊铺、养护
011002002	防腐砂浆面层	1. 防腐部位 2. 面层厚度 3. 砂浆、胶泥种类、配合比			1. 基层清理 2. 基层刷稀胶泥 3. 砂浆制作、运输、摊铺、养护
011002003	防腐胶泥面层	1. 防腐部位 2. 面层厚度 3. 胶泥种类、配合比			1. 基层清理 2. 胶泥调制、摊铺
011002004	玻璃钢防腐面层	1. 防腐部位 2. 玻璃钢种类 3. 贴布材料的种类、层数 4. 面层材料品种			1. 基层清理 2. 刷底漆、刮腻子 3. 胶浆配制、涂刷 4. 粘布、涂刷面层
011002005	聚氯乙烯板面层	1. 防腐部位 2. 面层材料品种、厚度 3. 黏结材料种类			1. 基层清理 2. 配料、涂胶 3. 聚氯乙烯板铺设
011002006	块料防腐面层	1. 防腐部位 2. 块料品种、规格 3. 黏结材料种类 4. 勾缝材料种类			1. 基层清理 2. 铺贴块料 3. 胶泥调制、勾缝
011002007	池、槽块料防腐面层	1. 防腐池、槽名称、代号 2. 块料品种、规格 3. 黏结材料种类 4. 勾缝材料种类		按设计图示尺寸以展开面积计算	1. 基层清理 2. 铺贴块料 3. 胶泥调制、勾缝

注：防腐踢脚线，应按本规范附录 K 中"踢脚线"项目编码列项。

J.3 其他防腐。工程量清单项目设置、项目特征描述、计量单位及工程量计算规则应按表 J.3 的规定执行。

表 J.3 其他防腐（编码：011003）

项目编码	项目名称	项目特征	计量单位	工程量计算规则	工作内容
011003001	隔离层	1. 隔离层部位 2. 隔离层材料品种 3. 隔离层做法 4. 粘贴材料种类	m²	按设计图示尺寸以面积计算。 1. 平面防腐：扣除凸出地面的构筑物、设备基础等以及面积 > 0.3m² 孔洞、柱、垛所占面积 2. 立面防腐：扣除门、窗、洞口以及面积 > 0.3m² 孔洞、梁所占面积，门、窗、洞口侧壁、垛凸出部分按展开面积并入墙面积内	1. 基层清理、刷油 2. 煮沥青 3. 胶泥调制 4. 隔离层铺设

续表

项目编码	项目名称	项目特征	计量单位	工程量计算规则	工作内容
011003002	砌筑沥青浸渍砖	1. 砌筑部位 2. 浸渍砖规格 3. 胶泥种类 4. 浸渍砖砌法	m³	按设计图示尺寸以体积计算	1. 基层清理 2. 胶泥调制 3. 浸渍砖铺砌
011003003	防腐涂料	1. 涂刷部位 2. 基层材料类型 3. 刮腻子的种类、遍数 4. 涂料品种、刷涂遍数	m²	按设计图示尺寸以面积计算。 1. 平面防腐：扣除凸出地面的构筑物、设备基础等以及面积＞0.3m² 孔洞、柱、垛所占面积 2. 立面防腐：扣除门、窗、洞口以及面积＞0.3m² 孔洞、梁所占面积，门、窗、洞口侧壁、垛凸出部分按展开面积并入墙面积内	1. 基层清理 2. 刮腻子 3. 刷涂料

注：①浸渍砖砌法指平砌、立砌。

附录 K 楼地面装饰工程

K.1 抹灰工程。工程量清单项目的设置、项目特征描述的内容、计量单位、工程量计算规则应按表 K.1 执行。

表 K.1 楼地面抹灰（编码：011101）

项目编码	项目名称	项目特征	计量单位	工程量计算规则	工作内容
011101001	水泥砂浆楼地面	1. 垫层材料种类、厚度 2. 找平层厚度、砂浆配合比 3. 素水泥浆遍数 4. 面层厚度、砂浆配合比 4. 面层做法要求			1. 基层清理 2. 垫层铺设 3. 抹找平层 4. 抹面层 5. 材料运输
011101002	现浇水磨石楼地面	1. 垫层材料种类、厚度 2. 找平层厚度、砂浆配合比 3. 面层厚度、水泥石子浆配合比 4. 嵌条材料种类、规格 5. 石子种类、规格、颜色 6. 颜料种类、颜色 7. 图案要求 8. 磨光、酸洗、打蜡要求	m²	按设计图示尺寸以面积计算。扣除凸出地面构筑物、设备基础、室内管道、地沟等所占面积，不扣除间壁墙及≤0.3m²柱、垛、附墙烟囱及孔洞所占面积。门洞、空圈、暖气包槽、壁龛的开口部分不增加面积	1. 基层清理 2. 垫层铺设 3. 抹找平层 4. 面层铺设 5. 嵌缝条安装 6. 磨光、酸洗打蜡 7. 材料运输
011101003	细石混凝土楼地面	1. 垫层材料种类、厚度 2. 找平层厚度、砂浆配合比 3. 面层厚度、混凝土强度等级			1. 基层清理 2. 垫层铺设 3. 抹找平层 4. 面层铺设 5. 材料运输
011101004	菱苦土楼地面	1. 垫层材料种类、厚度 2. 找平层厚度、砂浆配合比 3. 面层厚度 4. 打蜡要求			1. 基层清理 2. 垫层铺设 3. 抹找平层 4. 面层铺设 5. 打蜡 6. 材料运输
011101005	自流坪楼地面	1. 垫层材料种类、厚度 2. 找平层厚度、砂浆配合比			1. 基层清理 2. 垫层铺设 3. 抹找平层 4. 材料运输
011101006	平面砂浆找平层	1. 找平层砂浆配合比、厚度 2. 界面剂材料种类 3. 中层漆材料种类、厚度 4. 面漆材料种类、厚度 5. 面层材料种类		按设计图示尺寸以面积计算	1. 基层处理 2. 抹找平层 3. 涂界面剂 4. 涂刷中层漆 5. 打磨、吸尘 6. 镘自流平面漆（浆） 7. 拌合自流平浆料 8. 铺面层

注：①水泥砂浆面层处理是拉毛还是提浆压光应在面层做法要求中描述。
②平面砂浆找平层只适用于仅做找平层的平面抹灰。
③间壁墙指墙厚≤120mm 的墙。

K.2　块料面层。工程量清单项目的设置、项目特征描述的内容、计量单位、工程量计算规则应按表 K.2 执行。

表 K.2　楼地面镶贴（编码：011102）

项目编码	项目名称	项目特征	计量单位	工程量计算规则	工作内容
011102001	石材楼地面	1. 找平层厚度、砂浆配合比 2. 结合层厚度、砂浆配合比 3. 面层材料品种、规格、颜色 4. 嵌缝材料种类 5. 防护层材料种类 6. 酸洗、打蜡要求	m²	按设计图示尺寸以面积计算。门洞、空圈、暖气包槽、壁龛的开口部分并入相应的工程量内	1. 基层清理、抹找平层 2. 面层铺设、磨边 3. 嵌缝 4. 刷防护材料 5. 酸洗、打蜡 6. 材料运输
011102002	碎石材楼地面				
011102003	块料楼地面	1. 垫层材料种类、厚度 2. 找平层厚度、砂浆配合比 3. 结合层厚度、砂浆配合比 4. 面层材料品种、规格、颜色 5. 嵌缝材料种类 6. 防护层材料种类 8. 酸洗、打蜡要求			

注：①在描述碎石材项目的面层材料特征时可不用描述规格、品牌、颜色。
　　②石材、块料与粘接材料的结合面刷防渗材料的种类在防护层材料种类中描述。
　　③上表工作内容中的磨边指施工现场磨边，后面章节工作内容中涉及到的磨边含义同此条。

K.3　橡塑面层。工程量清单项目的设置、项目特征描述的内容、计量单位、工程量计算规则应按表 K.3 执行。

表 K.3　橡塑面层（编码：011103）

项目编码	项目名称	项目特征	计量单位	工程量计算规则	工作内容
011103001	橡胶板楼地面	1. 黏结层厚度、材料种类 2. 面层材料品种、规格、颜色 3. 压线条种类	m²	按设计图示尺寸以面积计算。门洞、空圈、暖气包槽、壁龛的开口部分并入相应的工程量内	1. 基层清理 2. 面层铺贴 3. 压缝条装钉 4. 材料运输
011103002	橡胶板卷材楼地面				
011103003	塑料板楼地面				
011103004	塑料卷材楼地面				

K.4　其他材料面层。工程量清单项目的设置、项目特征描述的内容、计量单位、工程量计算规则应按表 K.4 执行。

表 K.4　其他材料面层（编码：011104）

项目编码	项目名称	项目特征	计量单位	工程量计算规则	工作内容
011104001	地毯楼地面	1. 面层材料品种、规格、颜色 2. 防护材料种类 3. 黏结材料种类 4. 压线条种类	m²	按设计图示尺寸以面积计算。门洞、空圈、暖气包槽、壁龛的开口部分并入相应的工程量内	1. 基层清理 2. 铺贴面层 3. 刷防护材料 4. 装钉压条 5. 材料运输
011104002	竹木地板	1. 龙骨材料种类、规格、铺设间距 2. 基层材料种类、规格 3. 面层材料品种、规格、颜色 4. 防护材料种类			1. 基层清理 2. 龙骨铺设 3. 基层铺设 4. 面层铺贴 5. 刷防护材料 6. 材料运输
011104003	金属复合地板	1. 龙骨材料种类、规格、铺设间距 2. 基层材料种类、规格 3. 面层材料品种、规格、颜色 4. 防护材料种类			
011104004	防静电活动地板	1. 支架高度、材料种类 2. 面层材料品种、规格、颜色 3. 防护材料种类			1. 基层清理 2. 固定支架安装 3. 活动面层安装 4. 刷防护材料 5. 材料运输

K.5　踢脚线。工程量清单项目的设置、项目特征描述的内容、计量单位、工程量计算规则应按表 K.5 执行。

表 K.5　踢脚线（编码：011105）

项目编码	项目名称	项目特征	计量单位	工程量计算规则	工作内容
011105001	水泥砂浆踢脚线	1. 踢脚线高度 2. 底层厚度、砂浆配合比 3. 面层厚度、砂浆配合比	1. m² 2. m	1. 按设计图示长度乘高度以面积计算 2. 按延长米计算	1. 基层清理 2. 底层和面层抹灰 3. 材料运输
011105002	石材踢脚线	1. 踢脚线高度 2. 粘贴层厚度、材料种类 3. 面层材料品种、规格、颜色 4. 防护材料种类			1. 基层清理 2. 底层抹灰 3. 面层铺贴、磨边 4. 擦缝 5. 磨光、酸洗、打蜡 6. 刷防护材料 7. 材料运输
011105003	块料踢脚线				
011105004	塑料板踢脚线	1. 踢脚线高度 2. 黏结层厚度、材料种类 3. 面层材料种类、规格、颜色			1. 基层清理 2. 基层铺贴 3. 面层铺贴 4. 材料运输
011105005	木质踢脚线	1. 踢脚线高度 2. 基层材料种类、规格 3. 面层材料品种、规格、颜色			
011105006	金属踢脚线				
011105007	防静电踢脚线				

注：石材、块料与黏结材料的结合面刷防渗材料的种类在防护层材料种类中描述。

K.6　楼梯面层。工程量清单项目的设置、项目特征描述的内容、计量单位、工程量计算规则应按表 K.6 执行。

表 K.6　楼梯面层（编码：011106）

项目编码	项目名称	项目特征	计量单位	工程量计算规则	工作内容
011106001	石材楼梯面层	1. 找平层厚度、砂浆配合比 2. 贴结层厚度、材料种类 3. 面层材料品种、规格、颜色 4. 防滑条材料种类、规格 5. 勾缝材料种类 6. 防护层材料种类 7. 酸洗、打蜡要求	m²	按设计图示尺寸以楼梯（包括踏步、休息平台及 ≤500mm 的楼梯井）水平投影面积计算。楼梯与楼地面相连时，算至梯口梁内侧边沿；无梯口梁者，算至最上一层踏步边沿加 300mm	1. 基层清理 2. 抹找平层 3. 面层铺贴、磨边 4. 贴嵌防滑条 5. 勾缝 6. 刷防护材料 7. 酸洗、打蜡 8. 材料运输
011106002	块料楼梯面层				
011106003	拼碎块料面层				
011106004	水泥砂浆楼梯面层	1. 找平层厚度、砂浆配合比 2. 面层厚度、砂浆配合比 3. 防滑条材料种类、规格			1. 基层清理 2. 抹找平层 3. 抹面层 4. 抹防滑条 5. 材料运输
011106005	现浇水磨石楼梯面层	1. 找平层厚度、砂浆配合比 2. 面层厚度、水泥石子浆配合比 3. 防滑条材料种类、规格 4. 石子种类、规格、颜色 5. 颜料种类、颜色 6. 磨光、酸洗打蜡要求			1. 基层清理 2. 抹找平层 3. 抹面层 4. 贴嵌防滑条 5. 磨光、酸洗、打蜡 6. 材料运输
011106006	地毯楼梯面层	1. 基层种类 2. 面层材料品种、规格、颜色 3. 防护材料种类 4. 黏结材料种类 5. 固定配件材料种类、规格			1. 基层清理 2. 铺贴面层 3. 固定配件安装 4. 刷防护材料 5. 材料运输
011106007	木板楼梯面层	1. 基层材料种类、规格 2. 面层材料品种、规格、颜色 3. 黏结材料种类 4. 防护材料种类			1. 基层清理 2. 基层铺贴 3. 面层铺贴 4. 刷防护材料 5. 材料运输
011106008	橡胶板楼梯面层	1. 黏结层厚度、材料种类 2. 面层材料品种、规格、颜色 3. 压线条种类			1. 基层清理 2. 面层铺贴 3. 压缝条装钉 4. 材料运输
011106009	塑料板楼梯面层				

注：①在描述碎石材项目的面层材料特征时可不用描述规格、品牌、颜色。
　　②石材、块料与黏结材料的结合面刷防渗材料的种类在防护层材料种类中描述。

185

K.7 台阶装饰。工程量清单项目的设置、项目特征描述的内容、计量单位、工程量计算规则应按表 K.7 执行。

表 K.7 台阶装饰（编码：011107）

项目编码	项目名称	项目特征	计量单位	工程量计算规则	工作内容
011107001	石材台阶面	1. 找平层厚度、砂浆配合比 2. 黏结层材料种类 3. 面层材料品种、规格、颜色 4. 勾缝材料种类 5. 防滑条材料种类、规格 6. 防护材料种类	m²	按设计图示尺寸以台阶（包括最上层踏步边沿加 300mm）水平投影面积计算	1. 基层清理 2. 抹找平层 3. 面层铺贴 4. 贴嵌防滑条 5. 勾缝 6. 刷防护材料 7. 材料运输
011107002	块料台阶面				
011107003	拼碎块料台阶面				
011107004	水泥砂浆台阶面	1. 垫层材料种类、厚度 2. 找平层厚度、砂浆配合比 3. 面层厚度、砂浆配合比 4. 防滑条材料种类			1. 基层清理 2. 铺设垫层 3. 抹找平层 4. 抹面层 5. 抹防滑条 6. 材料运输
011107005	现浇水磨石台阶面	1. 垫层材料种类、厚度 2. 找平层厚度、砂浆配合比 3. 面层厚度、水泥石子浆配合比 4. 防滑条材料种类、规格 5. 石子种类、规格、颜色 6. 颜料种类、颜色 7. 磨光、酸洗、打蜡要求			1. 清理基层 2. 铺设垫层 3. 抹找平层 4. 抹面层 5. 贴嵌防滑条 6. 打磨、酸洗、打蜡 7. 材料运输
011107006	剁假石台阶面	1. 垫层材料种类、厚度 2. 找平层厚度、砂浆配合比 3. 面层厚度、砂浆配合比 4. 剁假石要求			1. 清理基层 2. 铺设垫层 3. 抹找平层 4. 抹面层 5. 剁假石 6. 材料运输

注：①在描述碎石材项目的面层材料特征时可不用描述规格、品牌、颜色。
②石材、块料与黏结材料的结合面刷防渗材料的种类在防护层材料种类中描述。

K.8 零星装饰项目。工程量清单项目的设置、项目特征描述的内容、计量单位、工程量计算规则应按表 K.8 执行。

表 K.8　零星装饰项目（编码：011108）

项目编码	项目名称	项目特征	计量单位	工程量计算规则	工作内容
011108001	石材零星项目	1. 工程部位 2. 找平层厚度、砂浆配合比 3. 黏结层厚度、材料种类 4. 面层材料品种、规格、颜色 5. 勾缝材料种类 6. 防护材料种类 7. 酸洗、打蜡要求	m²	按设计图示尺寸以面积计算	1. 清理基层 2. 抹找平层 3. 面层铺贴、磨边 4. 勾缝 5. 刷防护材料 6. 酸洗、打蜡 7. 材料运输
011108002	拼碎石材零星项目				
011108003	块料零星项目				
011108004	水泥砂浆零星项目	1. 工程部位 2. 找平层厚度、砂浆配合比 3. 面层厚度、砂浆厚度			1. 清理基层 2. 抹找平层 3. 抹面层 4. 材料运输

注：①楼梯、台阶牵边和侧面镶贴块料面层，≤0.5m² 的少量分散的楼地面镶贴块料面层，应按表 K.8 零星装饰项目执行。
　　②石材、块料与黏结材料的结合面刷防渗材料的种类在防护层材料种类中描述。

附录 L 墙、柱面装饰与隔断、幕墙工程

L.1 墙面抹灰。工程量清单项目的设置、项目特征描述的内容、计量单位、工程量计算规则应按表 L.1 执行。

表 L.1 墙面抹灰（编码：011201）

项目编码	项目名称	项目特征	计量单位	工程量计算规则	工作内容
011201001	墙面一般抹灰	1. 墙体类型 2. 底层厚度、砂浆配合比 3. 面层厚度、砂浆配合比 4. 装饰面材料种类 5. 分格缝宽度、材料种类	m²	按设计图示尺寸以面积计算。扣除墙裙、门窗洞口及单个 >0.3m² 的孔洞面积，不扣除踢脚线、挂镜线和墙与构件交接处的面积，门窗洞口和孔洞的侧壁及顶面不增加面积。附墙柱、梁、垛、烟囱侧壁并入相应的墙面面积内 1. 外墙抹灰面积按外墙垂直投影面积计算 2. 外墙裙抹灰面积按其长度乘以高度计算 3. 内墙抹灰面积按主墙间的净长乘以高度计算：①无墙裙的，高度按室内楼地面至天棚底面计算；②有墙裙的，高度按墙裙顶至天棚底面计算 4. 内墙裙抹灰面按内墙净长乘以高度计算	1. 基层清理 2. 砂浆制作、运输 3. 底层抹灰 4. 抹面层 5. 抹装饰面 6. 勾分格缝
011201002	墙面装饰抹灰				
011201003	墙面勾缝	1. 墙体类型 2. 找平的砂浆厚度、配合比			1. 基层清理 2. 砂浆制作、运输 3. 抹灰找平
011201004	立面砂浆找平层	1. 墙体类型 2. 勾缝类型 3. 勾缝材料种类			1. 基层清理 2. 砂浆制作、运输 3. 勾缝

注：①立面砂浆找平项目适用于仅做找平层的立面抹灰。
②抹石灰砂浆、水泥砂浆、混合砂浆、聚合物水泥砂浆、麻刀石灰浆、石膏灰浆等按墙面一般抹灰列项，水刷石、斩假石、干粘石、假面砖等按墙面装饰抹灰列项。
③飘窗凸出外墙面增加的抹灰不计算工程量，在综合单价中考虑。

L.2 柱（梁）面抹灰。工程量清单项目的设置、项目特征描述的内容、计量单位、工程量计算规则应按表 L.2 执行。

表 L.2 柱（梁）面抹灰（编码：011202）

项目编码	项目名称	项目特征	计量单位	工程量计算规则	工作内容
011202001	柱、梁面一般抹灰	1. 柱体类型 2. 底层厚度、砂浆配合比 3. 面层厚度、砂浆配合比 4. 装饰面材料种类 5. 分格缝宽度、材料种类	m²	1. 柱面抹灰：按设计图示柱断面周长乘高度以面积计算 2. 梁面抹灰：按设计图示梁断面周长乘长度以面积计算	1. 基层清理 2. 砂浆制作、运输 3. 底层抹灰 4. 抹面层 5. 勾分格缝
011202002	柱、梁面装饰抹灰				
011202003	柱、梁面砂浆找平	1. 柱体类型 2. 找平的砂浆厚度、配合比			1. 基层清理 2. 砂浆制作、运输 3. 抹灰找平

项目编码	项目名称	项目特征	计量单位	工程量计算规则	工作内容
011202004	柱、梁面勾缝	1. 墙体类型 2. 勾缝类型 3. 勾缝材料种类	m²	按设计图示柱断面周长乘高度以面积计算	1. 基层清理 2. 砂浆制作、运输 3. 勾缝

注：①砂浆找平项目适用于仅做找平层的柱（梁）面抹灰。
　　②抹石灰砂浆、水泥砂浆、混合砂浆、聚合物水泥砂浆、麻刀石灰浆、石膏灰浆等按柱（梁）面一般抹灰编码列项，水刷石、斩假石、干粘石、假面砖等按柱（梁）面装饰抹灰编码列项。

L.3　零星抹灰。工程量清单项目的设置、项目特征描述的内容、计量单位、工程量计算规则应按表 L.3 执行。

表 L.3　零星抹灰（编码：011203）

项目编码	项目名称	项目特征	计量单位	工程量计算规则	工作内容
011203001	零星项目一般抹灰	1. 墙体类型 2. 底层厚度、砂浆配合比 3. 面层厚度、砂浆配合比 4. 装饰面材料种类 5. 分格缝宽度、材料种类	m²	按设计图示尺寸以面积计算	1. 基层清理 2. 砂浆制作、运输 3. 底层抹灰 4. 抹面层 5. 抹装饰面 6. 勾分格缝
011203002	零星项目装饰抹灰	1. 墙体类型 2. 底层厚度、砂浆配合比 3. 面层厚度、砂浆配合比 4. 装饰面材料种类 5. 分格缝宽度、材料种类			
011203003	零星项目砂浆找平	1. 基层类型 2. 找平的砂浆厚度、配合比			1. 基层清理 2. 砂浆制作、运输 3. 抹灰找平

注：①抹石灰砂浆、水泥砂浆、混合砂浆、聚合物水泥砂浆、麻刀石灰浆、石膏灰浆等按零星项目一般抹灰编码列项，水刷石、斩假石、干粘石、假面砖等按零星项目装饰抹灰编码列项。
　　②墙、柱（梁）面≤0.5m² 的少量分散的抹灰按 L.3 零星抹灰项目编码列项。

L.4　墙面块料面层。工程量清单项目的设置、项目特征描述的内容、计量单位、工程量计算规则应按表 L.4 执行。

表 L.4　墙面块料面层（编码：011204）

项目编码	项目名称	项目特征	计量单位	工程量计算规则	工作内容
011204001	石材墙面	1. 墙体类型 2. 安装方式 3. 面层材料品种、规格、颜色 4. 缝宽、嵌缝材料种类 5. 防护材料种类 6. 磨光、酸洗、打蜡要求	m²	按镶贴表面积计算	1. 基层清理 2. 砂浆制作、运输 3. 黏结层铺贴 4. 面层安装 5. 嵌缝 6. 刷防护材料 7. 磨光、酸洗、打蜡
011204002	拼碎石材墙面				
011204003	块料墙面				

项目编码	项目名称	项目特征	计量单位	工程量计算规则	工作内容
011204004	干挂石材钢骨架	1. 骨架种类、规格 2. 防锈漆品种遍数	t	按设计图示以质量计算	1. 骨架制作、运输、安装 2. 刷漆

注：①在描述碎块项目的面层材料特征时可不用描述规格、品牌、颜色。
②石材、块料与黏结材料的结合面刷防渗材料的种类在防护层材料种类中描述。
③安装方式可描述为砂浆或黏结剂粘贴、挂贴、干挂等，不论哪种安装方式，都要详细描述与组价相关的内容。

L.5　柱（梁）面镶贴块料。工程量清单项目的设置、项目特征描述的内容、计量单位、工程量计算规则应按表 L.5 执行。

表 L.5　柱（梁）面镶贴块料（编码：011205）

项目编码	项目名称	项目特征	计量单位	工程量计算规则	工作内容
011205001	石材柱面	1. 柱截面类型、尺寸 2. 安装方式 3. 面层材料品种、规格、颜色 4. 缝宽、嵌缝材料种类 5. 防护材料种类 6. 磨光、酸洗、打蜡要求	m²	按镶贴表面积计算	1. 基层清理 2. 砂浆制作、运输 3. 黏结层铺贴 4. 面层安装 5. 嵌缝 6. 刷防护材料 7. 磨光、酸洗、打蜡
011205002	块料柱面				
011205003	拼碎块柱面				
011205004	石材梁面	1. 安装方式 2. 面层材料品种、规格、颜色 3. 缝宽、嵌缝材料种类 4. 防护材料种类 5. 磨光、酸洗、打蜡要求			
011205005	块料梁面				

注：①在描述碎块项目的面层材料特征时可不用描述规格、品牌、颜色。
②石材、块料与黏结材料的结合面刷防渗材料的种类在防护层材料种类中描述。
③柱梁面干挂石材的钢骨架按表 L.4 相应项目编码列项。

L.6　镶贴零星块料。工程量清单项目的设置、项目特征描述的内容、计量单位、工程量计算规则应按表 L.6 执行。

表 L.6　镶贴零星块料（编码：011206）

项目编码	项目名称	项目特征	计量单位	工程量计算规则	工作内容
011206001	石材零星项目	1. 安装方式 2. 面层材料品种、规格、颜色 3. 缝宽、嵌缝材料种类 4. 防护材料种类 5. 磨光、酸洗、打蜡要求	m²	按镶贴表面积计算	1. 基层清理 2. 砂浆制作、运输 3. 面层安装 4. 嵌缝 5. 刷防护材料 6. 磨光、酸洗、打蜡
011206002	块料零星项目				
011206003	拼碎块零星项目				

注：①在描述碎块项目的面层材料特征时可不用描述规格、品牌、颜色。
②石材、块料与黏结材料的结合面刷防渗材料的种类在防护层材料种类中描述。
③零星项目干挂石材的钢骨架按表 L.4 相应项目编码列项。
④墙柱面≤0.5m² 的少量分散的镶贴块料面层应按零星项目执行。

L.7　墙饰面。工程量清单项目的设置、项目特征描述的内容、计量单位、工程量计算规则应按表L.7执行。

表 L.7　墙饰面（编码：011207）

项目编码	项目名称	项目特征	计量单位	工程量计算规则	工作内容
011207001	墙面装饰板	1. 龙骨材料种类、规格、中距 2. 隔离层材料种类、规格 3. 基层材料种类、规格 4. 面层材料品种、规格、颜色 5. 压条材料种类、规格	m²	按设计图示墙净长乘净高以面积计算。扣除门窗洞口及单个>0.3m²的孔洞所占面积	1. 基层清理 2. 龙骨制作、运输、安装 3. 钉隔离层 4. 基层铺钉 5. 面层铺贴

L.8　柱（梁）饰面。工程量清单项目的设置、项目特征描述的内容、计量单位、工程量计算规则应按表L.8执行。

表 L.8　柱（梁）饰面（编码：011208）

项目编码	项目名称	项目特征	计量单位	工程量计算规则	工作内容
011208001	柱（梁）面装饰	1. 龙骨材料种类、规格、中距 2. 隔离层材料种类 3. 基层材料种类、规格 4. 面层材料品种、规格、颜色 5. 压条材料种类、规格	m²	按设计图示饰面外围尺寸以面积计算。柱帽、柱墩并入相应柱饰面工程量内	1. 清理基层 2. 龙骨制作、运输、安装 3. 钉隔离层 4. 基层铺钉 5. 面层铺贴

L.9　幕墙工程。工程量清单项目的设置、项目特征描述的内容、计量单位、工程量计算规则应按表L.9执行。

表 L.9　幕墙工程（编码：011209）

项目编码	项目名称	项目特征	计量单位	工程量计算规则	工作内容
011209001	带骨架幕墙	1. 骨架材料种类、规格、中距 2. 面层材料品种、规格、颜色 3. 面层固定方式 4. 隔离带、框边封闭材料品种、规格 5. 嵌缝、塞口材料种类	m²	按设计图示框外围尺寸以面积计算。与幕墙同种材质的窗所占面积不扣除	1. 骨架制作、运输、安装 2. 面层安装 3. 隔离带、框边封闭 4. 嵌缝、塞口 5. 清洗
011209002	全玻（无框玻璃）幕墙	1. 玻璃品种、规格、颜色 2. 黏结塞口材料种类 3. 固定方式		按设计图示尺寸以面积计算。带肋全玻幕墙按展开面积计算	1. 幕墙安装 2. 嵌缝、塞口 3. 清洗

L.10　隔断。工程量清单项目的设置、项目特征描述的内容、计量单位、工程量计算规则应按表L.10执行。

表 L.10　隔断（编码：011210）

项目编码	项目名称	项目特征	计量单位	工程量计算规则	工作内容
011210001	木隔断	1. 骨架、边框材料种类、规格 2. 隔板材料品种、规格、颜色 3. 嵌缝、塞口材料品种 4. 压条材料种类	m²	按设计图示框外围尺寸以面积计算。不扣除单个≤0.3m²的孔洞所占面积；浴厕门的材质与隔断相同时，门的面积并入隔断面积内	1. 骨架及边框制作、运输、安装 2. 隔板制作、运输、安装 3. 嵌缝、塞口 4. 装钉压条
011210002	金属隔断	1. 骨架、边框材料种类、规格 2. 隔板材料品种、规格、颜色 3. 嵌缝、塞口材料品种			1. 骨架及边框制作、运输、安装 2. 隔板制作、运输、安装 3. 嵌缝、塞口
011210003	玻璃隔断	1. 边框材料种类、规格 2. 玻璃品种、规格、颜色 3. 嵌缝、塞口材料品种		按设计图示框外围尺寸以面积计算。不扣除单个≤0.3m²的孔洞所占面积	1. 边框制作、运输、安装 2. 玻璃制作、运输、安装 3. 嵌缝、塞口
011210004	塑料隔断	1. 边框材料种类、规格 2. 隔板材料品种、规格、颜色 3. 嵌缝、塞口材料品种			1. 骨架及边框制作、运输、安装 2. 隔板制作、运输、安装 3. 嵌缝、塞口
011210005	成品隔断	1. 隔断材料品种、规格、颜色 2. 配件品种、规格	1. m² 2. 间	1. 按设计图示框外围尺寸以面积计算 2. 按设计间的数量以间计算	1. 隔断运输、安装 2. 嵌缝、塞口
011210006	其他隔断	1. 骨架、边框材料种类、规格 2. 隔板材料品种、规格、颜色 3. 嵌缝、塞口材料品种	m²	按设计图示框外围尺寸以面积计算。不扣除单个≤0.3m²的孔洞所占面积	1. 骨架及边框安装 2. 隔板安装 3. 嵌缝、塞口

附录 M　天棚工程

M. 1　天棚抹灰。工程量清单项目的设置、项目特征描述的内容、计量单位、工程量计算规则应按表 M. 1 执行。

表 M. 1　天棚抹灰（编码：011301）

项目编码	项目名称	项目特征	计量单位	工程量计算规则	工作内容
011301001	天棚抹灰	1. 基层类型 2. 抹灰厚度、材料种类 3. 砂浆配合比	m²	按设计图示尺寸以水平投影面积计算。不扣除间壁墙、垛、柱、附墙烟囱、检查口和管道所占的面积，带梁天棚、梁两侧抹灰面积并入天棚面积内，板式楼梯底面抹灰按斜面积计算，锯齿形楼梯底板抹灰按展开面积计算	1. 基层清理 2. 底层抹灰 3. 抹面层

M. 2　天棚吊顶。工程量清单项目的设置、项目特征描述的内容、计量单位、工程量计算规则应按表 M. 2 执行。

表 M. 2　天棚吊顶（编码：011302）

项目编码	项目名称	项目特征	计量单位	工程量计算规则	工作内容
011302001	吊顶天棚	1. 吊顶形式、吊杆规格、高度 2. 龙骨材料种类、规格、中距 3. 基层材料种类、规格 4. 面层材料品种、规格 5. 压条材料种类、规格 6. 嵌缝材料种类 7. 防护材料种类	m²	按设计图示尺寸以水平投影面积计算。天棚面中的灯槽及跌级、锯齿形、吊挂式、藻井式天棚面积不展开计算。不扣除间壁墙、检查口、附墙烟囱、柱垛和管道所占面积，扣除单个 > 0.3m² 的孔洞、独立柱及与天棚相连的窗帘盒所占的面积	1. 基层清理、吊杆安装 2. 龙骨安装 3. 基层板铺贴 4. 面层铺贴 5. 嵌缝 6. 刷防护材料
011302002	格栅吊顶	1. 龙骨材料种类、规格、中距 2. 基层材料种类、规格 3. 面层材料品种、规格 4. 防护材料种类		按设计图示尺寸以水平投影面积计算	1. 基层清理 2. 安装龙骨 3. 基层板铺贴 4. 面层铺贴 5. 刷防护材料
011302003	吊筒吊顶	1. 吊筒形状、规格 2. 吊筒材料种类 3. 防护材料种类			1. 基层清理 2. 吊筒制作安装 3. 刷防护材料
011302004	藤条造型悬挂吊顶	1. 骨架材料种类、规格 2. 面层材料品种、规格			1. 基层清理 2. 龙骨安装 3. 铺贴面层
011302005	织物软雕吊顶				4. 基层清理 5. 龙骨安装 6. 铺贴面层
011302006	网架（装饰）吊顶	1. 网架材料品种、规格			1. 基层清理 2. 网架制作安装

M.3 采光天棚工程。工程量清单项目的设置、项目特征描述的内容、计量单位、工程量计算规则应按表 M.3 执行。

表 M.3 采光天棚工程（编码：011303）

项目编码	项目名称	项目特征	计量单位	工程量计算规则	工作内容
011303001	采光天棚	1. 骨架类型 2. 固定类型、固定材料品种、规格 3. 面层材料品种、规格 4. 嵌缝、塞口材料种类	m²	按框外围展开面积计算	1. 清理基层 2. 面层制安 3. 嵌缝、塞口 4. 清洗

注：采光天棚骨架不包括在本节中，应单独按附录 F 相关项目编码列项。

M.4 天棚其他装饰。工程量清单项目的设置、项目特征描述的内容、计量单位、工程量计算规则应按表 M.4 执行。

表 M.4 天棚其他装饰（编码：011304）

项目编码	项目名称	项目特征	计量单位	工程量计算规则	工作内容
011304001	灯带（槽）	1. 灯带型式、尺寸 2. 格栅片材料品种、规格 3. 安装固定方式	m²	按设计图示尺寸以框外围面积计算	安装、固定
011304002	送风口、回风口	1. 风口材料品种、规格 2. 安装固定方式 3. 防护材料种类	个	按设计图示数量计算	1. 安装、固定 2. 刷防护材料

附录 N　油漆、涂料、裱糊工程

N.1　门油漆。工程量清单项目设置、项目特征描述的内容、计量单位、工程量计算规则应按表 N.1 的规定执行。

表 N.1　门油漆（编号：011401）

项目编码	项目名称	项目特征	计量单位	工程量计算规则	工作内容
011401001	木门油漆	1. 门类型 2. 门代号及洞口尺寸 3. 腻子种类 4. 刮腻子遍数 5. 防护材料种类 6. 油漆品种、刷漆遍数	1. 樘 2. m²	1. 以樘计量，按设计图示数量计量 2. 以平方米计量，按设计图示洞口尺寸以面积计算以樘计量，按设计图示数量计量	1. 基层清理 2. 刮腻子 3. 刷防护材料、油漆
011401002	金属门油漆				1. 除锈、基层清理 2. 刮腻子 3. 刷防护材料、油漆

注：①木门油漆应区分木大门、单层木门、双层（一玻一纱）木门、双层（单裁口）木门、全玻自由门、半玻自由门、装饰门及有框门或无框门等项目，分别编码列项。
　　②金属门油漆应区分平开门、推拉门、钢制防火门列项。
　　③以平方米计量，项目特征可不必描述洞口尺寸。

N.2　窗油漆。工程量清单项目设置、项目特征描述的内容、计量单位、工程量计算规则应按表 N.2 的规定执行。

表 N.2　窗油漆（编号：011402）

项目编码	项目名称	项目特征	计量单位	工程量计算规则	工作内容
011402001	木窗油漆	1. 窗类型 2. 窗代号及洞口尺寸 3. 腻子种类 4. 刮腻子遍数 5. 防护材料种类 6. 油漆品种、刷漆遍数	1. 樘 2. m²	1. 以樘计量，按设计图示数量计量 2. 以平方米计量，按设计图示洞口尺寸以面积计算	1. 基层清理 2. 刮腻子 3. 刷防护材料、油漆
011402002	金属窗油漆				1. 除锈、基层清理 2. 刮腻子 3. 刷防护材料、油漆

注：①木窗油漆应区分单层木门、双层（一玻一纱）木窗、双层框扇（单裁口）木窗、双层框三层（二玻一纱）木窗、单层组合窗、双层组合窗、木百叶窗、木推拉窗等项目，分别编码列项。
　　②金属窗油漆应区分平开窗、推拉窗、固定窗、组合窗、金属隔栅窗分别列项。
　　③以平方米计量，项目特征可不必描述洞口尺寸。

N.3　木扶手及其他板条、线条油漆。工程量清单项目设置、项目特征描述的内容、计量单位、工程量计算规则应按表 N.3 的规定执行。

表 N.3　木扶手及其他板条、线条油漆（编号：011403）

项目编码	项目名称	项目特征	计量单位	工程量计算规则	工作内容
011403001	木扶手油漆	1. 断面尺寸 2. 腻子种类 3. 刮腻子遍数 4. 防护材料种类 5. 油漆品种、刷漆遍数	m	按设计图示尺寸以长度计算	1. 基层清理 2. 刮腻子 3. 刷防护材料、油漆
011403002	窗帘盒油漆				
011403003	封檐板、顺水板油漆				
011403004	挂衣板、黑板框油漆				
011403005	挂镜线、窗帘棍、单独木线油漆				

注：木扶手应区分带托板与不带托板，分别编码列项，若是木栏杆代扶手，木扶手不应单独列项，应包含在木栏杆油漆中。

N.4 木材面油漆。工程量清单项目设置、项目特征描述的内容、计量单位、工程量计算规则应按表 N.4 的规定执行。

表 N.4 木材面油漆（编号：011404）

项目编码	项目名称	项目特征	计量单位	工程量计算规则	工作内容
011404001	木板、纤维板、胶合板油漆				
011404002	木护墙、木墙裙油漆				
011404003	窗台板、筒子板、盖板、门窗套、踢脚线油漆			按设计图示尺寸以面积计算	
011404004	清水板条天棚、檐口油漆				
011404005	木方格吊顶天棚油漆	1. 腻子种类 2. 刮腻子遍数 3. 防护材料种类 4. 油漆品种、刷漆遍数	m²		1. 基层清理 2. 刮腻子 3. 刷防护材料、油漆
011404006	吸音板墙面、天棚面油漆				
011404007	暖气罩油漆				
011404008	木间壁、木隔断油漆			按设计图示尺寸以单面外围面积计算	
011404009	玻璃间壁露明墙筋油漆				
011404010	木栅栏、木栏杆（带扶手）油漆				
011404011	衣柜、壁柜油漆			按设计图示尺寸以油漆部分展开面积计算	1. 基层清理 2. 刮腻子 3. 刷防护材料、油漆
011404012	梁柱饰面油漆				
011404013	零星木装修油漆				
011404014	木地板油漆			按设计图示尺寸以面积计算。空洞、空圈、暖气包槽、壁龛的开口部分并入相应的工程量内	
011404015	木地板烫硬蜡面	1. 硬蜡品种 2. 面层处理要求			1. 基层清理 2. 烫蜡

N.5 金属面油漆。工程量清单项目设置、项目特征描述的内容、计量单位、工程量计算规则应按表 N.5 的规定执行。

表 N.5 金属面油漆（编号：011405）

项目编码	项目名称	项目特征	计量单位	工程量计算规则	工作内容
011405001	金属面油漆	1. 构件名称 2. 腻子种类 3. 刮腻子要求 4. 防护材料种类 5. 油漆品种、刷漆遍数	1. t 2. m²	1. 以 t 计量，按设计图示尺寸以质量计算 2. 以 m² 计量，按设计展开面积计算	1. 基层清理 2. 刮腻子 3. 刷防护材料、油漆

N.6 抹灰面油漆。工程量清单项目设置、项目特征描述的内容、计量单位、工程量计算规则应按表 N.6 的规定执行。

表 N.6　抹灰面油漆（编号：011406）

项目编码	项目名称	项目特征	计量单位	工程量计算规则	工作内容
011406001	抹灰面油漆	1. 基层类型 2. 腻子种类 3. 刮腻子遍数 4. 防护材料种类 5. 油漆品种、刷漆遍数	m²	按设计图示尺寸以面积计算	1. 基层清理 2. 刮腻子 3. 刷防护材料、油漆
011406002	抹灰线条油漆	1. 线条宽度、道数 2. 腻子种类 3. 刮腻子遍数 4. 防护材料种类 5. 油漆品种、刷漆遍数	m	按设计图示尺寸以长度计算	
011406003	满刮腻子	1. 基层类型 2. 腻子种类 3. 刮腻子遍数	m²	按设计图示尺寸以面积计算	1. 基层清理 2. 刮腻子

　　N.7　喷刷涂料。工程量清单项目设置、项目特征描述的内容、计量单位、工程量计算规则应按表 N.7 的规定执行。

表 N.7　喷刷涂料（编号：011407）

项目编码	项目名称	项目特征	计量单位	工程量计算规则	工作内容
011407001	墙面喷刷涂料	1. 基层类型 2. 喷刷涂料部位 3. 腻子种类 4. 刮腻子要求 5. 涂料品种、喷刷遍数	m²	按设计图示尺寸以面积计算	1. 基层清理 2. 刮腻子 3. 刷、喷涂料
011407002	天棚喷刷涂料				
011407003	空花格、栏杆刷涂料	1. 腻子种类 2. 刮腻子遍数 3. 涂料品种、刷喷遍数		按设计图示尺寸以单面外围面积计算	
011407004	线条刷涂料	1. 基层清理 2. 线条宽度 3. 刮腻子遍数 4. 刷防护材料、油漆	m	按设计图示尺寸以长度计算	
011407005	金属构件刷防火涂料	1. 喷刷防火涂料构件名称 2. 防火等级要求 3. 涂料品种、喷刷遍数	1. m² 2. t	1. 以 m² 计量，按设计展开面积计算 2. 以 t 计量，按设计图示尺寸以质量计算	1. 基层清理 2. 刷防护材料、油漆
011407006	木材构件喷刷防火涂料		1. m² 2. m³	1. 以 m² 计量，按设计图示尺寸以面积计算 2. 以 m³ 计量，按设计结构尺寸以体积计算	1. 基层清理 2. 刷防火材料

　　注：喷刷墙面涂料部位要注明内墙或外墙。

　　N.8　裱糊。工程量清单项目设置、项目特征描述的内容、计量单位、工程量计算规则应按表 N.8 的规定执行。

表 N.8 裱糊 （编号：011408）

项目编码	项目名称	项目特征	计量单位	工程量计算规则	工作内容
011408001	墙纸裱糊	1. 基层类型 2. 裱糊部位 3. 腻子种类 4. 刮腻子遍数 5. 黏结材料种类 6. 防护材料种类 7. 面层材料品种、规格、颜色	m²	按设计图示尺寸以面积计算	1. 基层清理 2. 刮腻子 3. 面层铺粘 4. 刷防护材料
011408002	织锦缎裱糊				

附　录

附录 O　其他装饰工程

O.1　工程量清单项目设置、项目特征描述的内容、计量单位、工程量计算规则应按表 O.1 的规定执行。

表 O.1　柜类、货架（编号：011501）

项目编码	项目名称	项目特征	计量单位	工程量计算规则	工作内容
011501001	柜台				
011501002	酒柜				
011501003	衣柜				
011501004	存包柜				
011501005	鞋柜				
011501006	书柜				
011501007	厨房壁柜				
011501008	木壁柜				
011501009	厨房低柜	1. 台柜规格 2. 材料种类、规格 3. 五金种类、规格 4. 防护材料种类 5. 油漆品种、刷漆遍数	1. 个 2. m 3. m³	1. 以个计量，按设计图示数量计量 2. 以米计量，按设计图示尺寸以延长米计算 3. 以立方米计量，按设计图示尺寸以体积计量	1. 台柜制作、运输、安装（安放） 2. 刷防护材料、油漆 3. 五金件安装
011501010	厨房吊柜				
011501011	矮柜				
011501012	吧台背柜				
011501013	酒吧吊柜				
011501014	酒吧台				
011501015	展台				
011501016	收银台				
011501017	试衣间				
011501018	货架				
011501019	书架				
011501020	服务台				

O.2　压条、装饰线。工程量清单项目设置、项目特征描述的内容、计量单位、工程量计算规则应按表 O.2 的规定执行。

表 O.2　装饰线（编号：011502）

项目编码	项目名称	项目特征	计量单位	工程量计算规则	工作内容
011502001	金属装饰线	1. 基层类型 2. 线条材料品种、规格、颜色 3. 防护材料种类	m	按设计图示尺寸以长度计算	1. 线条制作、安装 2. 刷防护材料
011502002	木质装饰线				
011502003	石材装饰线				
011502004	石膏装饰线				
011502005	镜面玻璃线	1. 基层类型 2. 线条材料品种、规格、颜色 3. 防护材料种类			
011502006	铝塑装饰线				
011502007	塑料装饰线				

O.3 扶手、栏杆、栏板装饰：工程量清单项目的设置、项目特征描述的内容、计量单位、工程量计算规则应按表 O.3 执行。

表 O.3 扶手、栏杆、栏板装饰（编码：011503）

项目编码	项目名称	项目特征	计量单位	工程量计算规则	工作内容
011503001	金属扶手、栏杆、栏板	1. 扶手材料种类、规格、品牌 2. 栏杆材料种类、规格、品牌 3. 栏板材料种类、规格、品牌、颜色 4. 固定配件种类 5. 防护材料种类	m	按设计图示以扶手中心线长度（包括弯头长度）计算	1. 制作 2. 运输 3. 安装 4. 刷防护材料
011503002	硬木扶手、栏杆、栏板				
011503003	塑料扶手、栏杆、栏板				
011503004	金属靠墙扶手	1. 扶手材料种类、规格、品牌 2. 固定配件种类 3. 防护材料种类			
011503005	硬木靠墙扶手				
011503006	塑料靠墙扶手				
011503006	玻璃栏板	1. 栏杆玻璃的种类、规格、颜色、品牌 2. 固定方式 3. 固定配件种类	m	按设计图示以扶手中心线长度（包括弯头长度）计算	1. 制作 2. 运输 3. 安装 4. 刷防护材料

O.4 暖气罩。工程量清单项目设置、项目特征描述的内容、计量单位、工程量计算规则、应按表 O.4 的规定执行。

表 O.4 暖气罩（编号：011504）

项目编码	项目名称	项目特征	计量单位	工程量计算规则	工作内容
011504001	饰面板暖气罩	1. 暖气罩材质 2. 防护材料种类	m²	按设计图示尺寸以垂直投影面积（不展开）计算	1. 暖气罩制作、运输、安装 2. 刷防护材料、油漆
011504002	塑料板暖气罩				
011504003	金属暖气罩				

O.5 浴厕配件。工程量清单项目设置、项目特征描述的内容、计量单位、工程量计算规则应按表 O.5 的规定执行。

表 O.5 浴厕配件（编号：011505）

项目编码	项目名称	项目特征	计量单位	工程量计算规则	工作内容
011505001	洗漱台	1. 材料品种、规格、品牌、颜色 2. 支架、配件品种、规格、品牌	1. m² 2. 个	1. 按设计图示尺寸以台面外接矩形面积计算。不扣除孔洞、挖弯、削角所占面积，挡板、吊沿板面积并入台面面积内 2. 按设计图示数量计算	1. 台面及支架、运输、安装 2. 杆、环、盒、配件安装 3. 刷油漆
011505002	晒衣架		个	按设计图示数量计算	
011505003	帘子杆				
011505004	浴缸拉手				
011505005	卫生间扶手				

项目编码	项目名称	项目特征	计量单位	工程量计算规则	工作内容
011505006	毛巾杆（架）	1. 材料品种、规格、品牌、颜色 2. 支架、配件品种、规格、品牌	套	按设计图示数量计算	1. 台面及支架制作、运输、安装 2. 杆、环、盒、配件安装 3. 刷油漆
011505007	毛巾环		副		
011505008	卫生纸盒		个		
011505009	肥皂盒				
011505010	镜面玻璃	1. 镜面玻璃品种、规格 2. 框材质、断面尺寸 3. 基层材料种类 4. 防护材料种类	m²	按设计图示尺寸以边框外围面积计算	1. 基层安装 2. 玻璃及框制作、运输、安装
011505011	镜箱	1. 箱材质、规格 2. 玻璃品种、规格 3. 基层材料种类 4. 防护材料种类 5. 油漆品种、刷漆遍数	个	按设计图示数量计算	1. 基层安装 2. 箱体制作、运输、安装 3. 玻璃安装 4. 刷防护材料、油漆

O.6　雨篷、旗杆。工程量清单项目设置、项目特征描述的内容、计量单位、工程量计算规则应按表 O.6 的规定执行。

表 O.6　雨篷、旗杆（编号：011506）

项目编码	项目名称	项目特征	计量单位	工程量计算规则	工作内容
011506001	雨篷吊挂饰面	1. 基层类型 2. 龙骨材料种类、规格、中距 3. 面层材料品种、规格、品牌 4. 吊顶（天棚）材料品种、规格、品牌 5. 嵌缝材料种类 6. 防护材料种类	m²	按设计图示尺寸以水平投影面积计算	1. 底层抹灰 2. 龙骨基层安装 3. 面层安装 4. 刷防护材料、油漆
011506002	金属旗杆	1. 旗杆材料、种类、规格 2. 旗杆高度 3. 基础材料种类 4. 基座材料种类 5. 基座面层材料、种类、规格	根	按设计图示数量计算	1. 土石挖、填、运 2. 基础混凝土浇注 3. 旗杆制作、安装 4. 旗杆台座制作、饰面
011506003	玻璃雨篷	1. 玻璃雨篷固定方式 2. 龙骨材料种类、规格、中距 3. 玻璃材料品种、规格、品牌 4. 嵌缝材料种类 5. 防护材料种类	m²	按设计图示尺寸以水平投影面积计算	1. 龙骨基层安装 2. 面层安装 3. 刷防护材料、油漆

O.7　招牌、灯箱。工程量清单项目设置、项目特征描述的内容、计量单位、应按表 O.7 的规定执行。

表 O.7　招牌、灯箱（编号：011507）

项目编码	项目名称	项目特征	计量单位	工程量计算规则	工作内容
011507001	平面、箱式招牌	1. 箱体规格 2. 基层材料种类 3. 面层材料种类 4. 防护材料种类	m²	按设计图示尺寸以正立面边框外围面积计算。复杂形的凸凹造型部分不增加面积	1. 基层安装 2. 箱体及支架制作、运输、安装 3. 面层制作、安装 4. 刷防护材料、油漆
011507002	竖式标箱		个	按设计图示数量计算	
011507003	灯箱				

O.8　美术字。工程量清单项目设置、项目特征描述的内容、计量单位，应按表 O.8 的规定执行。

表 O.8　美术字（编号：011508）

项目编码	项目名称	项目特征	计量单位	工程量计算规则	工作内容
011508001	泡沫塑料字	1. 基层类型 2. 镌字材料品种、颜色 3. 字体规格 4. 固定方式 5. 油漆品种、刷漆遍数	个	按设计图示数量计算	1. 字制作、运输、安装 2. 刷油漆
011508002	有机玻璃字				
011508003	木质字				
011508004	金属字				
011508005	吸塑字				

附录 P　拆除工程

P.1　砖砌体拆除。工程量清单项目的设置、项目特征描述的内容、计量单位、工程量计算规则应按表 P.1 执行。

表 P.1　砖砌体拆除（编码：011601）

项目编码	项目名称	项目特征	计量单位	工程量计算规则	工作内容
011601001	砖砌体拆除	1. 砌体名称 2. 砌体材质 3. 拆除高度 4. 拆除砌体的截面尺寸 5. 砌体表面的附着物种类	1. m³ 2. m	1. 以 m³ 计量，按拆除的体积计算 2. 以 m 计量，按拆除的延长米计算	1. 拆除 2. 控制扬尘 3. 清理 4. 建渣场内、外运输

注：①砌体名称指墙、柱、水池等。
　　②砌体表面的附着物种类指抹灰层、块料层、龙骨及装饰面层等。
　　③以 m 计量，如砖地沟、砖明沟等必须描述拆除部位的截面尺寸；以 m³ 计量，截面尺寸则不必描述。

P.2　混凝土及钢筋混凝土构件拆除。工程量清单项目的设置、项目特征描述的内容、计量单位、工程量计算规则应按表 P.2 执行。

表 P.2　混凝土及钢筋混凝土构件拆除（编码：011602）

项目编码	项目名称	项目特征	计量单位	工程量计算规则	工作内容
011602001	混凝土构件拆除	1. 构件名称 2. 拆除构件的厚度或规格尺寸 3. 构件表面的附着物种类	1. m³ 2. m² 3. m	1. 以 m³ 计算，按拆除构件的混凝土体积计算 2. 以 m² 计算，按拆除部位的面积计算 3. 以 m 计算，按拆除部位的延长米计算	1. 拆除 2. 控制扬尘 3. 清理 4. 建渣场内、外运输
011602002	钢筋混凝土构件拆除				

注：①以 m³ 作为计量单位时，可不描述构件的规格尺寸，以 m² 作为计量单位时，则应描述构件的厚度，以 m 作为计量单位时，则必须描述构件的规格尺寸。
　　②构件表面的附着物种类指抹灰层、块料层、龙骨及装饰面层等。

P.3　木构件拆除。工程量清单项目的设置、项目特征描述的内容、计量单位、工程量计算规则应按表 P.3 执行。

表 P.3　木构件拆除（编码：011603）

项目编码	项目名称	项目特征	计量单位	工程量计算规则	工作内容
011603001	木构件拆除	1. 构件名称 2. 拆除构件的厚度或规格尺寸 3. 构件表面的附着物种类	1. m³ 2. m² 3. m	1. 以 m³ 计算，按拆除构件的混凝土体积计算 2. 以 m² 计算，按拆除面积计算 3. 以 m 计算，按拆除延长米计算	1. 拆除 2. 控制扬尘 3. 清理 4. 建渣场内、外运输

注：①拆除木构件应按木梁、木柱、木楼梯、木屋架、承重木楼板等分别在构件名称中描述。
　　②以 m³ 作为计量单位时，可不描述构件的规格尺寸，以 m² 作为计量单位时，则应描述构件的厚度，以 m 作为计量单位时，则必须描述构件的规格尺寸。
　　③构件表面的附着物种类指抹灰层、块料层、龙骨及装饰面层等。

P.4 抹灰层拆除。工程量清单项目的设置、项目特征描述的内容、计量单位、工程量计算规则应按表 P.4 执行。

表 P.4 抹灰面拆除（编码：011604）

项目编码	项目名称	项目特征	计量单位	工程量计算规则	工作内容
011604001	平面抹灰层拆除	1. 拆除部位 2. 抹灰层种类	m^2	按拆除部位的面积计算	1. 拆除 2. 控制扬尘 3. 清理 4. 建渣场内、外运输
011604002	立面抹灰层拆除				
011604003	天棚抹灰面拆除				

注：①单独拆除抹灰层应按表 P.4 项目编码列项。
②抹灰层种类可描述为一般抹灰或装饰抹灰。

P.5 块料面层拆除。工程量清单项目的设置、项目特征描述的内容、计量单位、工程量计算规则应按表 P.5 执行。

表 P.5 块料面层拆除（编码：011605）

项目编码	项目名称	项目特征	计量单位	工程量计算规则	工作内容
011605001	平面块料拆除	1. 拆除的基层类型 2. 饰面材料种类	m^2	按拆除面积计算	1. 拆除 2. 控制扬尘 3. 清理 4. 建渣场内、外运输
011605002	立面块料拆除				

注：①如仅拆除块料层，拆除的基层类型不用描述。
②拆除的基层类型的描述指砂浆层、防水层、干挂或挂贴所采用的钢骨架层等。

P.6 龙骨及饰面拆除。工程量清单项目的设置、项目特征描述的内容、计量单位、工程量计算规则应按表 P.6 执行。

表 P.6 龙骨及饰面拆除（编码：011606）

项目编码	项目名称	项目特征	计量单位	工程量计算规则	工作内容
011606001	楼地面龙骨及饰面拆除	1. 拆除的基层类型 2. 龙骨及饰面种类	m^2	按拆除面积计算	1. 拆除 2. 控制扬尘 3. 清理 4. 建渣场内、外运输
011606002	墙柱面龙骨及饰面拆除				
011606003	天棚面龙骨及饰面拆除				

注：①基层类型的描述指砂浆层、防水层等。
②如仅拆除龙骨及饰面，拆除的基层类型不用描述。
③如只拆除饰面，不用描述龙骨材料种类。

P.7 屋面拆除。工程量清单项目的设置、项目特征描述的内容、计量单位、工程量计算规则应按表 P.7 执行。

表 P.7　屋面拆除（编码：011607）

项目编码	项目名称	项目特征	计量单位	工程量计算规则	工作内容
011607001	刚性层拆除	刚性层厚度	m²	按铲除部位的面积计算	1. 铲除 2. 控制扬尘 3. 清理 4. 建渣场内、外运输
011607002	防水层拆除	防水层种类			

　　P.8　铲除油漆涂料裱糊面。工程量清单项目的设置、项目特征描述的内容、计量单位、工程量计算规则应按表 P.8 执行。

表 P.8　铲除油漆涂料裱糊面（编码：011608）

项目编码	项目名称	项目特征	计量单位	工程量计算规则	工作内容
011608001	铲除油漆面	1. 铲除部位名称 2. 铲除部位的截面尺寸	1. m² 2. m	1. 以 m² 计量，按铲除部位的面积计算 2. 以 m 计量，按按铲除部位的延长米计算	1. 铲除 2. 控制扬尘 3. 清理 4. 建渣场内、外运输
011608002	铲除涂料面				
011608003	铲除裱糊面				

注：①单独铲除油漆涂料裱糊面的工程按表 P.8 编码列项。
　　②铲除部位名称的描述指墙面、柱面、天棚、门窗等。
　　③按 m 计量，必须描述铲除部位的截面尺寸，以 m² 计量时，则不用描述铲除部位的截面尺寸。

　　P.9　栏杆栏板、轻质隔断隔墙拆除。工程量清单项目的设置、项目特征描述的内容、计量单位、工程量计算规则应按表 P.9 执行。

表 P.9　栏杆、轻质隔断隔墙拆除（编码：011609）

项目编码	项目名称	项目特征	计量单位	工程量计算规则	工作内容
011609001	栏杆、栏板拆除	1. 栏杆（板）的高度 2. 栏杆、栏板种类	1. m² 2. m	1. 以 m² 计量，按拆除部位的面积计算 2. 以 m 计量，按拆除的延长米计算	1. 拆除 2. 控制扬尘 3. 清理 4. 建渣场内、外运输
011609002	隔断隔墙拆除	1. 拆除隔墙的骨架种类 2. 拆除隔墙的饰面种类	m²	按拆除部位的面积计算	

注：以 m² 计量，不用描述栏杆（板）的高度。

　　P.10　门窗拆除。工程量清单项目的设置、项目特征描述的内容、计量单位、工程量计算规则应按表 P.10 执行。

表 P.10　门窗拆除（编码：011610）

项目编码	项目名称	项目特征	计量单位	工程量计算规则	工作内容
011610001	木门窗拆除	1. 室内高度 2. 门窗洞口尺寸	1. m² 2. 樘	1. 以 m² 计量，按拆除面积计算 2. 以樘计量，按拆除樘数计算	1. 拆除 2. 控制扬尘 3. 清理 4. 建渣场内、外运输
011610002	金属门窗拆除				

注：门窗拆除以 m² 计量，不用描述门窗的洞口尺寸。室内高度指室内楼地面至门窗的上边框。

P.11 金属构件拆除。工程量清单项目的设置、项目特征描述的内容、计量单位、工程量计算规则应按表 P.11 执行。

表 P.11　金属构件拆除（编码：011611）

项目编码	项目名称	项目特征	计量单位	工程量计算规则	工作内容
011611001	钢梁拆除	1. 构件名称 2. 拆除构件的规格尺寸	1. t 2. m	1. 以 t 计算，按拆除构件的质量计算 2. 以 m 计算，按拆除延长米计算	1. 拆除 2. 控制扬尘 3. 清理 4. 建渣场内、外运输
011611002	钢柱拆除		1. t 2. m	1. 以 t 计算，按拆除构件的质量计算 2. 以 m 计算，按拆除延长米计算	
011611003	钢网架拆除		t	按拆除构件的质量计算	
011611004	钢支撑、钢墙架拆除		1. t 2. m	1. 以 t 计算，按拆除构件的质量计算 2. 以 m 计算，按拆除延长米计算	
011611005	其他金属构件拆除		1. t 2. m		

注：拆除金属栏杆、栏板按表 P.9 相应清单编码执行。

P.12　管道及卫生洁具拆除。工程量清单项目的设置、项目特征描述的内容、计量单位、工程量计算规则应按表 P.12 执行。

表 P.12　管道及卫生洁具拆除（编码：011612）

项目编码	项目名称	项目特征	计量单位	工程量计算规则	工作内容
011612001	管道拆除	1. 管道种类、材质 2. 管道上的附着物种类	m	按拆除管道的延长米计算	1. 拆除 2. 控制扬尘 3. 清理 4. 建渣场内、外运输
011612002	卫生洁具拆除	卫生洁具种类	1. 套 2. 个	按拆除的数量计算	

P.13　灯具、玻璃拆除。工程量清单项目的设置、项目特征描述的内容、计量单位、工程量计算规则应按表 P.13 执行。

表 P.13　灯具、玻璃拆除（编码：011613）

项目编码	项目名称	项目特征	计量单位	工程量计算规则	工作内容
011613001	灯具拆除	1. 拆除灯具高度 2. 灯具种类	套	按拆除的数量计算	1. 拆除 2. 控制扬尘 3. 清理 4. 建渣场内、外运输
011613002	玻璃拆除	1. 玻璃厚度 2. 拆除部位	m²	按拆除的面积计算	

注：拆除部位的描述指门窗玻璃、隔断玻璃、墙玻璃、家具玻璃等。

P.14　其他构件拆除。工程量清单项目的设置、项目特征描述的内容、计量单位、工程量计算规则应按表 P.14 执行。

表 P.14　其他构件拆除（编码：011614）

项目编码	项目名称	项目特征	计量单位	工程量计算规则	工作内容
011614001	暖气罩拆除	暖气罩材质	1. 个 2. m	1. 以个为单位计量，按拆除个数计算 2. 以 m 为单位计量，按拆除延长米计算	1. 拆除 2. 控制扬尘 3. 清理 4. 建渣场内、外运输
011614002	柜体拆除	1. 柜体材质 2. 柜体尺寸：长、宽、高			
011614003	窗台板拆除	窗台板平面尺寸	1. 块 2. m	1. 以块计量，按拆除数量计算 2. 以 m 计量，按拆除的延长米计算	
011614004	筒子板拆除	筒子板的平面尺寸			
011614005	窗帘盒拆除	窗帘盒的平面尺寸	m	按拆除的延长米计算	
011614006	窗帘轨拆除	窗帘轨的材质			

注：双轨窗帘轨拆除按双轨长度分别计算工程量。

P.15　开孔（打洞）。工程量清单项目的设置、项目特征描述的内容、计量单位、工程量计算规则应按表 P.15 执行。

表 P.15　开孔（打洞）（编码：011615）

项目编码	项目名称	项目特征	计量单位	工程量计算规则	工作内容
011615001	开孔（打洞）	1. 部位 2. 打洞部位材质 3. 洞尺寸	个	按数量计算	1. 拆除 2. 控制扬尘 3. 清理 4. 建渣场内、外运输

注：①部位可描述为墙面或楼板。
②打洞部位材质可描述为页岩砖或空心砖或钢筋混凝土等。

附录 Q 措施项目

Q.1 一般措施项目。工程量清单项目设置、计量单位、工作内容及包含范围应按表 Q.1 的规定执行。

表 Q.1 一般措施项目（011701）

项目编码	项目名称	工作内容及包含范围
011701001	安全文明施工（含环境保护、文明施工、安全施工、临时设施）	1. 环境保护包含范围：现场施工机械设备降低噪声、防扰民措施费用；水泥和其他易飞扬细颗粒建筑材料密闭存放或采取覆盖措施等费用；工程防扬尘洒水费用；土石方、建渣外运车辆冲洗、防洒漏等费用；现场污染源的控制、生活垃圾清理外运、场地排水排污措施的费用；其他环境保护措施费用 2. 文明施工包含范围："五牌一图"的费用；现场围挡的墙面美化（包括内外粉刷、刷白、标语等）、压顶装饰费用；现场厕所便槽刷白、贴面砖，水泥砂浆地面或地砖费用，建筑物内临时便溺设施费用；其他施工现场临时设施的装饰装修、美化措施费用；现场生活卫生设施费用；符合卫生要求的饮水设备、淋浴、消毒等设施费用；生活用洁净燃料费用；防煤气中毒、防蚊虫叮咬等措施费用；施工现场操作场地的硬化费用；现场绿化费用、治安综合治理费用；现场配备医药保健器材、物品费用和急救人员培训费用；用于现场工人的防暑降温费、电风扇、空调等设备及用电费用；其他文明施工措施费用 3. 安全施工包含范围：安全资料、特殊作业专项方案的编制，安全施工标志的购置及安全宣传的费用；"三宝"（安全帽、安全带、安全网）、"四口"（楼梯口、电梯井口、通道口、预留洞口），"五临边"（阳台围边、楼板围边、屋面围边、槽坑围边、卸料平台两侧），水平防护架、垂直防护架、外架封闭等防护的费用；施工安全用电的费用，包括配电箱三级配电、两级保护装置要求、外电防护措施；起重机、塔吊等起重设备（含井架、门架）及外用电梯的安全防护措施（含警示标志）费用及卸料平台的临边防护、层间安全门、防护棚等设施费用；建筑工地起重机械的检验检测费用；施工机具防护棚及其围栏的安全保护设施费用；施工安全防护通道的费用；工人的安全防护用品、用具购置费用；消防设施与消防器材的配置费用；电气保护、安全照明设施费；其他安全防护措施费用 4. 临时设施包含范围：施工现场采用彩色、定型钢板，砖、混凝土砌块等围挡的安砌、维修、拆除费或摊销费；施工现场临时建筑物、构筑物的搭设、维修、拆除或摊销的费用；如临时宿舍、办公室、食堂、厨房、厕所、诊疗所、临时文化福利用房、临时仓库、加工场、搅拌台、临时简易水塔、水池等。施工现场临时设施的搭设、维修、拆除或摊销的费用。如临时供水管道、临时供电管线、小型临时设施等；施工现场规定范围内临时简易道路铺设，临时排水沟、排水设施安砌、维修、拆除的费用；其他临时设施费搭设、维修、拆除或摊销的费用
011701002	夜间施工	1. 夜间固定照明灯具和临时可移动照明灯具的设置、拆除 2. 夜间施工时，施工现场交通标志、安全标牌、警示灯等的设置、移动、拆除 3. 包括夜间照明设备摊销及照明用电、施工人员夜班补助、夜间施工劳动效率降低等费用
011701003	非夜间施工照明	为保证工程施工正常进行，在如地下室等特殊施工部位施工时所采用的照明设备的安拆、维护、摊销及照明用电等费用
011701004	二次搬运	包括由于施工场地条件限制而发生的材料、成品、半成品等一次运输不能到达堆放地点，必须进行二次或多次搬运的费用
011701005	冬雨季施工	1. 冬雨（风）季施工时增加的临时设施（防寒保温、防雨、防风设施）的搭设、拆除 2. 冬雨（风）季施工时，对砌体、混凝土等采用的特殊加温、保温和养护措施 3. 冬雨（风）季施工时，施工现场的防滑处理、对影响施工的雨雪的清除 4. 包括冬雨（风）季施工时增加的临时设施的摊销、施工人员的劳动保护用品、冬雨（风）季施工劳动效率降低等费用
011701006	大型机械设备进出场及安拆	1. 大型机械设备进出场包括施工机械整体或分体自停放场地运至施工现场，或由一个施工地点运至另一个施工地点，所发生的施工机械进出场运输及转移费用，由机械设备的装卸、运输及辅助材料费等构成 2. 大型机械设备安拆费包括施工机械在施工现场进行安装、拆卸所需的人工费、材料费、机械费、试运转费和安装所需的辅助设施的费用

项目编码	项目名称	工作内容及包含范围
011701007	施工排水	包括排水沟槽开挖、砌筑、维修，排水管道的铺设、维修，排水的费用以及专人值守的费用等
011701008	施工降水	包括成井、井管安装、排水管道安拆及摊销、降水设备的安拆及维护的费用，抽水的费用以及专人值守的费用等
011701009	地上、地下设施、建筑物的临时保护设施	在工程施工过程中，对已建成的地上、地下设施和建筑物进行的遮盖、封闭、隔离等必要保护措施所发生的费用
011701010	已完工程及设备保护	对已完工程及设备采取的覆盖、包裹、封闭、隔离等必要保护措施所发生的费用

注：①安全文明施工费是指工程施工期间按照国家现行的环境保护、建筑施工安全、施工现场环境与卫生标准和有关规定，购置和更新施工安全防护用具及设施、改善安全生产条件和作业环境所需要的费用。
②施工排水是指为保证工程在正常条件下施工，所采取的排水措施所发生的费用。
③施工降水是指为保证工程在正常条件下施工，所采取的降低地下水位的措施所发生的费用。

Q.2　脚手架工程。工程量清单项目设置、项目特征描述的内容、计量单位及工程量计算规则，应按表 Q.2 的规定执行。

表 Q.2　脚手架工程（编码：011702）

项目编码	项目名称	项目特征	计量单位	工程量计算规则	工作内容
011702001	综合脚手架	1. 建筑结构形式 2. 檐口高度	m²	按建筑面积计算	1. 场内、场外材料搬运 2. 搭、拆脚手架、斜道、上料平台 3. 安全网的铺设 4. 选择附墙点与主体连接 5. 测试电动装置、安全锁等 6. 拆除脚手架后材料的堆放
011702002	外脚手架	1. 搭设方式 2. 搭设高度 3. 脚手架材质	m²	按所服务对象的垂直投影面积计算	1. 场内、场外材料搬运 2. 搭、拆脚手架、斜道、上料平台 3. 安全网的铺设 4. 拆除脚手架后材料的堆放
011702003	里脚手架				
011702004	悬空脚手架	1. 搭设方式 2. 悬挑宽度 3. 脚手架材质	m²	按搭设的水平投影面积计算	
011702005	挑脚手架		m	按搭设长度乘以搭设层数以延长米计算	
011702006	满堂脚手架	1. 搭设方式 2. 搭设高度 3. 脚手架材质	m²	按搭设的水平投影面积计算	
011702007	整体提升架	1. 搭设方式及启动装置 2. 搭设高度	m²	按所服务对象的垂直投影面积计算	1. 场内、场外材料搬运 2. 选择附墙点与主体连接 3. 搭、拆脚手架、斜道、上料平台 4. 安全网的铺设 5. 测试电动装置、安全锁等 6. 拆除脚手架后材料的堆放

项目编码	项目名称	项目特征	计量单位	工程量计算规则	工作内容
011702008	外装饰吊篮	1. 升降方式及启动装置 2. 搭设高度及吊篮型号	m²	按所服务对象的垂直投影面积计算	1. 场内、场外材料搬运 2. 吊篮的安装 3. 测试电动装置、安全锁、平衡控制器等 4. 吊篮的拆卸

注：①使用综合脚手架时，不再使用外脚手架、里脚手架等单项脚手架；综合脚手架适用于能够按"建筑面积计算规则"计算建筑面积的建筑工程脚手架，不适用于房屋加层、构筑物及附属工程脚手架。
②同一建筑物有不同檐高时，按建筑物竖向切面分别按不同檐高编列清单项目。
③整体提升架已包括2m高的防护架体设施。
④建筑面积计算按《建筑面积计算规范》（GB/T 50353—2005）
⑤脚手架材质可以不描述，但应注明由投标人根据工程实际情况按照《建筑施工扣件式钢管脚手架安全技术规范》、《建筑施工附着升降脚手架管理规定》等规范自行确定。

Q.3　混凝土模板及支架（撑）。工程量清单项目设置、项目特征描述的内容、计量单位、工程量计算规则及工作内容，应按表 Q.3 的规定执行。

表 Q.3　混凝土模板及支架（撑）（编码：011703）

项目编码	项目名称	项目特征	计量单位	工程量计算规则	工作内容
011703001	垫层	基础形状	m²	按模板与现浇混凝土构件的接触面积计算：①现浇钢筋混凝土墙、板单孔面积≤0.3m²的孔洞不予扣除，洞侧壁模板亦不增加；单孔面积>0.3m²时应予扣除，洞侧壁模板面积并入墙、板工程量内计算。②现浇框架分别按梁、板、柱有关规定计算；附墙柱、暗梁、暗柱并入墙内工程量内计算。③柱、梁、墙、板相互连接的重迭部分，均不计算模板面积。④构造柱按图示外露部分计算模板面积	1. 模板制作 2. 模板安装、拆除、整理堆放及场内外运输 3. 清理模板黏结物及模内杂物、刷隔离剂等
011703002	带形基础				
011703003	独立基础				
011703004	满堂基础				
011703005	设备基础				
011703006	桩承台基础				
011703007	矩形柱	柱截面尺寸			
011703008	构造柱				
011703009	异形柱	柱截面形状、尺寸			
011703010	基础梁	梁截面			
011703011	矩形梁				
011703012	异形梁				
011703013	圈梁				
011703014	过梁				
011703015	弧形、拱形梁				
011703016	直形墙	墙厚度			
011703017	弧形墙				
011703018	短肢剪力墙、电梯井壁				
011703019	有梁板	板厚度			
011703020	无梁板				
011703021	平板				
011703022	拱板				
011703023	薄壳板				
011703024	栏板				
011703025	其他板				

项目编码	项目名称	项目特征	计量单位	工程量计算规则	工作内容
011703026	天沟、檐沟	构件类型	m²	按模板与现浇混凝土构件的接触面积计算按图示外挑部分尺寸的水平投影面积计算，挑出墙外的悬臂梁及板边不另计算	1. 模板制作 2. 模板安装、拆除、整理堆放及场内外运输 3. 清理模板黏结物及模内杂物、刷隔离剂等
011703027	雨篷、悬挑板、阳台板	1. 构件类型 2. 板厚度			
011703028	直形楼梯	形状	m²	按楼梯（包括休息平台、平台梁、斜梁和楼层板的连接梁）的水平投影面积计算，不扣除宽度≤500mm的楼梯井所占面积，楼梯踏步、踏步板、平台梁等侧面模板不另计算，伸入墙内部分亦不增加	
011703029	弧形楼梯				
011703030	其他现浇构件	构件类型	m²	按模板与现浇混凝土构件的接触面积计算	
011703031	电缆沟、地沟	1. 沟类型 2. 沟截面	m²	按模板与电缆沟、地沟接触的面积计算	
011703032	台阶	形状	m²	按图示台阶水平投影面积计算，台阶端头两侧不另计算模板面积。架空式混凝土台阶，按现浇楼梯计算	
011703033	扶手	扶手断面尺寸	m²	按模板与扶手的接触面积计算	
011703034	散水	坡度	m²	按模板与散水的接触面积计算	
011703035	后浇带	后浇带部位	m²	按模板与后浇带的接触面积计算	
011703036	化粪池底	化粪池规格	m²	按模板与混凝土接触面积	
011703037	化粪池壁				
011703038	化粪池顶				
011703039	检查井底	检查井规格		按模板与混凝土接触面积	
011703040	检查井壁				
011703041	检查井顶				

注：①原槽浇灌的混凝土基础、垫层，不计算模板。
　　②此混凝土模板及支撑（架）项目，只适用于以平方米计量，按模板与混凝土构件的接触面积计算，以"立方米"计量，模板及支撑（支架）不再单列，按混凝土及钢筋混凝土实体项目执行，综合单价中应包含模板及支架。
　　③采用清水模板时，应在特征中注明。

　　Q.4　垂直运输。工程量清单项目设置、项目特征描述的内容、计量单位、工程量计算规则应按表Q.4的规定执行。

表 Q.4　垂直运输　(011704)

项目编码	项目名称	项目特征	计量单位	工程量计算规则	工作内容
011704001	垂直运输	1. 建筑物建筑类型及结构形式 2. 地下室建筑面积 3. 建筑物檐口高度、层数	1. m² 2. 天	1. 按《建筑工程建筑面积计算规范》(GB/T 50353—2005)的规定计算建筑物的建筑面积 2. 按施工工期日历天数	1. 垂直运输机械的固定装置、基础制作、安装 2. 行走式垂直运输机械轨道的铺设、拆除、摊销

注：①建筑物的檐口高度是指设计室外地坪至檐口滴水的高度（平屋顶系指屋面板底高度），凸出主体建筑物屋顶的电梯机房、楼梯出口间、水箱间、瞭望塔、排烟机房等不计入檐口高度。
　　②垂直运输机械指施工工程在合理工期内所需垂直运输机械。
　　③同一建筑物有不同檐高时，按建筑物的不同檐高做纵向分割，分别计算建筑面积，以不同檐高分别编码列项。

Q.5　超高施工增加。工程量清单项目设置、项目特征描述的内容、计量单位、工程量计算规则应按表 Q.5 的规定执行。

表 Q.5　超高施工增加　(011705)

项目编码	项目名称	项目特征	计量单位	工程量计算规则	工作内容
011705001	超高施工增加	1. 建筑物建筑类型及结构形式 2. 建筑物檐口高度、层数 3. 单层建筑物檐口高度超过 20m，多层建筑物超过 6 层部分的建筑面积	m²	按《建筑工程建筑面积计算规范》(GB/T 50353—2005)的规定计算建筑物超高部分的建筑面积	1. 建筑物超高引起的人工工效降低以及由于人工工效降低引起的机械降效 2. 高层施工用水加压水泵的安装、拆除及工作台班 3. 通讯联络设备的使用及摊销

注：①单层建筑物檐口高度超过 20m，多层建筑物超过 6 层时，可按超高部分的建筑面积计算超高施工增加。计算层数时，地下室不计入层数。
　　②同一建筑物有不同檐高时，可按不同高度的建筑面积分别计算建筑面积，以不同檐高分别编码列项。

参考文献

[1] 赵宇. 城市广场与街道景观设计 [M]. 重庆：西南师范大学出版社. 2011.

[2] 李德华. 城市规划原理 [M]. 北京：中国建筑工业出版社. 2001.

[3] 王志宏. 世界厕所设计大赛获奖作品集 [M]. 海口：南海出版社. 2011.

[4] 朱淳. 城市环境设施设计 [M]. 上海：上海人民美术出版社. 2006.

[5] 安秀. 公共设施与环境艺术设计 [M]. 北京：中国建筑工业出版社. 2007.

[6] 沈薇. 室外环境艺术设计 [M]. 上海：上海人民美术出版社. 2005.

[7] 中华人民共和国国家标准 GB 50500—2013 建设工程量清单计价规范 [S]. 2013.

[8] 中华人民共和国国家标准 GB 500858—2013 园林绿化工程工程量计算规范 [S]. 2013.

[9] 薛文凯. 公共设施设计 [M]. 北京：中国水利水电出版社. 2012.

[10] 文增. 景观教学与实践丛书——城市广场设计 [M]. 沈阳：辽宁美术出版社. 2014.

[11] 孙敬宇. 小城镇街道与广场设计指南 [M]. 天津：天津大学出版社. 2015.

[12] 郝维刚. 欧洲城市广场设计理论与艺术表现 [M]. 北京：中国建筑工业出版社. 2008.

[13] 张勃钊. 小城镇街道与广场设计 [M]. 北京：化学工业出版社. 2012.

[14] 哈罗德·刘易斯著. 刘菁译. 投标与标书 [M]. 北京：人民邮电出版社. 2005.

[15] 张月明. 工程量清单计价范例 [M]. 北京：中国建筑工业出版社. 2009.

[16] 姚斌. 建设工程工程量清单计价规范 [M]. 北京：中国电力出版社. 2009.

[17] 成虎. 建设工程合同管理与索赔 [M]. 南京：东南大学出版社. 2008.

[18] 刘福勤. 工程量清单的编制与投标报价 [M]. 北京：北京大学出版社. 2006.

[19] 朱志杰. 建筑装饰工程量清单计价规范 [M]. 北京：中国计划出版社. 2001.

[20] 刘波. 园林景观设计标书制作 [M]. 武汉：武汉理工大学出版社. 2012.

[21] 约翰, 尹曾钰. 广场设计 [M]. 南京：江苏科学技术出版社. 2002.

[22] 高迪国际出版有限公司. 商业广场 [M]. 大连：大连理工大学出版社. 2012.

[23] 克利夫·芒福汀. 街道与广场 [M]. 北京：中国建筑工业出版社. 2004.

[24] 田勇. 城市广场及商业街景观设计 [M]. 长沙：湖南人民出版社. 2011.

[25] 宋钰红. 城市广场植物景观设计 [M]. 北京：化学工业出版社. 2011.

[26] 刘波. 室内设计标书制作 [M]. 北京：中国建材工业出版社. 2013.

[27] 高迪国际出版有限公司. 最新城市广场景观 [M]. 大连：大连理工大学出版社. 2013.

[28] 蔡永洁. 城市广场 [M]. 南京：东南大学出版社. 2006.

[29] 克莱尔·库珀·马库斯. 城市开发空间设计导则 [M]. 北京：中国建筑工业出版社. 2001.

[30] 吴家骅. 环境设计史纲 [M]. 重庆：重庆大学出版社. 2002.

[31] 沈玉麟. 外国城市建设史 [M]. 北京：中国建筑工业出版社. 2006.

[32] 董鉴泓. 中国城市建设史 [M]. 北京：中国建筑工业出版社. 2005.

[33] 中国城市规划学会. 城市广场 I [M]. 北京：中国建筑工业出版社. 2009.

[34] 中国城市规划学会. 城市广场 II [M]. 北京：中国建筑工业出版社. 2001.

[35] 沈磊. 效率与活力 [M]. 北京：中国建筑工业出版社. 2007.

[36] 都勒·布伦. 广场的故事 [M]. 北京：中国电影出版社. 2005.

[37] 刘波. 室内设计标书制作 [M]. 北京：中国建材工业出版社. 2013.

[38] 徐耀东. 城市环境设施规划与设计 [M]. 北京：化学工业出版社. 2013.

[39] 钟蕾. 城市公共环境设施设计 [M]. 北京：中国建筑工业出版社. 2011.

[40] 汤铭潭. 小城镇与住区道路交通景观规划 [M]. 北京：机械工业出版社. 2011.

[41] 毕留举. 城市公共环境设施设计 [M]. 长沙：湖南大学出版社. 2010.

[42] 鲁蓉. 环境设施设计 [M]. 合肥：安徽美术出版社. 2009.

[43] 冯信群. 公共环境设施设计 [M]. 上海：东华大学出版社. 2010.

［44］杨小军．空间·设施·要素——环境设施设计与运用［M］．北京：机械工业出版社．2009.

［45］张凌浩．环境中的设施设计［M］．北京：机械工业出版社．2011.

［46］张婷．公共设施造型开发设计［M］．上海：东华大学出版社．2014.

［47］张炎．公共设施设计［M］．北京：中国水利水电出版社．2012.

［48］冯宪伟．园林绿化工程清单计价编制快学快用［M］．北京：中国建材工业出版社．2014.

［49］柯洪．建设工程施工招投标与合同管理［M］．北京：中国建材工业出版社．2013.

［50］张国栋．园林绿化工程［M］．郑州：河南科学技术出版社．2010.